NEW WCDP 新文京開發出版股份有限公司

新世紀・新視野・新文京—精選教科書・考試用書・專業參考書

New Wun Ching Developmental Publishing Co., Ltd.
New Age · New Choice · The Best Selected Educational Publications — NEW WCDP

第 5 版

Fifth Edition

美容

丙級 技術士技能檢定

教·戰·指·南

徐珮清
賴素漪 編著

COSMETOLOGY

國家圖書館出版品預行編目資料

美容丙級技術士：技能檢定教戰指南/徐珮清,賴素漪編著.
-- 第五版. -- 新北市：新文京 開發出版股份有限公司,
2022.09
面； 公分

ISBN 978-986-430-879-8（平裝）

1.CST：美容 2.CST：美容師 3.CST：考試指南

425 111014718

美容丙級技術士－
技能檢定教戰指南（第五版） （書號：**B342e5**）

編著者 徐珮清 賴素漪
出版者 新文京開發出版股份有限公司
地址 新北市中和區中山路二段 362 號 9 樓
電話 (02) 2244-8188（代表號）
FAX (02) 2244-8189
郵撥 1958730-2
初版 西元 2010 年 08 月 05 日
二版 西元 2012 年 08 月 25 日
三版 西元 2016 年 02 月 14 日
四版 西元 2019 年 09 月 15 日
五版 西元 2022 年 11 月 10 日

建議售價：380 元
法律顧問：蕭雄淋律師
ISBN 978-986-430-879-8

隨著大學入學門檻的放寬，文憑已是國人的基本要件，然而在就業市場取得專業證照的重要性卻與日俱增。根據1111人力銀行的一項調查發現，在台灣，若要花同樣的時間與金錢來進修，約九成的民眾認為取得證照是較好的投資，由此可見擁有專業證照已是一個不可避免的就業趨勢。

美容是個相當專門的行業，它包含了專業護膚（按摩手技）、化粧技巧（一般化粧、宴會化粧）及衛生技能的了解（物理與化學的、消毒與稀釋的，化粧品安全之辨識）等知能。因此，對於想從事美容行業的人而言，取得證照是建立美容專業基礎的最佳學習方式與途徑，而勞動部勞動力發展署所核發的美容丙級技術士證照，迄今已成為美容從業人員的必備條件。

本書完整呈現美容丙級證照考試內容，最能符合現今考試的需求，對於已從事美容相關行業的人員而言，在美容專業新知與技術的解說上，也能提供很好的學習參考。在內容編排上，詳細說明美容丙級證照的考試流程，針對近幾年考題重點加以解析提示，學生若能仔細研讀，必能在學術科上獲得最佳成績。本次改版更依據111年最新公告，除全面更新術科考試規則，更於第四章新增共同科目考古題，將全書仔細整理編修，是一本契合時勢變化的應考必備書籍。

希望每位考生都可依個人需求，讓整個學習過程更加有彈性，並從本書獲得最大的學習成效，一舉通過證照考試。

徐珮清 謹誌

作者簡介 ABOUT THE AUTHORS

徐珮清

學歷— 香港珠海大學中國文學所　博士

現職— 台北海洋科技大學　時尚造型設計管理系　助理教授
台北海洋科技大學　寵物業經營管理系　助理教授

經歷

2022 雲林科技大學台北推廣教育產業新尖兵計畫網紅直播形象設計 講師
2021 教育部全國家事類科技藝競賽美顏組命題 評審委員
2021 國家教育研究院教科書研究中心技高家政群教科書 審查委員
2021 崇右影藝科技大學碩士論文 口試委員
2021 朝陽科技大學碩士論文 口試委員
2021 崇右影藝科技大學碩士論文 指導老師
2021 桃園市教育局國中技藝競賽美顏組 評審長
2020 和鴻益電影製作有限公司 藝術總監
2020 專業美容世界KOSMETIK雜誌台灣美業百佳 講師
2018 勞動部技檢中心指甲彩繪考場 審查委員
2017 名德經紀有限公司（華視健康最前線） 顧問
2016 韓國第26屆首爾國際奧林匹克大會競賽國際美容 評審委員
2016 全國國際形象美學創意設計競賽 榮譽顧問
2016 韓國IBH國際美容健康聯合會 台灣副總會長
2015 明道科技大學碩士 評論委員
2013 國立台中科技大學美容系老人服務事業管理系 兼任講師

2009 美容科技學刊審查委員 名譽顧問
2006 國際技能競賽中華民國技能競賽 委員合格
2000 行政院勞動部技檢中心 美容乙、丙級技能檢定 監評人員

專業證照

行政院勞動部技檢中心 美容乙級 證照字號：230327
行政院勞動部技檢中心 美容丙級 證照字號：087793
行政院勞動部技檢中心 美髮乙級 證照字號：067-004653
行政院勞動部技檢中心 美髮丙級 證照字號：067-116072
行政院勞動部技檢中心 服裝丙級 證照字號：048-0053143
台灣創意產業職能協會新媒體網紅行象設計師證照
台灣創意產業職能協會芳香頭皮舒壓芳療師證照
台灣創意產業職能協會高齡舒壓芳療師證照
台灣創意產業職能協會影視特效化粧執照
Film & TV Make-up: Techniques 電影電視特效化粧結業證書
College of Fashion ,University of the Arts London 倫敦藝術大學時尚學院
Airbrushing for Make-up Artists 噴槍化粧結業證書
College of Fashion, University of the Arts London 倫敦藝術大學時尚學院

作者簡介ABOUT THE AUTHORS

賴素漪

學歷— 南台科技大學 技職教育與人力資源發展研究所 碩士

現職— 啟英高中 時尚造型設計科 教師

經歷

台灣台南戒治所（台南監獄）戒治所教師
致遠管理學院／行政院勞委會職業訓練局失業勞工訓練美容 講師
慈光殘障協會「美髮實務進階班」 講師
中華民國美髮美容造型 技術指導員
職業公會全國聯合會 講師
雅孋爾時尚美學造型館整體造型美容 講師
明江美容專業 講師
親親寶貝美容專業 顧問
漪得坊 負責人
遠東科技大學化粧品應用管理系 講師
台南護校美容保健科 講師
敏惠護校美容設計科 講師
台南科技大學美容造型系 講師
天仁工商 兼任教師
麻豆國中美髮技藝班 兼任教師
柳營國中美容美髮技藝班 兼任教師
中等教育國中技藝班家政類 教師
永康國中美容美髮 教師

專業證照

行政院勞動部技檢中心 美容乙級 證照字號：003560

行政院勞動部技檢中心 美容丙級 證照字號：100-031707

行政院勞動部技檢中心 美髮丙級 證照字號：067-054035

行政院勞動部技檢中心 男子理髮乙級 證照字號：060-000708

中華民國人體彩繪技術師 技術編號：E100-00973

美容整體推廣協會美睫師 證號：B10258

目錄 CONTENTS

PART I 術科

II PART

學科

Chapter 04 學科試題總複習 149

Cosmetology

CHAPTER 01

術科技能檢定實施要點

本章重點

1-1　術科測試實施要點

1-2　術科測試試場、項目及時間表

1-3　術科測試試場及時間分配表

1-4　術科測試試題使用說明

1-5　術科測試應檢人須知

1-6　術科測試實作流程圖

1-7　術科測試應檢人自備工具表

1-8　術科測試防疫應注意事項

1-1 術科測試實施要點

一、試題範圍：參照「美容技能檢定規範（一〇〇〇〇）」命題。

二、測試項目：術科測試分美容技能實作和衛生技能實作。凡取得美容乙級技術士證者，得於報名美容丙級技能檢定時，申請免試術科衛生技能測試。各術科測試辦理單位於測試前應分別寄發監評資料、應檢人參考資料給監評人員及應檢人。

三、測試時間：每場測試以美容技能測試3小時、衛生技能測試1小時，共計4小時為原則。若該場應檢人均為免試衛生技能，總測試時間3小時。

四、評審標準：美容技能得分總計達360分（含）以上及衛生技能得分總計達60分（含）以上者為及格，若其中任何一大項不及格，則術科測試總評為不及格。

五、測試所需器材及設備：應檢人自備工具，應依「技術士技能檢定美容丙級術科測試美容技能應檢人自備工具表」規定攜帶，設備由術科測試辦理單位依照本職類「術科測試場地及機具設備評鑑自評表」準備。

六、測試場地：術科測試場地須經主管機關評鑑合格，且須能容納每場測試48名以上應檢人。

七、測試日期：由主管機關、主辦單位及術科測試辦理單位協商決定。

八、測試之實施：由主管機關委託主辦單位或術科測試辦理單位辦理，並由術科測試辦理單位依規定遴聘符合本職類監評資格之監評人員擔任監評工作。

九、應檢人服裝儀容：服裝儀容應整齊，測試美容技能及衛生技能時，應穿著白色工作服，在工作服左上方佩帶術科測試號碼牌，應檢人未依規定穿著者，不得進場應試，其術科成績以不及格論。

十、測試經費：依主管機關所訂測試費用支付標準辦理。

1-2 術科測試試場、項目及時間表

術科技能實作：每場48人，共分四個試場進行，時間共約4小時。

第一試場

一般粧及宴會粧

每場：12 人（監評人員 3 名）

時間：120 分鐘

第二試場

一般粧及宴會粧

每場：12 人（監評人員 3 名）

時間：120 分鐘

第三試場

護膚

每場：12 人（監評人員 6 名）

時間：55 分鐘

第四試場

衛生技能實作

第一站

化粧品安全衛生之辨識

時間：4 分鐘

洗手及手部消毒操作

書面作答時間：2分鐘

（監評長 1 名）

第二站

消毒液和消毒方法之辨識及操作

時間：8 分鐘

（監評人員 2 名）

第三站

洗手與手部消毒操作

時間：2 分鐘

（監評人員 1 名）

應檢人待考區

每場：12 人（監評人員 4 名）

時間：60分鐘

1-3 術科測試試場及時間分配表

一、本表以術科測試應檢人48名為基準而定。

二、術科測試設置四個試場，第一、二試場進行化粧技能實作測試，第三試場進行護膚技能實作測試，第四試場進行衛生技能實作測試。

三、各項測試實作時間如下：

（一）化粧技能測試：約120分鐘（宴會粧50分鐘、一般粧30分鐘）。

（二）護膚技能測試：約55分鐘。

（三）衛生技能測試：約18分鐘。

四、應檢人就組別和術科測試編號依序參加測試，各試場測試項目、時間分配、應檢人組別及術科測試編號如下表：

時間＼組別＼試場	第一試場	第二試場	第三試場	第四試場
	化粧技能		護膚技能	衛生技能
8:10~9:10	A組(1~12)	B組(13~24)	C組(25~36)	D組(37~48)
9:10~10:10			D組(37~48)	C組(25~36)
10:10~10:20	休息時間			
10:20~11:20	C組(25~36)	D組(37~48)	A組(1~12)	B組(13~24)
11:20~12:20			B組(13~24)	A組(1~12)

1-4 術科測試試題使用說明

一、本試題分美容技能實作和衛生技能實作。

二、美容技能實作測試分化粧技能和護膚技能兩類。

（一）化粧技能：共分二項。

測試項目		試題數	時間
1.	宴會粧	2題	50分鐘
2.	一般粧	2題	30分鐘

本試題：宴會粧2題、一般粧2題，共組成四組套題（如下表），測試當日於第一試場進行抽題，並由該試場術科測試編號最小號之應檢人代表抽1套題應試（該場次之應檢人測試同1套題）。

第一套題	外出郊遊粧、晚間宴會粧
第二套題	外出郊遊粧、日間宴會粧
第三套題	職業婦女粧、晚間宴會粧
第四套題	職業婦女粧、日間宴會粧

（二）護膚技能：共分四項，每一應檢人均須做完每一項。

測試項目		時間
1.	工作前準備（含卸粧，清潔及填寫顧客皮膚資料卡）	10分鐘
2.	臉部保養手技（含按摩霜之塗抹及清除）	20分鐘
3.	蒸臉	10分鐘
4.	敷面及善後工作	15分鐘

三、衛生技能實作測試共三站，除免試衛生技能者外，每位應檢人每站均須實施測試。

測試項目		測試題數及抽題規定
1.	化粧品安全衛生之辨識	測試1題，由各組術科測試編號最小號之應檢人代表抽第一崗位測試之題卡的號碼順序（1~30張），第二崗位則依題卡順序測試，以此類推。
2.	消毒液和消毒方法之辨識及操作	化學消毒器材（10種）與物理消毒方法（3種），共組成30套題，由各組術科測試編號最小號之應檢人代表抽1套題應試，其餘應檢人依套題號碼順序測試（書面作答及實際操作）。
3.	洗手與手部消毒操作	書面作答及實際操作。

消毒液和消毒方法之辨識及操作：

化學消毒器材（10種）與物理消毒方法（3種），組成30套題如下表：

套題	化學消毒器材	物理消毒法	套題	化學消毒器材	物理消毒法
1.	金屬類－修眉刀	煮沸消毒法	16.	塑膠－挖杓	煮沸消毒法
2.	金屬類－修眉刀	蒸氣消毒法	17.	塑膠－挖杓	蒸氣消毒法
3.	金屬類－修眉刀	紫外線消毒法	18.	塑膠－挖杓	紫外線消毒法
4.	金屬類－剪刀	煮沸消毒法	19.	含金屬塑膠髮夾	煮沸消毒法
5.	金屬類－剪刀	蒸氣消毒法	20.	含金屬塑膠髮夾	蒸氣消毒法
6.	金屬類－剪刀	紫外線消毒法	21.	含金屬塑膠髮夾	紫外線消毒法
7.	金屬類－挖杓	煮沸消毒法	22.	睫毛捲曲器	煮沸消毒法
8.	金屬類－挖杓	蒸氣消毒法	23.	睫毛捲曲器	蒸氣消毒法
9.	金屬類－挖杓	紫外線消毒法	24.	睫毛捲曲器	紫外線消毒法
10.	金屬類－鑷子	煮沸消毒法	25.	化粧用刷類	煮沸消毒法
11.	金屬類－鑷子	蒸氣消毒法	26.	化粧用刷類	蒸氣消毒法
12.	金屬類－鑷子	紫外線消毒法	27.	化粧用刷類	紫外線消毒法
13.	金屬類－髮夾	煮沸消毒法	28.	毛巾（白色）	煮沸消毒法
14.	金屬類－髮夾	蒸氣消毒法	29.	毛巾（白色）	蒸氣消毒法
15.	金屬類－髮夾	紫外線消毒法	30.	毛巾（白色）	紫外線消毒法

四、化粧技能實作測試時間約二小時（包括評審時間），護膚技能實作測試時間及衛生技能實作測試時間各約一小時，合計共約四小時。應檢人均免試衛生技能時，合計共約三小時。

1-5 術科測試應檢人須知

一、報到：應檢人應依術科測試辦理單位術科測試通知單之報到時間，至指定報到處完成報到手續。

（一）核對應檢人身分證明文件：

1. 本國國民：國民身分證。
2. 外籍人士、外籍配偶：外僑居留證。
3. 大陸地區配偶：依親居留證或長期居留證。
4. 應檢人身分證明文件必要時得以健保卡、駕照、護照等含照片之證明文件替代。

（二）查驗術科測試通知單：測試通知單上需填寫身分證字號。

（三）領取術科測試號碼牌：號碼牌應於當日測試完畢離開試場時交回。

二、應檢人應自備符合下列條件之女性模特兒一名，並於報到時接受檢查：

（一）女性，年滿15歲以上（如未符資格，美容技能以不及格論），不限中華民國國民，報到時應攜帶具照片之身分證明文件，如國民身分證、健保卡、駕照、護照、外僑居留證、依親居留證、長期居留證等。

（二）不得紋眼線、紋眉、紋唇（違反者，化粧各該單項分數不計分外，整體感亦不予計分。如：紋眉者，其化粧之眉型及整體感均不予計分）。

（三）素面（違反者，化粧項不予計分）。

（四）不擦指甲油（違反者，化粧指甲美化項不予計分）。

※檢查時，如模特兒未符合資格，應檢人得更換模特兒，如有因此延誤時間，由應檢人負責，不增加延誤測試時間；測試中模特兒因故（如生病等）須換人時，必須經監評人員同意方可換人。

三、術科測試時應檢人及模特兒均不得隨身攜帶成品或規定以外之器材、配件、圖說、行動電話、呼叫器或其他電子通訊攝錄器材等，如模特兒違反本規定視同應檢人違反規定，予以扣考，不得繼續應檢，已檢定之術科成績以不及格論。

四、持有美容乙級技術士證者報名參加美容丙級測試時，得申請免試術科衛生技能實作測試，惟應依報名簡章規定，於報名時提出申請並完成相關手續，報名時未提出申請並完成相關手續者，一律應參加術科衛生技能實作測試。

五、服裝儀容：

應檢人服裝儀容應整齊，測試美容及衛生技能時，應穿著白色工作服，在工作服左上方佩帶術科測試號碼牌，應檢人未依規定穿著者，不得進場應試，其術科成績以不及格論。

六、長髮應梳理整潔並紮妥；不得佩戴手錶、會干擾美容工作進行的珠寶、戒指及飾物。

七、應檢人除攜帶規定的證明文件及自備工具外（如應檢人自備工具表），不得攜帶其他任何物件及術科測試相關資料進入試場。亦不得攜帶計時器，如攜帶應於測試前交由試務單位代為保管，若發出聲響或經由監評人員查獲，則該項目成績不予計分並予以沒收（測試後發還）。

八、應檢人所帶化粧品及保養品均應符合規定，並有明確標示，經監評人員檢查結果未符合規定者，相關項目成績以0分計算。

九、術科測試類別、分項、時間及配分：

（一）各試場測試項目及時間分配詳見「術科測試試場及時間分配表」，應檢人測試組別編排於測試當天公布於試場，應檢人應依組別和術科測試編號就測試崗位依序參加測試，測試前並應檢視術科測試辦理單位提供之設備機具、材料，如有不符，應當場提出，由監評人員立即處理，未當場提出者，測試完成後不得再提出異議。

（二）除免試衛生技能者外，應檢人均應參加美容技能、衛生技能各分項技能的實作測試，若缺考任一項，則術科測試總評以不及格論。

十、術科測試分四個試場進行：第一、二試場為化粧技能測試；第三試場為護膚技能測試；第四試場為衛生技能測試。各試場的測試流程及實作時間詳見「美容技能測試流程」及「衛生技能測試流程」，測試時間開始或停止，須依照口令進行，不得自行提前或延後，應檢人並應依試場掛鐘自行掌控測試時間，部分項目因測試時間甚短，測試時間結束前不再做倒數時間之提醒。

十一、各試場依「術科測試試場及時間分配表」之規定進行測試，應檢人應準時入場應檢，除各試場第一站（節）於15分鐘內准予進場外，其餘各站（節）逾時不得入場應檢。

十二、美容、衛生技能實作測試試題及抽題規定：

術科測試辦理單位應依時間配當表準時辦理抽題，並將電腦設置到抽題操作界面，會同監評人員及應檢人全程參與抽題，處理電腦操作及列印簽名事項。應檢人依抽題結果進行測試，遲到者或缺席者不得有異議。

（一）化粧技能試題：

1. 於第一試場進行抽題，由美容監評長主持抽題作業。
2. 共四組套題（詳見試題使用說明），由第一試場術科測試編號最小號之應檢人代表抽1套題應試（該場次之應檢人測試同1套題）。

（二）衛生技能試題：

1. 於衛生試場進行抽題，由衛生監評長主持抽題作業。
2. 化粧品安全衛生之辨識：各組術科測試編號最小號之應檢人代表抽第一崗位測試之題卡的號碼順序（1~30張），第二崗位則依題卡順序測試，以此類推。

3. 消毒液和消毒方法之辨識及操作：化學消毒器材（10種）與物理消毒方法（3種），共組成30套題（詳見試題使用說明），由各組術科測試編號最小號之應檢人代表抽1套題應試，其餘應檢人依套題號碼順序測試（書面作答及實際操作）。

4. 洗手與手部消毒操作：書面作答及實際操作。

5. 化粧品安全衛生之辨識答案卷未依分發題卡填寫正確題卡號碼者，本答案卷以0分計。

十三、衛生技能實作測試共有三站，包括：

（一）化粧品安全衛生之辨識。

（二）消毒液和消毒方法之辨識及操作。

（三）洗手與手部消毒操作。

十四、各測試項目應於規定時間內完成，並依照監評人員口令進行，各單項測試不符合主題者，不予計分。

十五、美容丙級術科測試成績計算如下：

（一）美容技能：

1. 分化粧技能和護膚技能兩項，測試項目、評審項目及配分，詳見（美容技能實作評審表）。

2. 化粧技能由該組監評人員就一般粧、宴會粧分別監評。

3. 護膚技能實作：由該組全體監評人員進行監評。

4. 每項測試成績，以該項配分為滿分，並以監評該項實作測試的全體監評人員評審，經加總後為該項測試成績。

5. 化粧技能和護膚技能實作成績各以300分為滿分；兩類成績總和即為美容技能成績，合計總分達360分（含）以上者為美容技能及格。

（二）衛生技能：共有三站測試，總分100分，成績60分以上者為衛生技能及格，未滿60分者，即為衛生技能不及格。

（三）美容技能及衛生技能兩大項測試成績均及格者，術科測試總評為及格，若其中任何一大項不及格，即術科測試總評為不及格。

（四）美容丙級術科成績評定採及格不及格法，術科成績通知單依規定僅註記及格或不及格，應檢人如對術科測試成績有疑義，應依簡章規定申請成績複查。

十六、應檢人若有疑問，應在規定時間內就地舉手，待監評人員到達面前始得發問，不可在場內任意走動、高聲談論。

十七、術科測試過程中，模特兒不得給應檢人任何提醒、協助或交談，違反規定者依「技術士技能檢定作業及試場規則」第48條第2項規定辦理（予以扣考，不得繼續應檢，其術科測試成績以不及格論）。

十八、化粧試場評審時，模特兒的化粧髮帶和圍巾不得卸除。

十九、應檢人及模特兒，於測試中因故要離開試場時，須經負責監評人員核准，並派員陪同始可離開，時間不得超過10分鐘，並不另加給時間。

二十、應檢人對外緊急通信，須填寫術科測試辦理單位製作的通信卡，經負責監評人員核准方可為之。

二十一、應檢人對於機具操作應注意安全，如發生意外傷害，應自負一切責任。

二十二、應檢人除遵守本須知所訂事項以外，應遵守術科測試辦理單位或監評人員宣布的相關事項。

二十三、本須知如有未盡事宜，悉依「技術士技能檢定作業及試場規則」相關規定辦理。

1-6 術科測試實作流程圖

※本表以術科測試應檢人48名為基準而定。

第一試場

一般粧及宴會粧測試流程圖

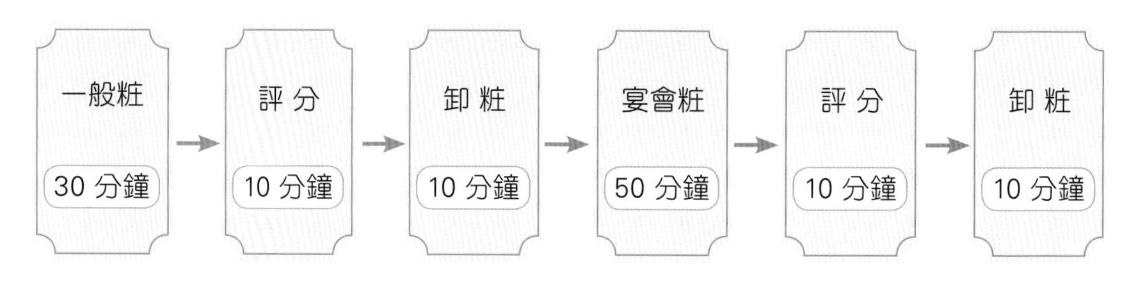

1. 實作時間：含評審、卸粧約120分鐘。
2. 一般粧及宴會粧實作監評人員：3名。

第二試場

一般粧及宴會粧測試流程圖

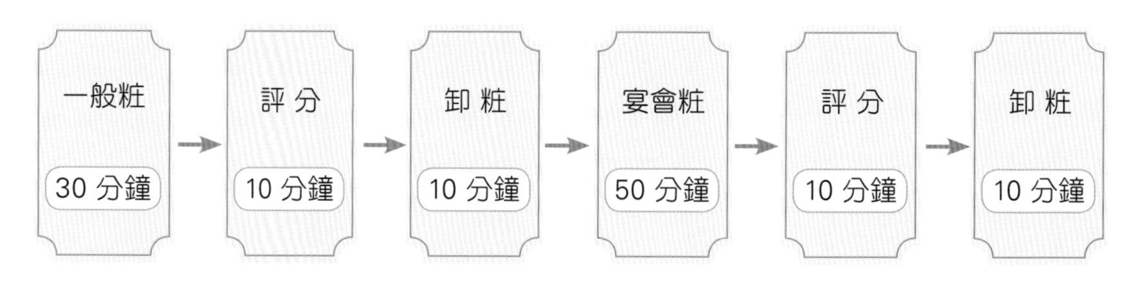

1. 實作時間：含評審、卸粧約120分鐘。
2. 宴會粧及一般粧監評人員：3名。

以上化粧試場：第一試場及第二試場，依當日考生抽題為主，考題共有四套題：第一套題外出、晚宴；第二套題外出、日宴；第三套題職業、晚宴；第四套題職業、日宴。

第三試場

護膚測試流程圖

工作前準備

1.檢視顧客皮膚
2.填寫顧客資料卡
3.消毒雙手
4.重點卸粧、全臉卸粧

10 分鐘

→

臉部保養手技

1.塗抹按摩霜
2.臉部保養手技
①額頭
②眼睛
③鼻子、嘴巴
④臉頰
⑤下顎、頸部、耳朵（耳朵按摩過後，不得觸碰臉頰）
3.洗除按摩霜

20 分鐘

→

蒸 臉

1.檢視水位
2.插上電源
3.打開開關
4.蒸氣已出打開臭氧燈
5.拿衛生紙測試噴水情形
6.以護目墊蓋上模特兒眼睛
7.噴口朝模特兒距離約40cm
8.結束後先關臭氧燈再關開關
9.收電源線（電線不得碰到水杯）

10 分鐘

→

敷面及善後工作

1.敷面
①額頭
②鼻子
③臉頰
④下巴
⑤頸部（眼、唇、鼻孔要留白）
2.洗除敷面劑（注意鼻孔清潔），塗抹基礎保養化粧水、隔離霜

15 分鐘

1. 實作時間：約55分鐘。
2. 護膚實作監評人員：6名。

術科測試應檢人自備工具表

項次	名稱	規格	單位	數量	備註
1.	毛巾	約30cm×80cm	條	5	白色一條（拭除敷面劑用），其餘四條為淺素色（用於頭、胸、肩頸、腳）
2.	浴巾（大毛巾）	約90cm×200cm	條	2	素面淺色（亦可備罩單、蓋被）
3.	美容衣		件	1	素色
4.	化粧髮帶		條	1	
5.	圍巾（白色）		條	1	化粧用
6.	棉花棒		支		酌量
7.	化粧棉		張		酌量
8.	面紙		張		酌量
9.	挖杓		支	數	
10.	裝酒精棉容器／酒精棉片	容器需有蓋子（附鑷子）	個	1	內附數顆酒精棉球
11.	待消毒物品袋		個	3	容量大小必須可置入全部待消毒物品
12.	垃圾袋	30cm×20cm以上	個	3	
13.	合格化粧製品		1	組	適合一般粧、宴會粧使用
14.	美甲用具		組	1	去光水，指甲油等
15.	假睫毛		對	適量	睫毛膠、剪刀、睫毛夾等（宴會粧用）

項次	名稱	規格	單位	數量	備註
16.	合格保養製品		組	1	卸粧乳、化粧水、乳液或面霜、不透明敷面劑、按摩霜等
17.	口罩		個	1	
18.	工作服		件	1	白色
19.	紙拖鞋		雙	適量	
20.	其他相關之用具				本表第1.~19.項相關輔助用具，視個人習慣使用。

※備註：

1. 毛巾類亦可選用拋棄型產品替代。
2. 自113年1月1日起報名本職類檢定者，項次1、2之毛巾及浴巾（大毛巾）統一顏色為白色，浴巾（大毛巾）並不得以罩單或蓋被替代。

1-8 術科測試防疫應注意事項

一、有關術科試題除模特兒資格條件規定外，為加強相關防疫管制措施，模特兒應符合以下條件之一，經查驗符合規定，方能進入試場：

（一）已接種新冠(COVID-19)疫苗第3劑（追加劑）達14日者：須提供疫苗接種紀錄卡（俗稱黃卡）或數位新冠病毒健康證明或載有接種日期之健保卡或「全民健保行動快易通｜健康存摺」APP。

（二）新冠(COVID-19)疫苗接種未達3劑（追加劑）或第3劑接種未達14日者：須（自費）提供測試前3日內抗原快篩或PCR檢驗陰性證明，例如：快篩試劑或檢測照片（須顯示模特兒姓名及檢測日期）或醫療院所檢驗報告等。

二、應檢人應全程配戴口罩（補充水分除外），並應自備配戴透明面罩或護目鏡入場測試，違反規定者不得進場應試，其術科成績以不及格論。

三、模特兒除於接受應檢人實際操作及評分外，應配戴口罩（補充水分除外），另因防疫需要，在不妨礙身分識別、不影響測試之操作進行、安全性及不干擾他人之前提下，模特兒得自備配戴隱形鼻罩入場測試。

四、術科測試過程中，模特兒不得給應檢人任何提醒、協助或交談，違反規定者依「技術士技能檢定作業及試場規則」第48條第2項規定辦理（予以扣考，不得繼續應檢，其術科測試成績以不及格論）。

Cosmetology

術科測試美容技能實作試題

本章重點

CHAPTER 02

2-1 術科測試美容技能實作試題說明解析

一、本實作試題分化粧技能和護膚技能兩類

第一類、化粧技能（總分100分）：每試場由三位評審分數平均值

<table>
<tr><th>化粧技能</th><th>一般化粧（二選一）</th><th>宴會化粧（二選一）</th></tr>
<tr><td>考試資訊</td><td>時間：30分鐘
占總分：40%</td><td>時間：50分鐘
占總分：60%</td></tr>
<tr><td colspan="3">本試題：宴會粧2題、一般粧2題，共組成四組套題（如下表），測試當日於第一試場進行抽題，並由該試場術科測試編號最小號之應檢人代表抽1套題應試（該場次之應檢人測試同1題）。

<table>
<tr><td rowspan="4">考試項目</td><td>第一套題</td><td>外出郊遊粧</td><td>晚間宴會粧</td></tr>
<tr><td>第二套題</td><td>外出郊遊粧</td><td>日間宴會粧</td></tr>
<tr><td>第三套題</td><td>職業婦女粧</td><td>晚間宴會粧</td></tr>
<tr><td>第四套題</td><td>職業婦女粧</td><td>日間宴會粧</td></tr>
</table></td></tr>
<tr><td>化粧步驟</td><td>1. 消毒雙手
2. 化粧水、乳液或隔離霜
3. 粉底（均勻、自然、無分界線）
4. 蜜粉（顏色自然）
5. 眉型（顏色自然、形狀對稱）
6. 眼影（顏色漸層、自然對稱）
7. 眼線（線條順暢自然）
8. 夾睫毛、刷睫毛膏
9. 腮紅（自然對稱）
10. 口紅（自然對稱）</td><td>1. 消毒雙手
2. 化粧水、乳液或隔離霜
3. 粉底（均勻、自然、無分界線）
4. 蜜粉（顏色自然）
5. 眉型（顏色自然、形狀對稱）
6. 鼻影（自然立體）
7. 眼影（顏色自然對稱）
8. 貼假睫毛、刷睫毛膏（自然對稱）
9. 眼線（眼線液或眼線筆）
10. 腮紅（顏色自然對稱）
11. 口紅（顏色自然對稱）
12. 指甲油（顏色自然對稱）</td></tr>
</table>

注意事項	1. 宴會化粧未在時間內完成2.~10.項中任何一項者，該項及第11項整體感不計分。 2. 未完成項目兩項以上（含兩項）者，該項考題完全不計分。 3. 一般化粧未在時間內完成第2.~8.項之任一項者，除該項不計分外，第9項整體感亦不計分。 4. 模特兒如有紋眉、紋眼線、紋唇者，除各該單項不計分外，整體感亦不予計分。

第二類、護膚技能（總分100分）：取三位評審分數平均值

第一階段：工作前準備－時間10分鐘（必須完成）

1. 工具擺設：含垃圾袋。
2. 鋪床：頭、肩、前胸及足部之保護。
3. 卸粧部位：眼、唇、臉、頸卸粧。
4. 填寫顧客資料卡：依考生皮膚狀況填寫。

第二階段：臉部保養手技－時間20分鐘（依考場口令操作）

1. 按摩基本要素：輕撫、輕度摩擦、深層摩擦、輕拍、振動。
2. 塗抹按摩霜：時間3分鐘。
3. 額頭：時間3分鐘。
4. 眼睛：時間3分鐘。
5. 鼻子、嘴巴：時間3分鐘。
6. 臉頰：時間3分鐘。
7. 下顎、頸部、耳朵：時間3分鐘。
8. 清除按摩霜：時間2分鐘。

第三階段：蒸臉—10分鐘（依考場口令操作）

（一）蒸臉開始

1. 檢視水量。
2. 插上插頭。
3. 打開開關。

（二）蒸氣已出

1. 貼眼部護目墊（使用純水且護目墊須全溼）。
2. 確認蒸氣噴出正常（以一張面紙測知）。
3. 打開臭氧燈。
4. 蒸臉距離（蒸臉口與臉部需保持40公分）。

（三）蒸臉完畢

1. 將蒸臉器噴嘴轉向模特兒腳部的方向。
2. 先關臭氧燈後關紅燈（開關）。
3. 收妥蒸臉器電線推至不妨礙工作處（電線不可碰觸水杯）。

第四階段：敷面及善後工作—15分鐘

1. 敷面（臉、頸部），由內往外、由下往上。
2. 清除敷面霜（使用一條白毛巾清除乾淨）。
3. 基礎保養（化粧水、乳液或隔離霜）。
4. 善後處理（收拾大毛巾、小毛巾放入大待消毒袋，離開試場）。

二、化粧技能測試應檢前準備

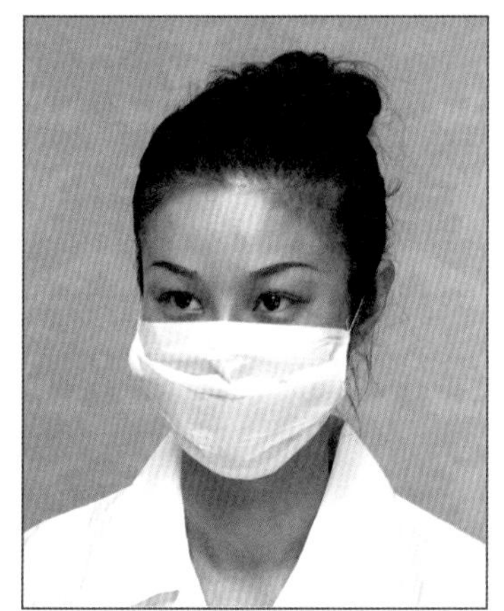

◀ *Step 1*

應檢人需儀容整齊，配戴口罩遮住口鼻。

◀ *Step 2*

模特兒應以素面應檢，應檢裝備於進場前完成，不得紋眉、眼線。

◀ *Step 3*

化粧用具，放置在消毒籃中。

2-2 一般粧實作解析

外出郊遊粧

一、測試項目：化粧技能一般粧第一小題（二選一）

第一套題	外出郊遊粧	晚間宴會粧
第二套題	外出郊遊粧	日間宴會粧

二、測試時間：30 分鐘

三、說　　明：

1. 表現健康、淡雅的外出郊遊化粧。
2. **配合自然光線的色彩化粧。**
3. 表現輕鬆舒適的休閒化粧。
4. **不須裝戴假睫毛，但須刷睫毛膏。**
5. 化粧程序不拘，但完成之臉部化粧須乾淨、色彩調和。
6. 配合模特兒個人特色（個性、外型、年齡……）做適切的化粧。
7. 整體表現必須切題。

四、注意事項：

1. 模特兒以素面應檢。
2. 模特兒化粧髮帶、圍巾應於檢定前處理妥當。
3. 操作前以酒精消毒雙手。
4. 粉底應配合膚色，厚薄適中且均勻而無分界線。

5. **取用蜜粉時，能兼顧衛生之需求，將蜜粉倒出使用。**
6. **取用唇膏、粉條時，應以挖杓取用。**
7. 本項依評審表所列項目採得分法計分，應檢時間內除基礎保養外，一項未完成者除該項不計分外，整體感亦不計分。
8. 於規定時間內未完成項目超過兩項以上（含兩項）者，一般粧完全不予計分。
9. 模特兒如有紋眼線、紋眉、紋唇者，除各該單項不計分外，整體感亦不予計分。如紋眉者，本測試項目之眉型及整體感均不予計分。

外出郊遊粧 ✤ 實作分解圖

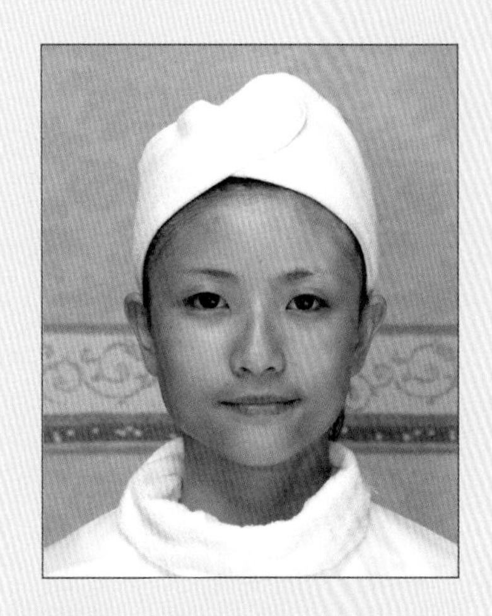

Step 1 化粧前（無紋眉眼線）

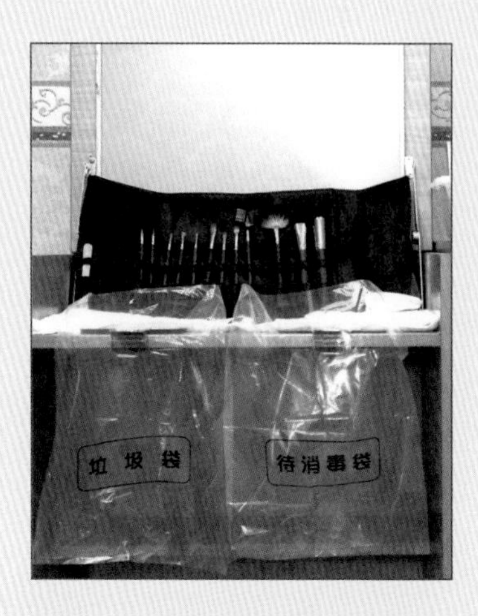

Step 2 化粧前準備好所有工具（含待消毒袋垃圾袋）

Step 3 工作前要用酒精棉球消毒雙手、戴口罩

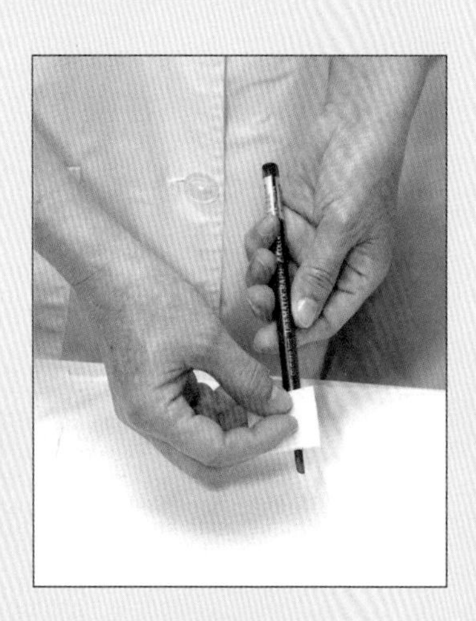

Step 4 消毒筆狀化粧品

Step 5 基礎保養：(1)化粧水(2)乳液或隔離霜

Step 6 上粉底：適合膚色均勻自然

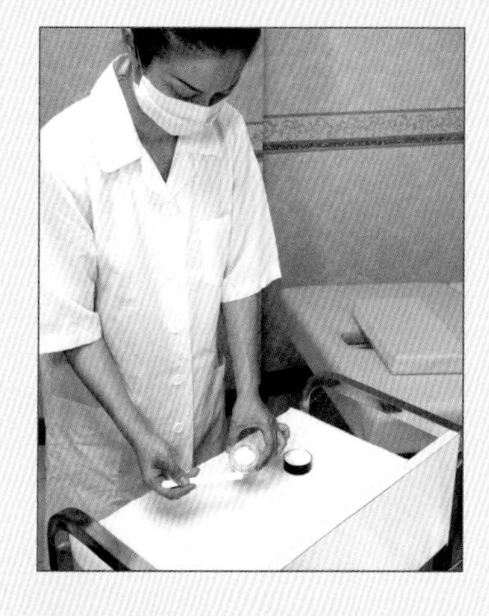

Step 7 蜜粉先倒至衛生紙上備用

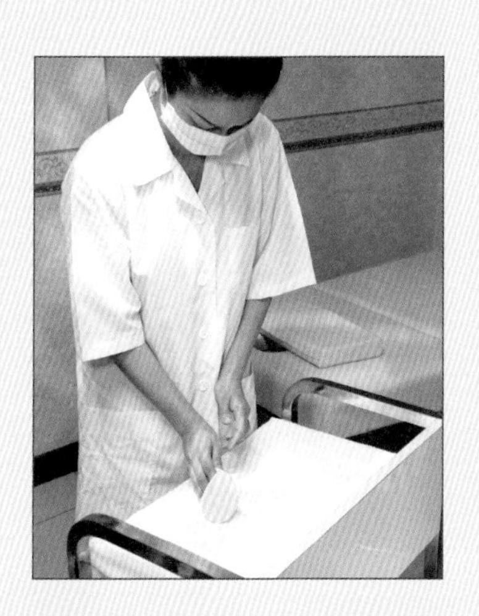

Step 8 再以粉撲沾取衛生紙上蜜粉

Step 9 輕輕按壓全臉

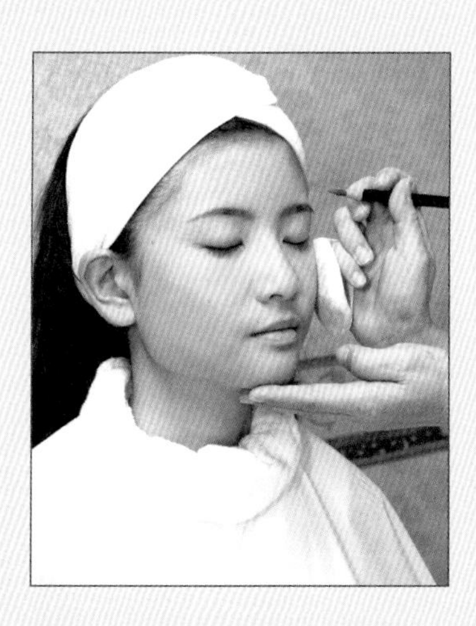

Step 10 畫眉型：眉型立體、對稱

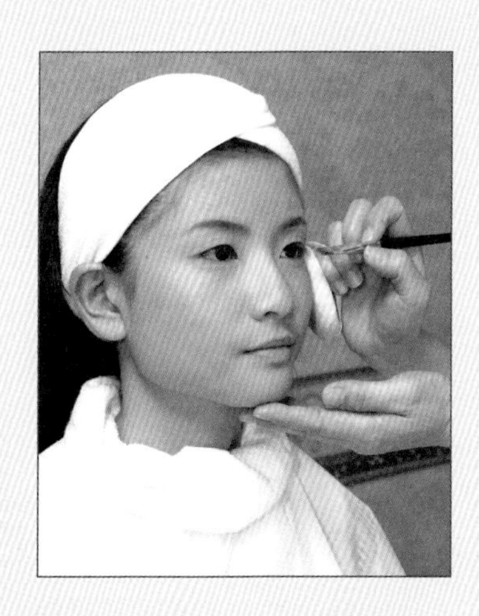

Step 11 畫眼影（均勻漸層）

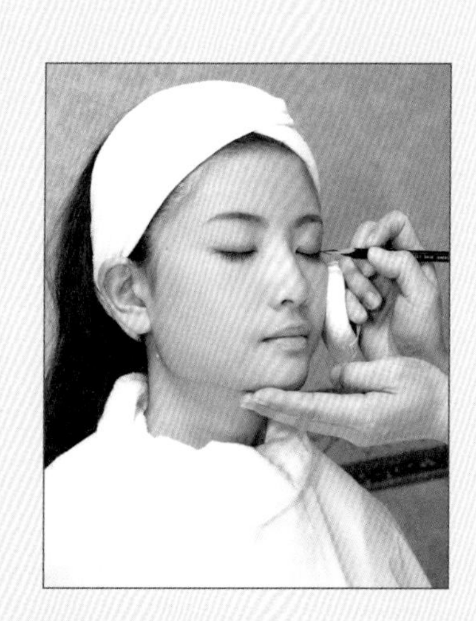

Step 12 畫眼線（筆狀眼線即可）

Step 13 夾睫毛

Step 14 刷睫毛膏

Step 15 畫腮紅：輕刷於顴骨，色彩均勻自然

Step 16 畫口紅：以挖杓取用，用唇筆沾畫，美化唇型，色彩均勻自然

Step 17 完成圖 1

Step 18 完成圖 2

職業婦女粧

一、測試項目：化粧技能一般粧第二小題（二選一）

第三套題	職業婦女粧	晚間宴會粧
第四套題	職業婦女粧	日間宴會粧

二、測試時間：30 分鐘

三、說明：

1. 表現自然、柔和、淡雅，公司員工上班時的化粧。
2. **配合上班場所人工照明的色彩化粧**。
3. 表現知性、幹練、大方、高雅的職業女性化粧。
4. **不須裝戴假睫毛，但須刷睫毛膏**。
5. 化粧程序不拘，但完成之臉部化粧須乾淨、色彩調和。
6. 配合模特兒個人特色（個性、外型、年齡……）做適切的化粧。
7. 整體表現必須切題。

四、注意事項：

1. 模特兒臉部以素面應檢。
2. 模特兒化粧髮帶、圍巾，應於檢定前處理妥當。
3. 操作前以酒精消毒雙手。
4. 粉底應配合膚色，厚薄適中且均匀而無分界線。
5. **取用蜜粉時，能兼顧衛生之需求，將蜜粉倒出使用**。
6. **取用唇膏、粉條時，應以挖杓取用**。
7. 本項依評審表所列項目採得分法計分，應檢時間內除基礎保養外，一項未完成者除該項不計分外，整體感亦不計分。
8. 於規定時間內未完成項目超過兩項以上（含兩項）者，一般粧完全不予計分。
9. 模特兒如有紋眼線、紋眉、紋唇者，除各該單項不計分外，整體感亦不予計分。如紋眉者，本測試項目之眉型及整體感均不予計分。

職業婦女粧 ❖ 實作分解圖

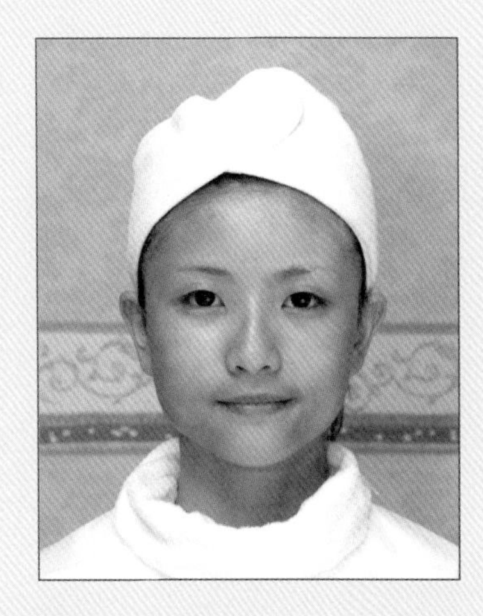

Step 1 化粧前（無紋眉眼線）

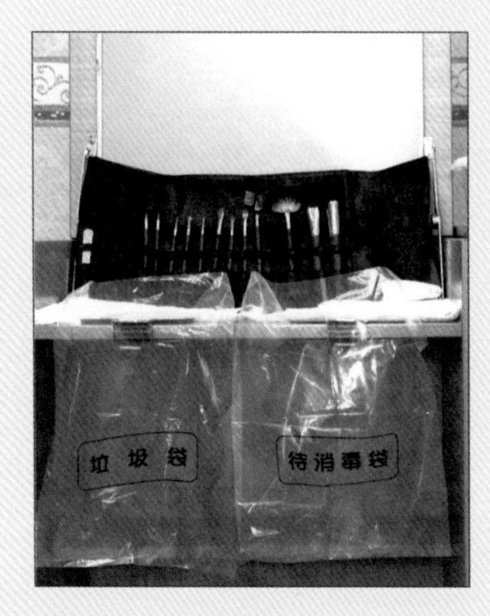

Step 2 化粧前準備好所有工具（含待消毒袋垃圾袋）

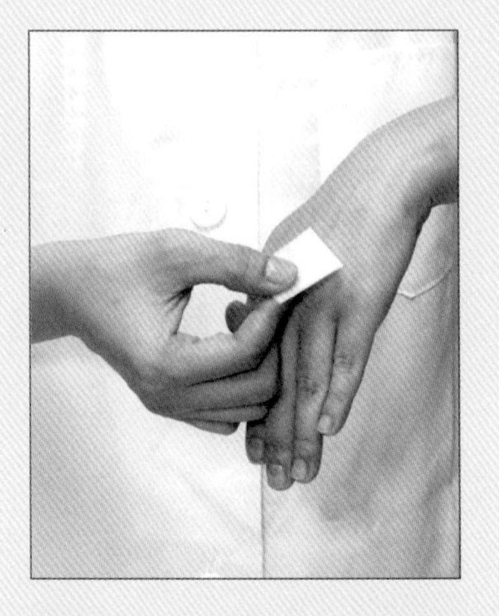

Step 3 工作前要用酒精棉球消毒雙手、戴口罩

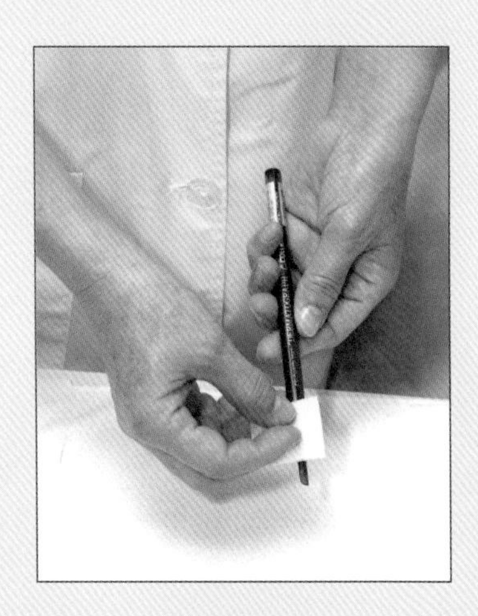

Step 4 消毒筆狀化粧品

Step 5 基礎保養：(1)化粧水(2)乳液或隔離霜

Step 6 上粉底：適合膚色均勻自然

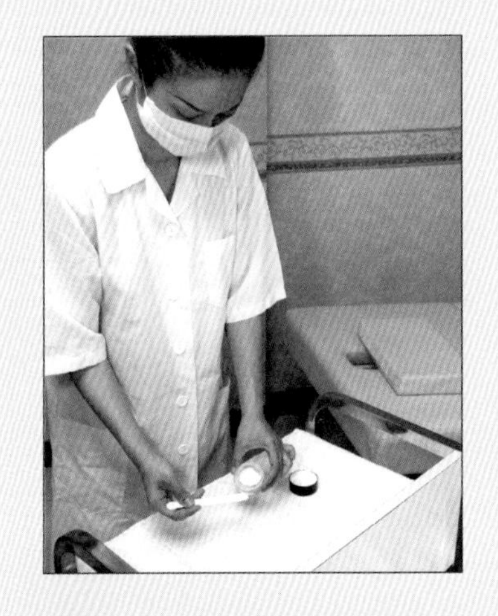

Step 7 蜜粉先倒至衛生紙上備用

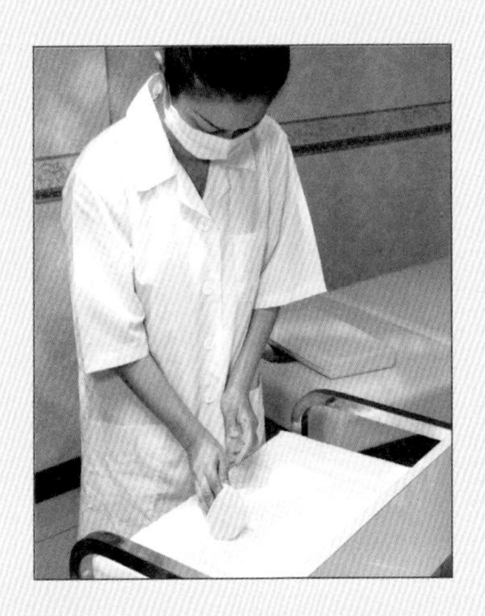

Step 8 再以粉撲沾取衛生紙上蜜粉

Step 9 輕輕按壓全臉

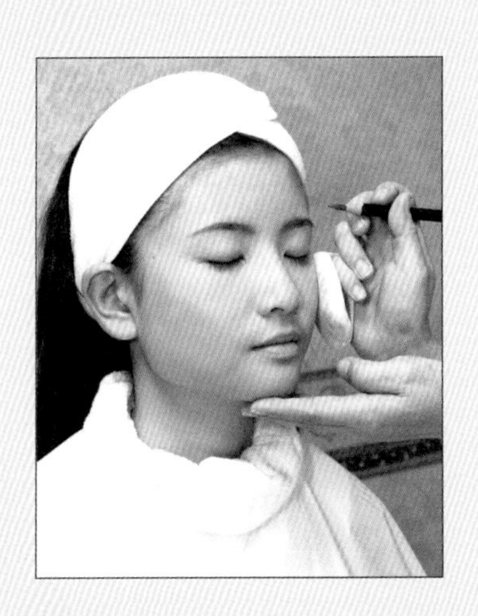

Step 10 畫眉型：眉型立體、對稱

Step 11 畫眼影（均勻漸層）

Step 12 畫眼線（筆狀眼線即可）

Step 13 夾睫毛

Step 14 上睫毛膏

Step 15 畫腮紅：輕刷於顴骨，色彩均勻自然

Step 16 畫口紅：以挖杓取用，用唇筆沾畫，美化唇型，色彩均勻自然

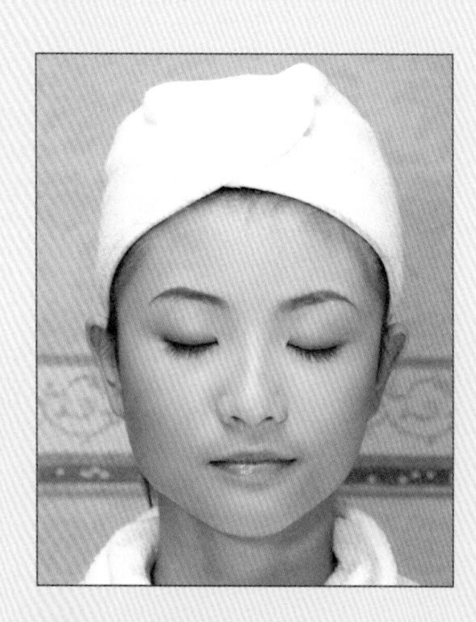

Step 17 完成圖1

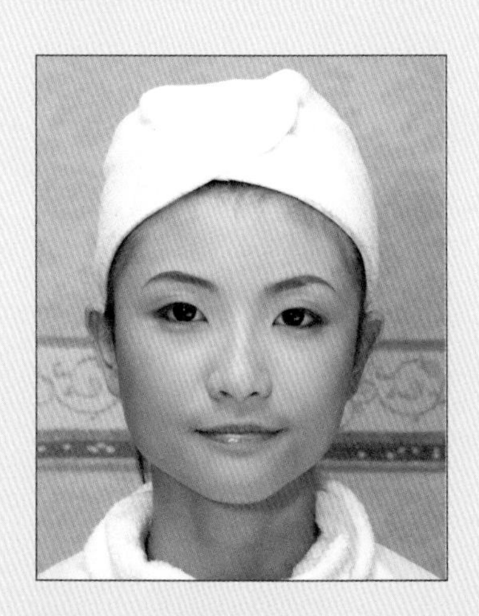

Step 18 完成圖 2

化粧技能一般粧評審表(40%)

檢定項目：一般粧：試題（一）外出郊遊粧 （二）職業婦女（公司員工）粧 （時間30分鐘）40%

辦理單位章戳		測試日期	年　月　日	編號		
監評人員簽名	（請勿於測試結束前先行簽名）			姓名		
評審內容				配分		
一、技能部分	1. **基礎保養：(1)化粧水(2)乳液或面霜之使用。**			2		
	2. 粉底：(1)均勻(2)自然、無分界線。			4		
	3. 眉型：(1)眉色(2)形狀、對稱。			4		
	4. 眼影：(1)色彩(2)漸層自然(3)修飾、對稱。			3		
	5. 眼線：(1)線條順暢(2)眼型修飾。			2		
	6. 睫毛膏：(1)適量(2)勻稱度。			2		
	7. 腮紅：(1)色彩(2)均勻自然(3)修飾、對稱。			3		
	8. 唇膏：(1)色彩(2)均勻自然(3)修飾、對稱。			3		
	9. **整體感：(1)切合主題(2)色彩搭配(3)潔淨(4)協調。**			8		
二、工作態度	1. 操作過程：正確使用化粧品及工具。			1		
	2. 姿勢儀態：(1)姿勢正確(2)儀態整潔適度。			1		
	3. 動作熟練度：動作輕巧、熟練。			1		
	4. 對顧客的尊重與保護。			1		
三、衛生行為	1. 使用過程中工具清潔，擺放整齊。			1		
	2. **工作前清潔雙手／戴口罩。**			1		
	3. **筆狀色彩化粧品，使用「前」以酒精棉球消毒。**			1		
	4. 自備的化粧品符合規定。			1		
	5. 可重複使用之器具，用畢後立即置入待消毒物品袋。			1		
一般粧得分小計				40		
備註	1. 未在時間內完成技能部分2.~8.項中之任一項者，除該項不計分外，9.整體感亦不計分。 2. 未完成項目超過兩項（含）以上者，一般粧完全不予計分。 3. 模特兒如有紋眉、紋眼線、紋唇者，除各該單項不計分外，整體感亦不予計分。 4. 本評審表由一位監評人員評審，應檢人本項分數得分由三位監評人員評審之成績合計，填入總評審表。					

2-3 宴會粧實作解析

日間宴會粧

一、測試項目：化粧技能宴會粧第一小題（二選一）

第二套題	外出郊遊粧	日間宴會粧
第四套題	職業婦女粧	日間宴會粧

二、測試時間：50 分鐘

三、說　　明：

1. 正式日間宴會化粧。
2. **配合日間宴會場所燈光的色彩化粧**。
3. 須表現出明亮、高貴感。
4. 眉型修飾應配合臉型。
5. **裝戴適合之假睫毛**。
6. **美化指甲色彩須與化粧色系配合**。
7. 化粧程序不拘，但完成之臉部化粧須乾淨、色彩調和。
8. 配合模特兒個人特色（個性、外型、年齡……）做適切的化粧。
9. 整體表現必須切題。

四、注意事項：

1. 模特兒，以素面應檢。
2. 模特兒化粧髮帶、圍巾應於檢定前處理妥當。
3. 操作前以酒精消毒雙手。
4. 粉底應配合膚色，厚薄適中且均勻而無分界線。

5. **取用蜜粉時，能兼顧衛生之需求，將蜜粉倒出使用。**
6. **取用唇膏、粉條時，應先以挖杓取用。**
7. 模特兒指甲於應檢前修整完畢，現場只進行指甲油塗抹技巧。指甲油色彩與化粧須協調。
8. 本項依評審表所列項目採得分法計分，應檢時間內除基礎保養、修眉外，一項未完成者除該項不計分外，整體感亦不計分。
9. 於規定時間內未完成項目超過兩項以上（含兩項）者，宴會粧完全不予計分。
10. 模特兒如有紋眼線、紋眉、紋唇者，除各該單項不計分外，整體感亦不予計分。如紋眉者，本測試項目之眉型及整體感均不予計分。

日間宴會粧 ✤ 實作步驟圖

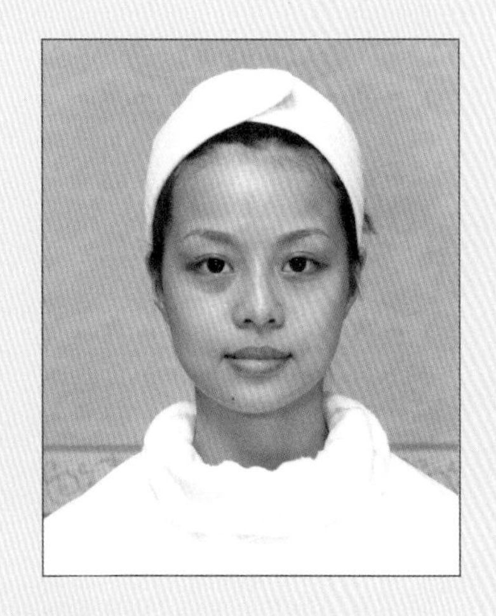

Step 1 化粧前（無紋眉眼線）

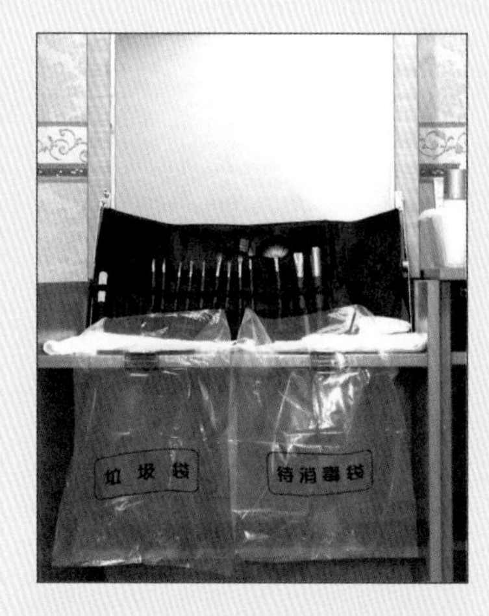

Step 2 化粧前準備好所有工具（含待消毒袋垃圾袋）

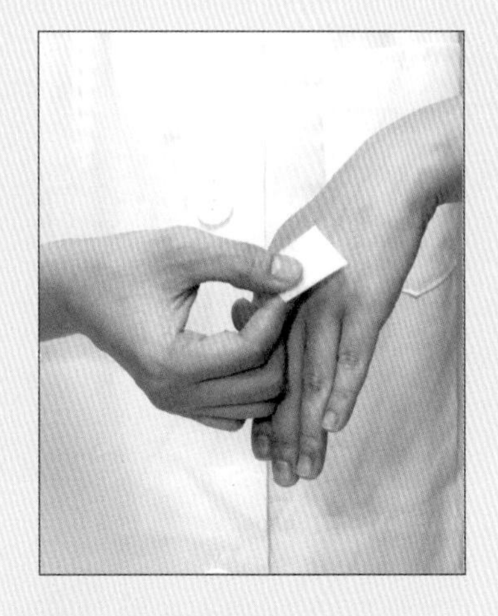

Step 3 工作前要用酒精棉球消毒雙手、戴口罩

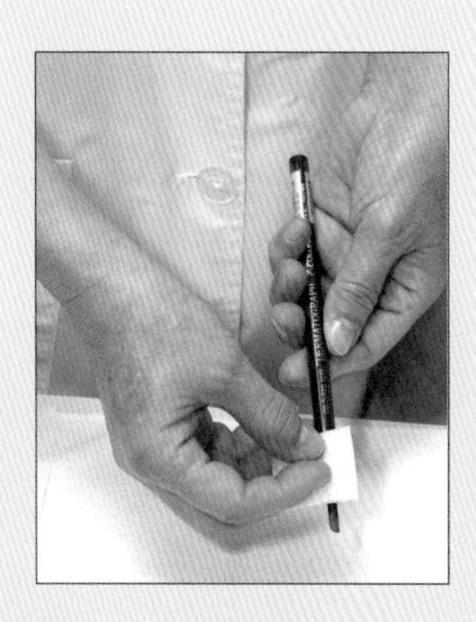

Step 4 消毒筆狀化粧品

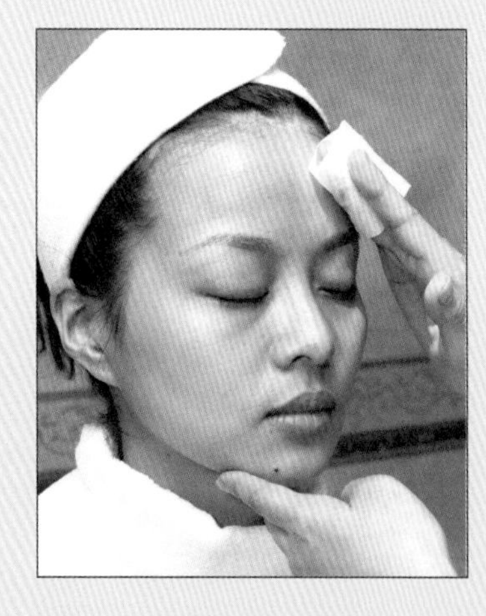

Step 5 基礎保養：(1)化粧水(2)乳液或隔離霜

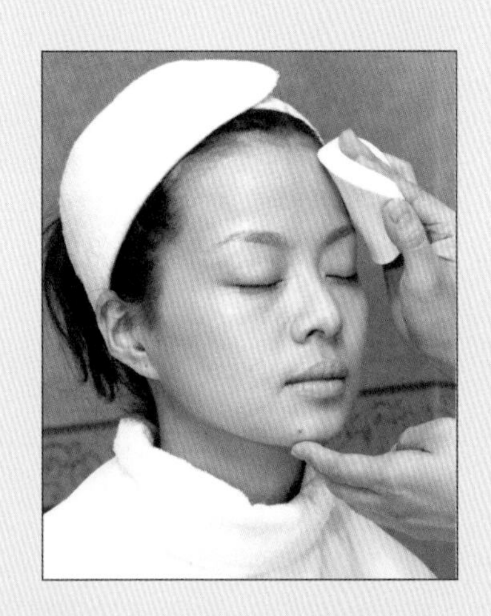

Step 6 上粉底：適合膚色均勻自然

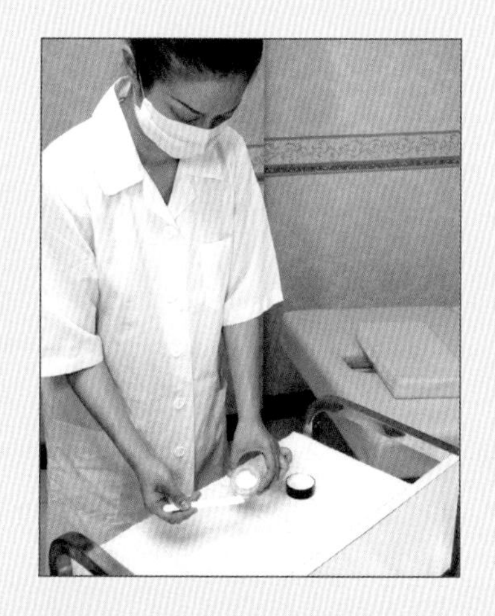

Step 7 蜜粉先倒至衛生紙上備用

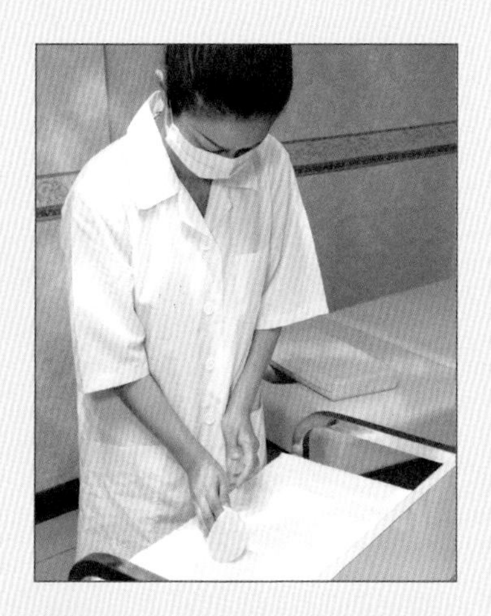

Step 8 再以粉撲沾取衛生紙上蜜粉

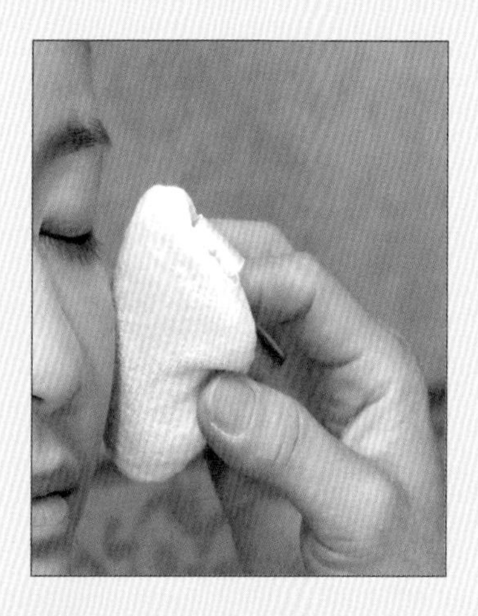

Step 9 輕輕按壓全臉

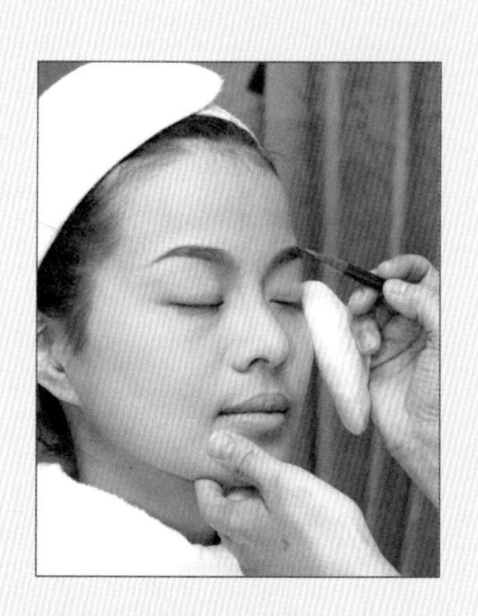

Step 10 畫眉型、鼻影：立體（顏色自然、對稱）

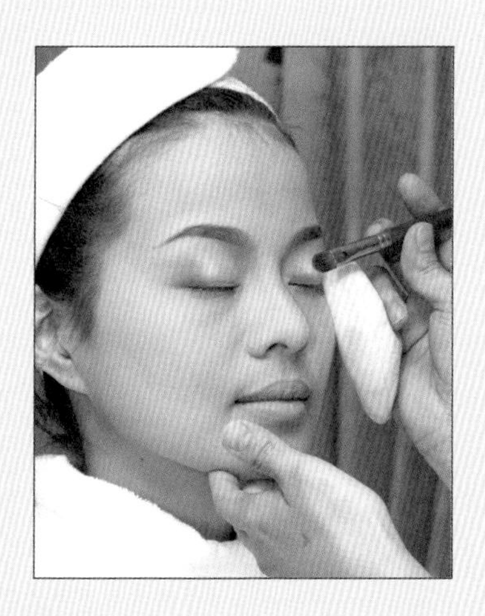

Step 11 畫眼影（均勻漸層）

Step 12 畫眼線（眼線液、筆均可）

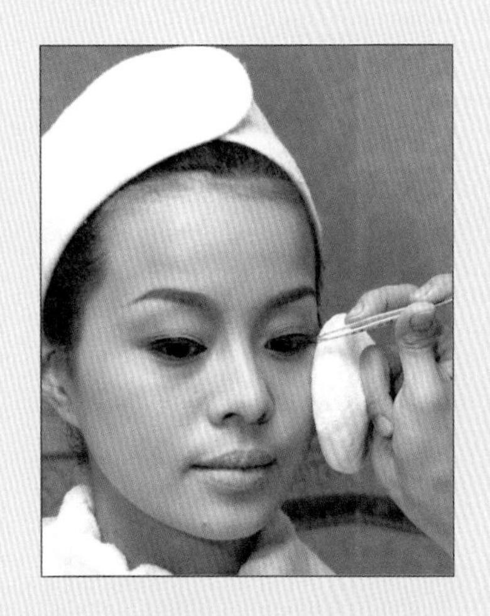

Step 13 夾睫毛、貼假睫毛、上睫毛膏

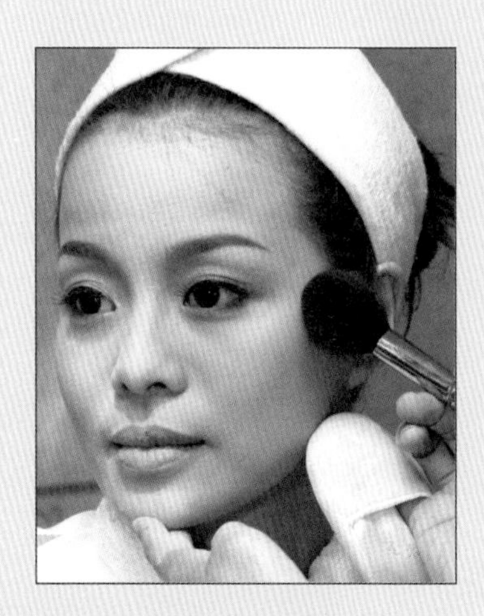

Step 14 畫腮紅：輕刷於顴骨，色彩均勻自然

Step 15 畫口紅：以挖杓取用，用唇筆沾畫，美化唇型，色彩均勻自然

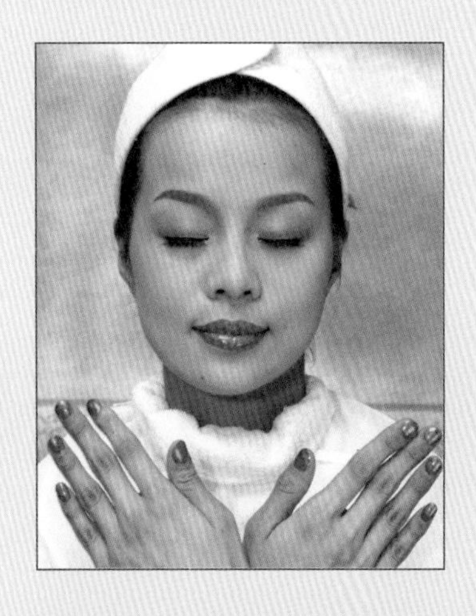

Step 16 最後搭配口紅的色系，塗上指甲油美化指甲即完成

Step 17 完成圖（完成後，請模特兒雙手交叉放在胸前以利評審老師評分）

晚間宴會粧

一、測試項目：化粧技能宴會粧第二小題（二選一）

第一套題	外出郊遊粧	晚間宴會粧
第三套題	職業婦女粧	晚間宴會粧

二、測試時間：50 分鐘

三、說　　明：

1. 正式晚間宴會化粧。
2. **配合晚間宴會場所燈光的色彩化粧**。
3. 須表現出明亮、豔麗感。
4. 眉型修飾應配合臉型。
5. **裝戴適合之假睫毛**。
6. **美化指甲色彩須與化粧色系配合**。
7. 化粧程序不拘，但完成之臉部化粧須乾淨、色彩調和。
8. 配合模特兒個人特色（個性、外型、年齡……）做適切的化粧。
9. 整體表現必須切題。

四、注意事項：

1. 模特兒以素面應檢。
2. 模特兒化粧髮帶、圍巾應於檢定前處理妥當。
3. 操作前以酒精消毒雙手。
4. **粉底應配合膚色，厚薄適中且均勻而無分界線**。
5. **取用蜜粉時，能兼顧衛生之需求，將蜜粉倒出使用**。
6. 取用唇膏、粉條時，應先以挖杓取用。
7. 模特兒指甲於應檢前修整完畢，現場只進行指甲油塗抹技巧。指甲油色彩與化粧須協調。

8. 本項評審依評審表所列項目採得分法計分，應檢時間內除基礎保養、修眉外，一項未完成者除該項不計分外，整體感亦不計分。
9. 於規定時間內未完成項目超過兩項以上（含兩項）者，宴會粧完全不予計分。
10. 模特兒如有紋眼線、紋眉、紋唇者，除各該單項不計分外，整體感亦不予計分。如紋眉者，本測試項目之眉型及整體感均不予計分。

晚間宴會粧 ❖ 實作步驟圖

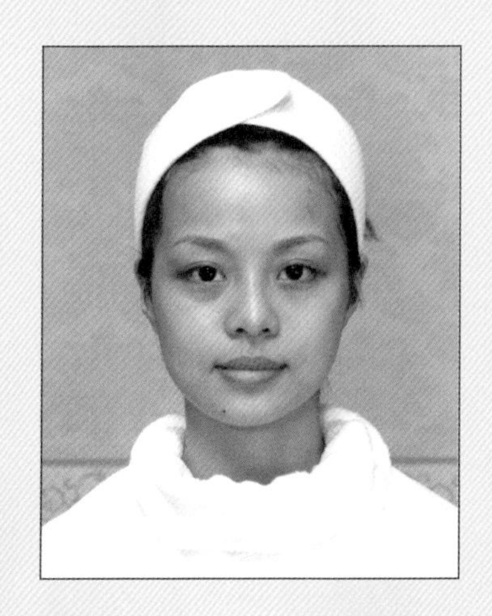

Step 1 化粧前（無紋眉眼線）

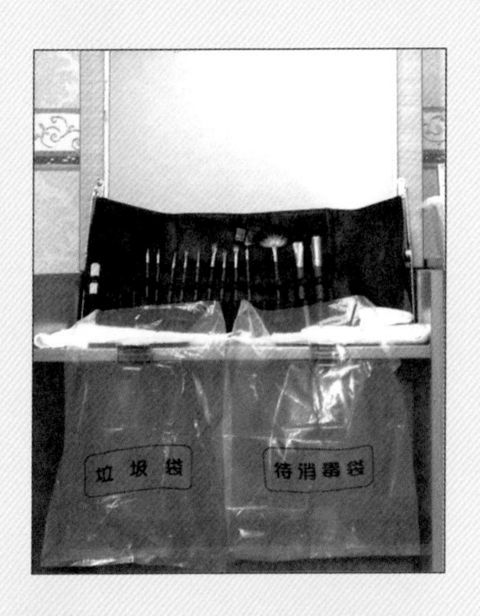

Step 2 化粧前準備好所有工具（含待消毒袋垃圾袋）

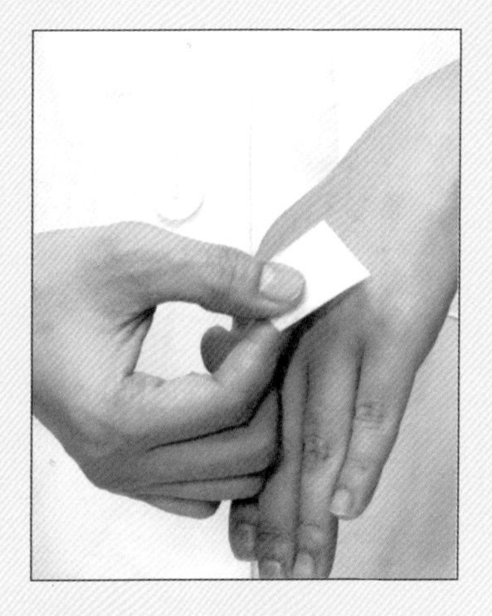

Step 3 工作前要用酒精棉球消毒雙手、戴口罩

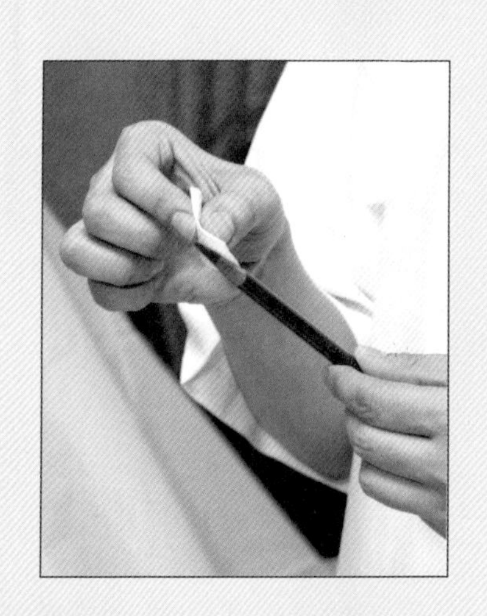

Step 4 消毒筆狀化粧品

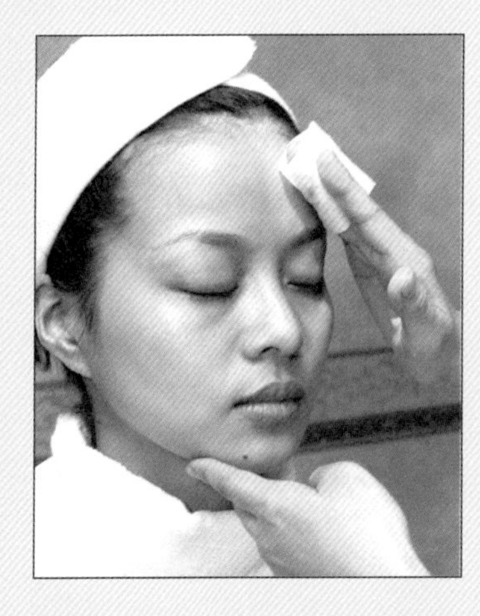

Step 5 基礎保養：(1)化粧水 (2)乳液或隔離霜

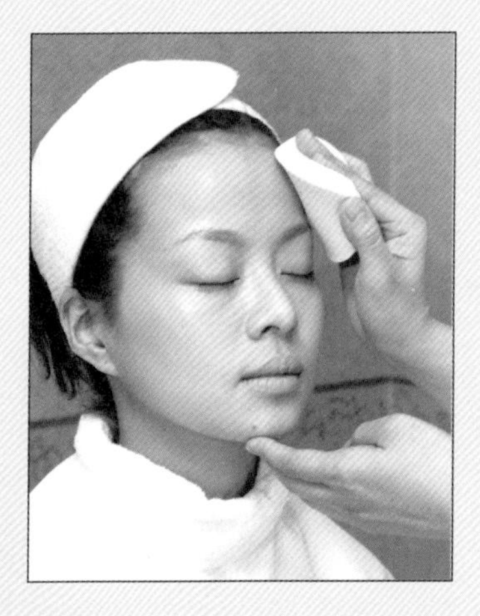

Step 6 上粉底：適合膚色均勻自然

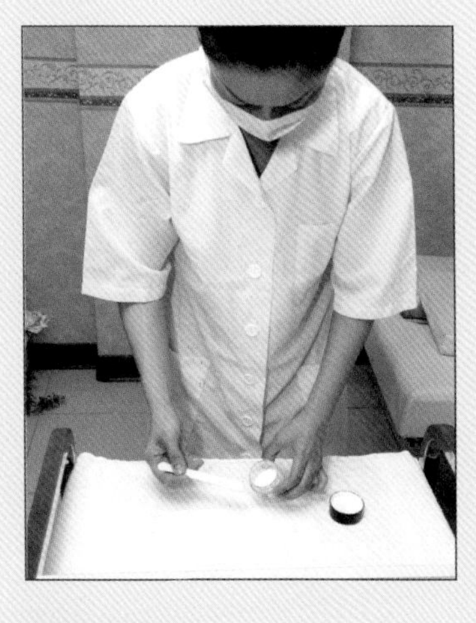

Step 7 蜜粉先倒至衛生紙上備用

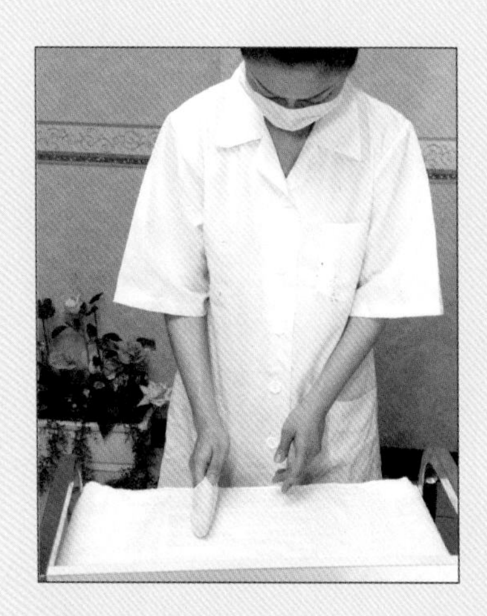

Step 8 再以粉撲沾取衛生紙上蜜粉

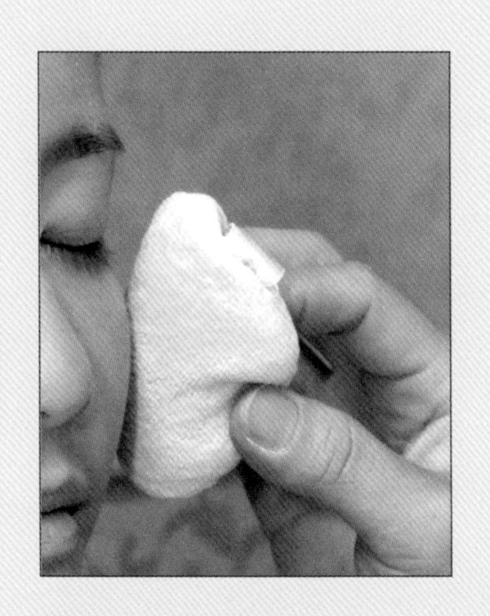

Step 9 輕輕按壓全臉

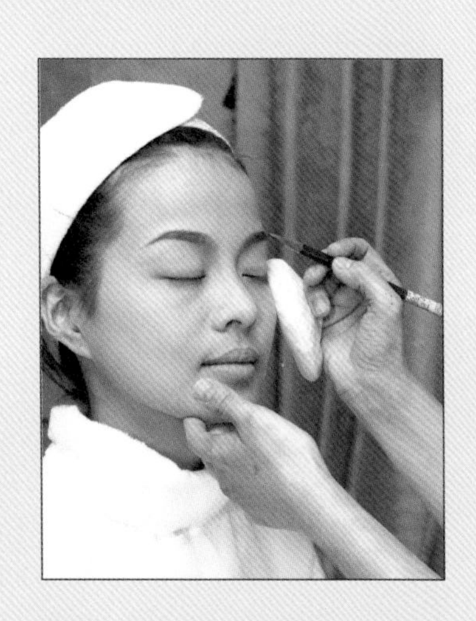

Step 10 畫眉型、鼻影：立體（顏色自然、對稱）

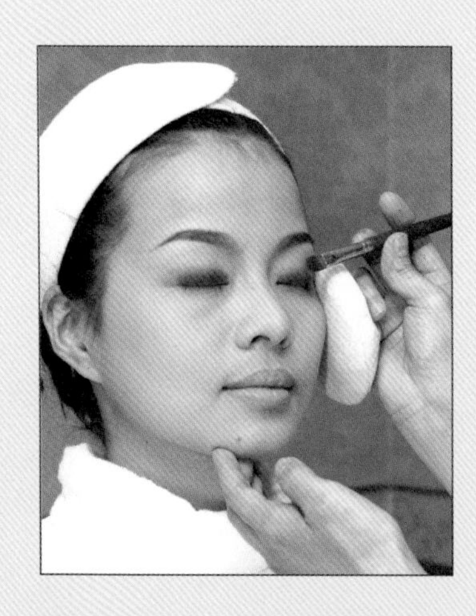

Step 11 畫眼影（均勻漸層）

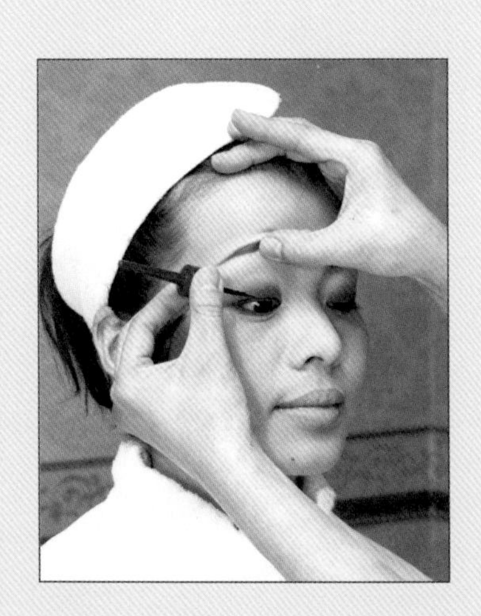

Step 12 畫眼線（眼線液、筆均可）

Step 13 夾睫毛、貼假睫毛

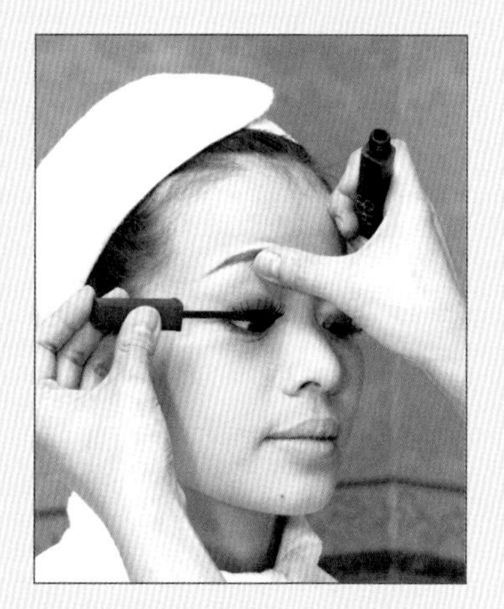

Step 14 上睫毛膏（假睫毛與真睫毛需合併）

Step 15 畫腮紅：輕刷於顴骨，色彩均勻自然

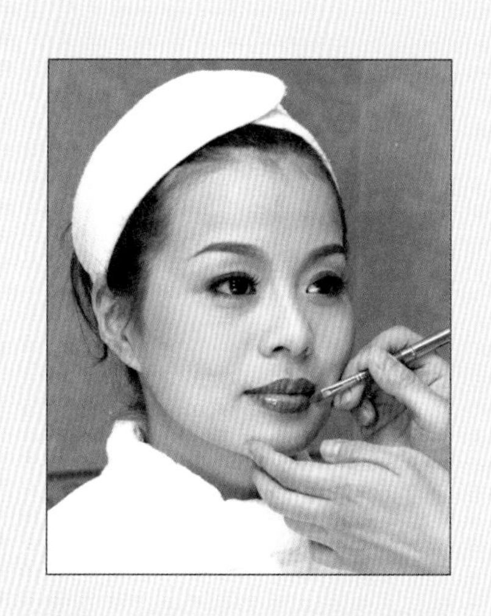

Step 16 畫口紅：以挖杓取用，用唇筆沾畫，美化唇型，色彩均勻自然

Step 17 最後搭配口紅的色系，塗上指甲油美化指甲

Step 18 完成圖（完成後，請模特兒雙手交叉放在胸前以利評審老師評分）

化粧技能宴會粧評審表(60 %)

檢定項目：一般粧：試題（一）日間宴會粧（二）晚間宴會粧（時間50分鐘）60%

辦理單位章戳		測試日期	年 月 日	編號		
監評人員簽名		（請勿於測試結束前先行簽名）		姓名		
評分內容				配分		
一、技能部分	1. **基礎保養：(1)化粧水(2)乳液或面霜。**			2		
	2. 粉底：(1)均勻(2)自然(3)無分界線。			6		
	3. 眉型：(1)眉色(2)形狀、對稱。			4		
	4. 眼線：(1)眼型修飾(2)線條順暢。			4		
	5. 眼影：(1)色彩(2)漸層自然(3)修飾、對稱。			6		
	6. **鼻影：立體自然。**			2		
	7. **假睫毛：(1)選用(2)修剪(3)裝載。**			3		
	8. 腮紅：(1)色彩、均勻自然(2)修飾、對稱。			4		
	9. 唇膏：(1)色彩、均勻自然(2)修飾、對稱。			4		
	10.指甲美化：(1)色彩(2)塗抹技巧。			4		
	11. **整體感：(1)切合主題(2)色彩搭配(3)潔淨(4)協調。**			12		
二、工作態度	1. 操作過程：正確使用化粧品及工具。			1		
	2. 姿勢儀態：(1)姿勢正確(2)儀態整潔適度。			1		
	3. 動作熟練度：動作輕巧、熟練。			1		
	4. 對顧客的尊重與保護。			1		
三、衛生行為	1. 使用過程中工具清潔，擺放整齊。			1		
	2. **工作前清潔雙手／戴口罩。**			1		
	3. **筆狀色彩化粧品，使用「前」以酒精棉球消毒。**			1		
	4. 自備的化粧品符合規定。			1		
	5. 可重複使用之器具，用畢後立即置入待消毒物品袋。			1		
宴會粧得分小計				60		
備註	1. 未在時間內完成技能部分2.~10.項中之任一項者，除該項不計分外，11.整體感亦不計分。 2. 未完成項目超過兩項（含）以上者，宴會粧完全不予計分。 3. 模特兒如有紋眉、紋眼線、紋唇者，除各該單項不計分外，整體感亦不予計分。 4. 本評審表由一位監評人員評審，應檢人本項分數得分由三位監評人員評審之成績合計，填入總評審表。					

2-4 護膚技能實作解析

一、測試項目：護膚技能

二、測試時間：55分鐘

三、說　　明：檢定流程分四階段進行，依序評審。

四、注意事項：

1. 應檢人應仔細閱讀「應檢人自備工具表」並備妥一切應檢必須用品。
2. 模特兒須於護膚技能檢定開始前換妥美容衣，並自行取下珠寶、飾物等。
3. 應檢人操作護膚技能時，應注意坐姿背脊伸直，上半身不可太靠向模特兒，須保持約10公分距離。
4. 應注意電源及蒸臉器的用電安全。
5. 白毛巾須於應檢開始前放進蒸氣消毒箱中加熱備用。
6. 包頭巾不可覆蓋額頭，以致於妨礙臉部之清潔或按摩動作之施行，如果包頭巾是紙製品，則應在使用過後立即丟棄以維衛生。
7. 美容衣必須不干擾美容從業人員對顧客頸部的清潔及保養動作之施行，美容衣應以舒適、方便並不纏住顧客之身體為要。
8. 臉部保養中若有指壓夾雜，指壓之力道應適切有效但不過度，在眼袋及眼眶周圍施行保養時，應特別小心留意。
9. 使用化粧水時，勿使化粧水誤入顧客眼睛。含酒精化粧水不宜使用在眼眶周圍。
10. 應檢完所有物品應歸回原位妥善收好並恢復檢定場地之整潔。
11. 無法重複使用之面紙，化粧棉紙巾等應立即丟棄以維衛生，可重複使用之器具應置入「待消毒物品袋」中，待有空時再一併予以適當之清潔與消毒處理。

第一階段：工作前準備（10分鐘）

1. 美容椅上應有清潔之罩單或浴巾使顧客之皮膚不直接接觸美容椅。
2. 美容椅使用前應確認其可正常使用。
3. 應檢人應戴口罩，遮住口、鼻。
4. 應檢人應確認顧客在美容椅上躺臥之舒適及安全後，再加上蓋被或浴巾。
5. 模特兒之頭髮、肩、頸、前胸等均應有毛巾、美容衣之妥善保護，應避免使之與美容椅直接接觸。
6. 模特兒的雙腳應有適當之保護，以達保暖及衛生之要求。

   例如：以毛巾覆蓋足部、用後隨即更換。
7. 備妥垃圾袋及待消毒物品袋。
8. 正確、詳實填寫顧客皮膚資料卡。
9. 以酒精消毒雙手。
10. 模特兒皮膚清潔要點：

    (1) 在清潔臉部前，應先去除眼部、唇部之化粧。

    (2) 足量的清潔用品應足量均勻的塗布在臉部、頸部，加以施用。

    (3) 清潔用品用面紙拭淨後，不一定要用水清洗，可用化粧棉沾化粧水再次擦拭。

護膚 ✤ 實作示範

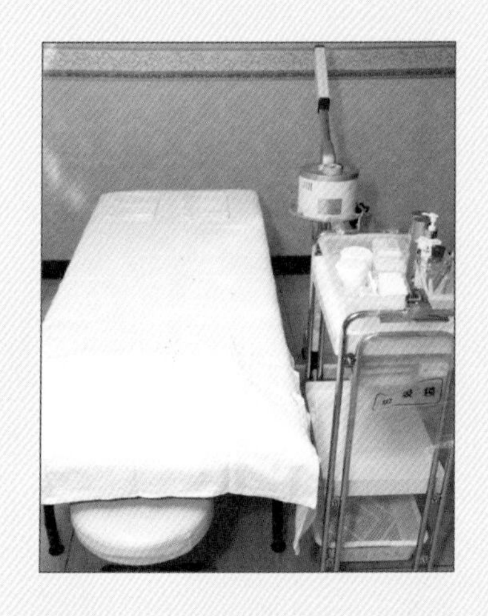

Step 1 工作車擺放整齊，備有垃圾袋及待消毒袋，美容床鋪大浴巾，不可碰觸地板

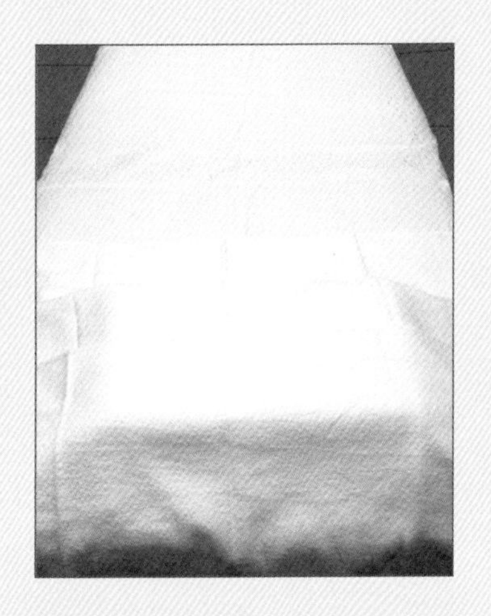

Step 2 美容床頭備毛巾供模特兒（頭、肩、頸、前胸）使用

Step 3 美容床尾備毛巾供模特兒（保護、保暖足部）使用

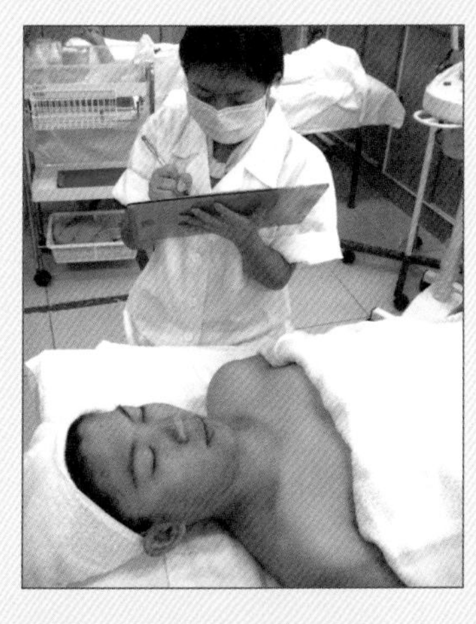

Step 4 填寫顧客資料卡

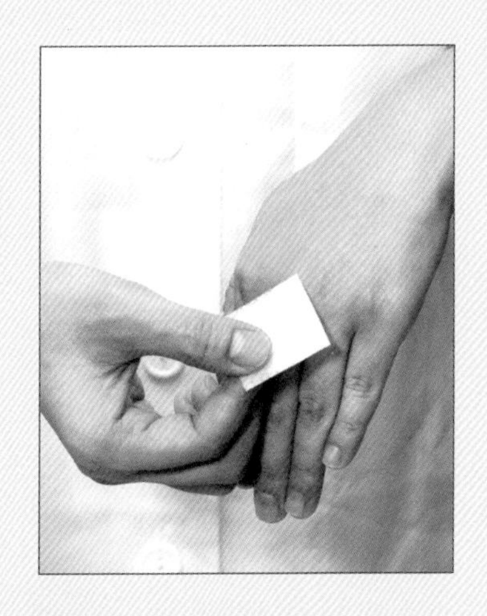

Step 5 手部消毒

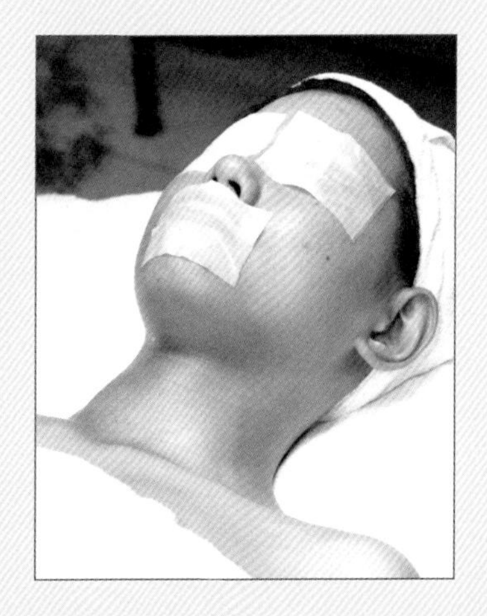

Step 6 重點卸粧

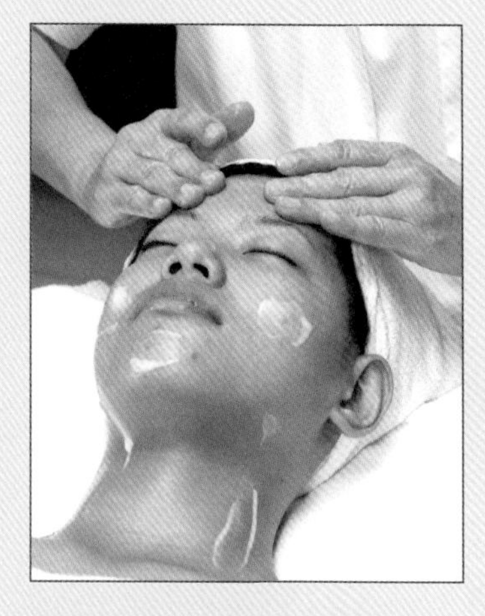

Step 7 塗抹清潔乳（霜），含臉、頸

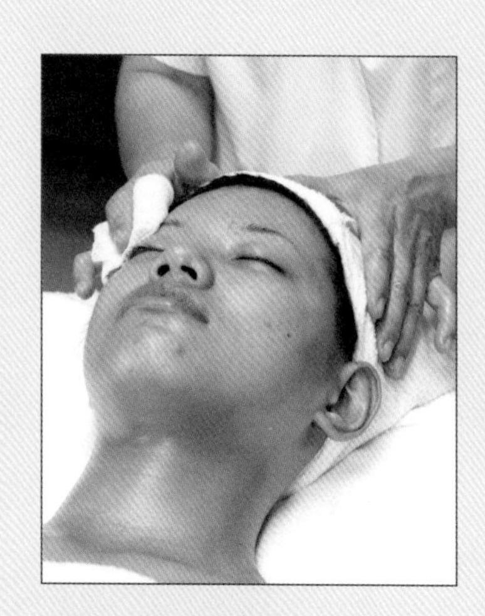

Step 8 清除清潔乳（霜），含臉、頸

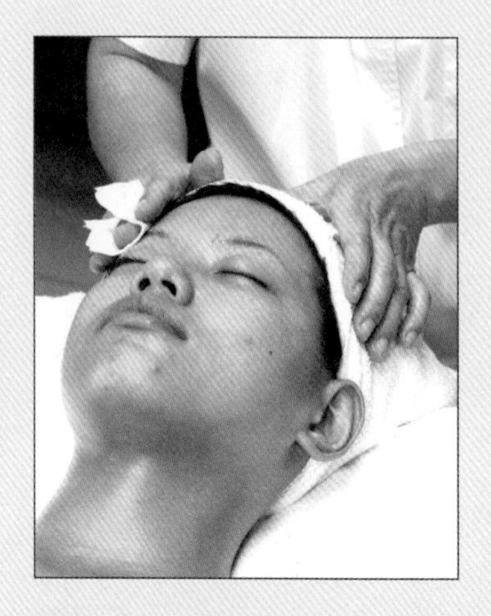

Step 9 用化粧水再次清潔全臉

術科測試美容技能顧客皮膚資料卡

顧客皮膚資料卡（發給應檢人）

項次	名稱	填寫欄位
1.	測試編號	
2.	建卡日期	年　　月　　日
3.	顧客姓名	
4.	出生日期	
5.	住址	
6.	電話	
7.	皮膚類型	
8.	皮膚狀況	
9.	本次護膚紀錄	
備註	(1) 本次護膚紀錄，即為「專業護膚」。 (2) 本卡中皮膚類型、皮膚狀況，請視當場模特兒皮膚據實正確填寫。 (3) 第1.~6.項中任一項未填寫、填寫錯誤者，扣1分。 (4) 第7.~9.項中任一項未填寫、填寫錯誤、判斷錯誤者，扣1分。 (5) 第7.~9.項均未填寫者，扣2分。	
監評人員簽名：		（請勿於測試結束前先行簽名）

辦理單位章戳：

術科測試美容技能顧客皮膚資料卡（範例說明）

顧客皮膚資料卡（發給應檢人）

項次	名稱	填寫欄位
1.	測試編號	C1　依檢定當天報到編號
2.	建卡日期	112年1月1日　依考試日期
3.	顧客姓名	王小美
4.	出生日期	88 年 8 月 8 日
5.	住址	新北市淡水區濱海路三段150號
6.	電話	02-2805-2088
7.	皮膚類型	混合型　依皮膚狀況詳實填寫，混合肌膚需有二種以上狀況
8.	皮膚狀況	鼻頭粉刺、兩頰偏乾
9.	本次護膚紀錄	專業護膚
備註	(1) 本次護膚紀錄，即為「專業護膚」。 (2) 本卡中皮膚類型、皮膚狀況，請視當場模特兒皮膚據實正確填寫。 (3) 第1.~6.項中任一項未填寫、填寫錯誤者，扣1分。 (4) 第7.~9.項中任一項未填寫、填寫錯誤、判斷錯誤者，扣1分。 (5) 第7.~9.項均未填寫者，扣2分。	
監評人員簽名：		（請勿於測試結束前先行簽名）

辦理單位章戳：

第二階段：臉部保養手技（20分鐘）

1. 足量的按摩霜應均勻的塗布在要施行保養的部位。
2. 應檢人應展示臉部、頸部、耳朵之保養手技。（請參閱臉部保養手技示範參考圖）
3. 臉部保養各部位手技需做到三分鐘，以便評審人員評審。（保養部位及時間，必須依據口令施行）
4. 在臉部保養過程中，應檢人可運用下列保養技巧。

   (1) 輕撫。

   (2) 輕度摩擦。

   (3) 深層摩擦。

   (4) 輕拍。

   (5) 振動。
5. 手技動作應熟練，且配合顏面肌肉紋理施行。
6. 手技進行時手部力量、速度需適切，壓點部位要明顯，壓力不可過度。
7. 手技步驟完成後，按摩霜必須以面紙徹底去除。

臉部保養 ✤ 實作示範

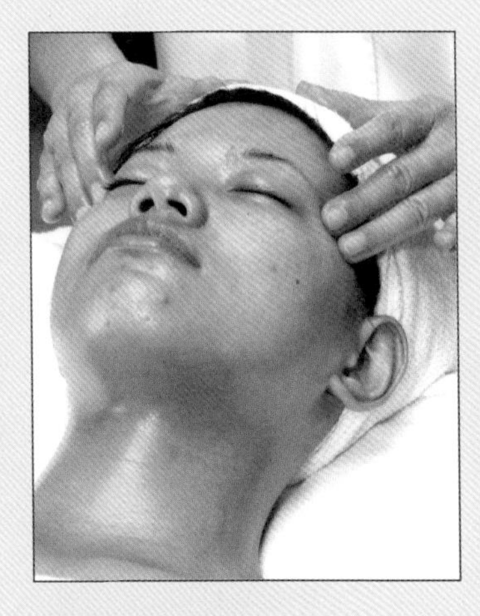

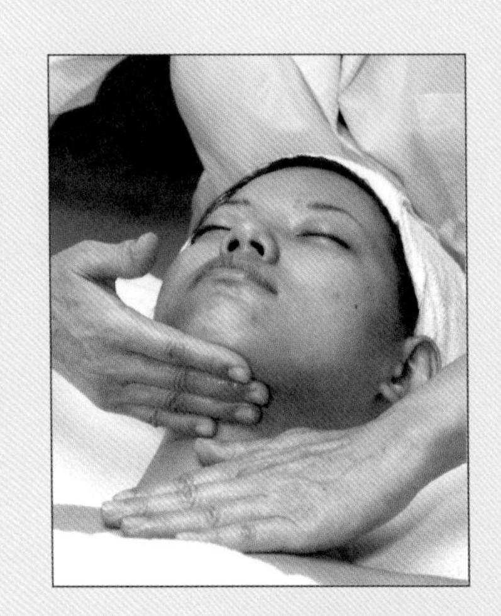

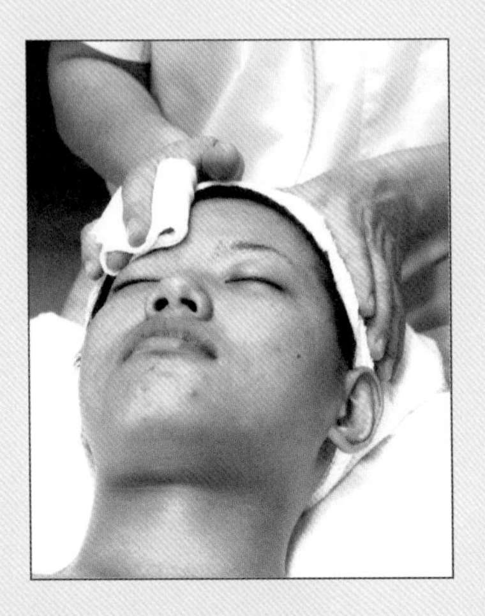

Step 1 足量的按摩霜均勻的塗抹全臉及頸部（3分鐘）

Step 2 逐一展示臉部保養手技：(1)額頭（3分鐘）(2)眼睛（3分鐘）(3)鼻子、嘴巴（3分鐘）(4)臉頰（3分鐘）(5)顎、頸、耳朵（3分鐘）；每部位須做三種動作

Step 3 完成後清除按摩霜（2分鐘）

術科測試美容技能保養手技參考圖

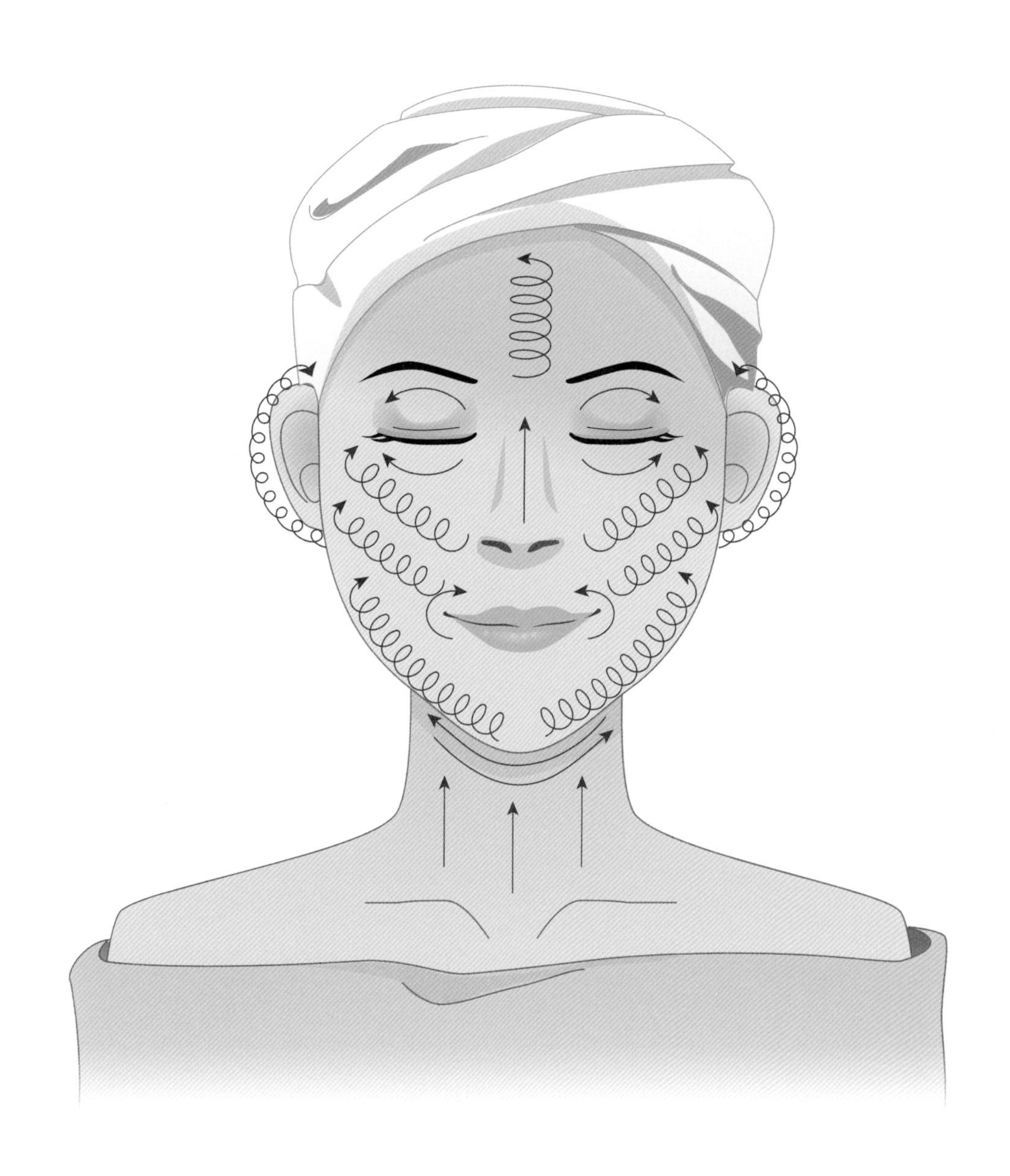

術科測試美容技能保養手技參考資料

一、臉部保養手技示範參考資料：顏面、頸部肌肉紋理

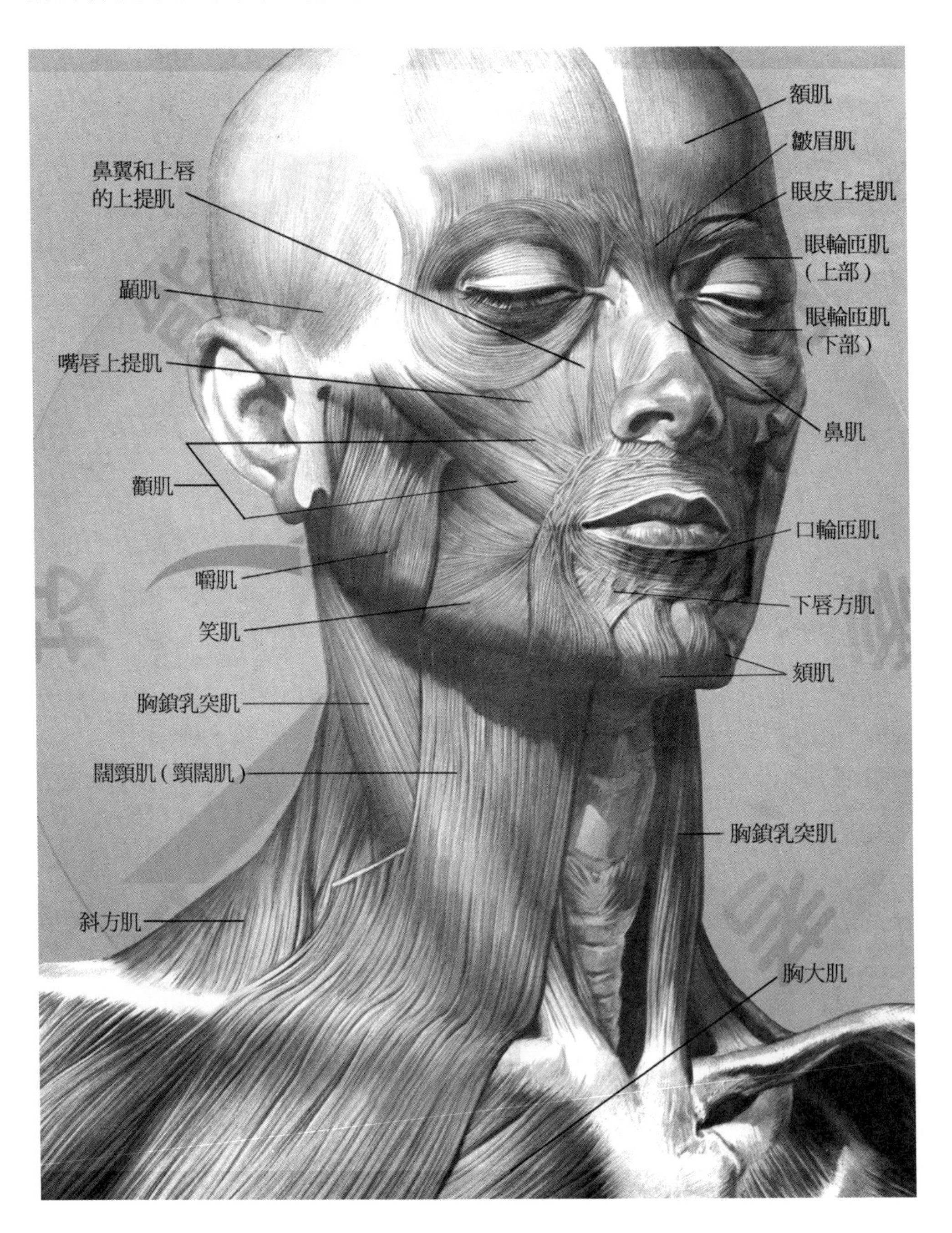

二、臉部保養手技參考圖

1. 額頭

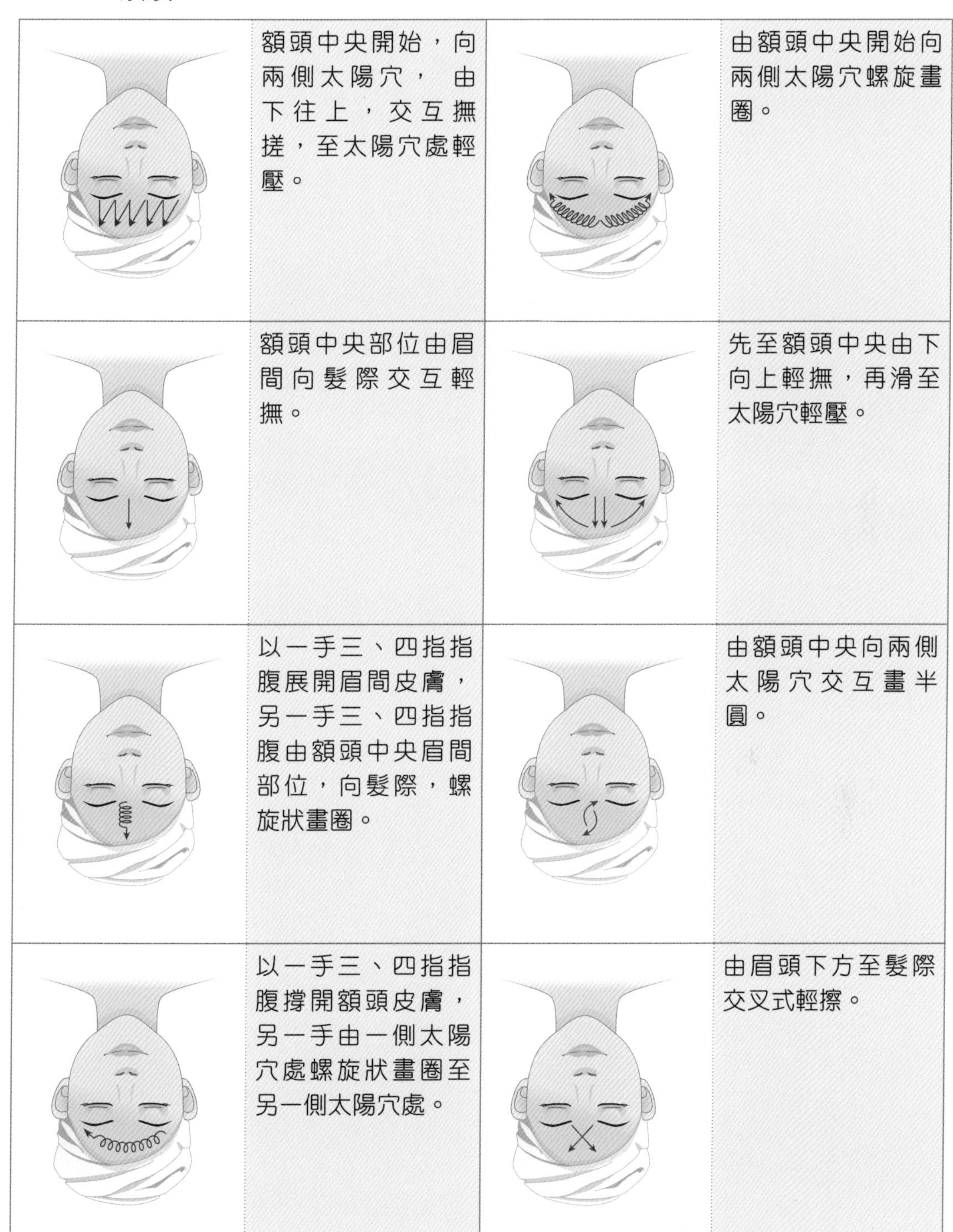

額頭中央開始，向兩側太陽穴，由下往上，交互撫搓，至太陽穴處輕壓。	由額頭中央開始向兩側太陽穴螺旋畫圈。
額頭中央部位由眉間向髮際交互輕撫。	先至額頭中央由下向上輕撫，再滑至太陽穴輕壓。
以一手三、四指指腹展開眉間皮膚，另一手三、四指指腹由額頭中央眉間部位，向髮際，螺旋狀畫圈。	由額頭中央向兩側太陽穴交互畫半圓。
以一手三、四指指腹撐開額頭皮膚，另一手由一側太陽穴處螺旋狀畫圈至另一側太陽穴處。	由眉頭下方至髮際交叉式輕擦。

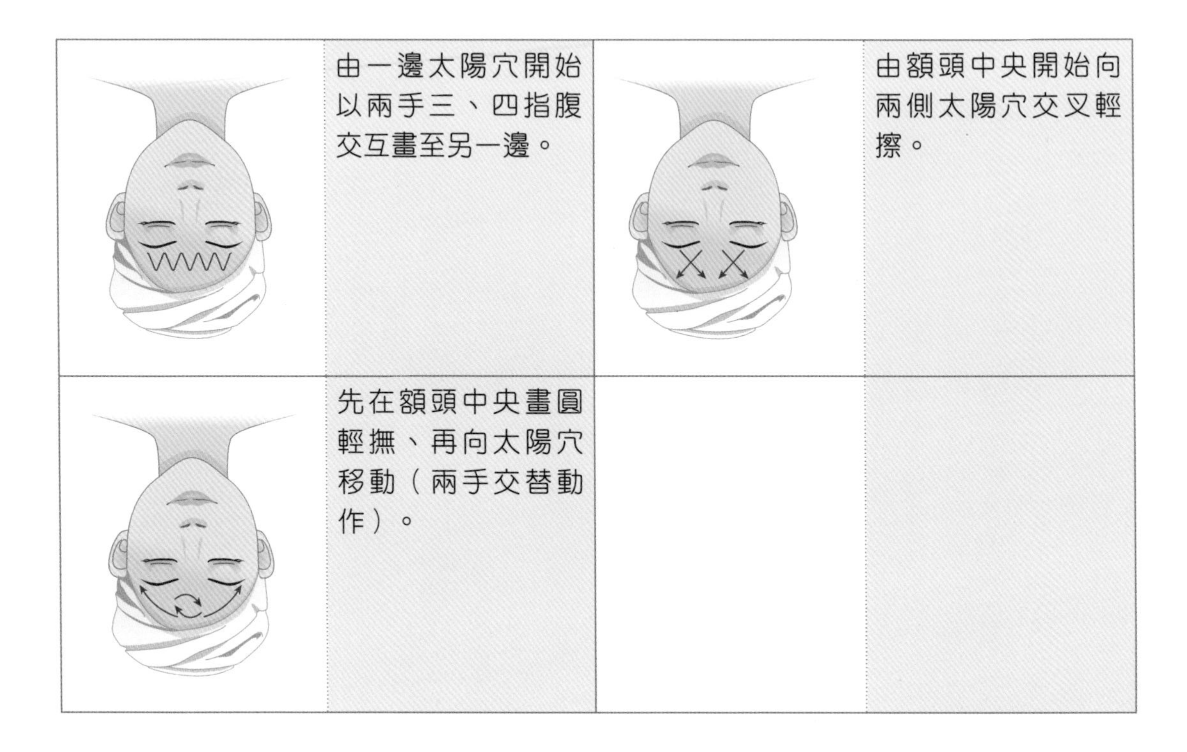

圖示	說明	圖示	說明
	由一邊太陽穴開始以兩手三、四指腹交互畫至另一邊。		由額頭中央開始向兩側太陽穴交叉輕擦。
	先在額頭中央畫圓輕撫、再向太陽穴移動（兩手交替動作）。		

2. 眼部

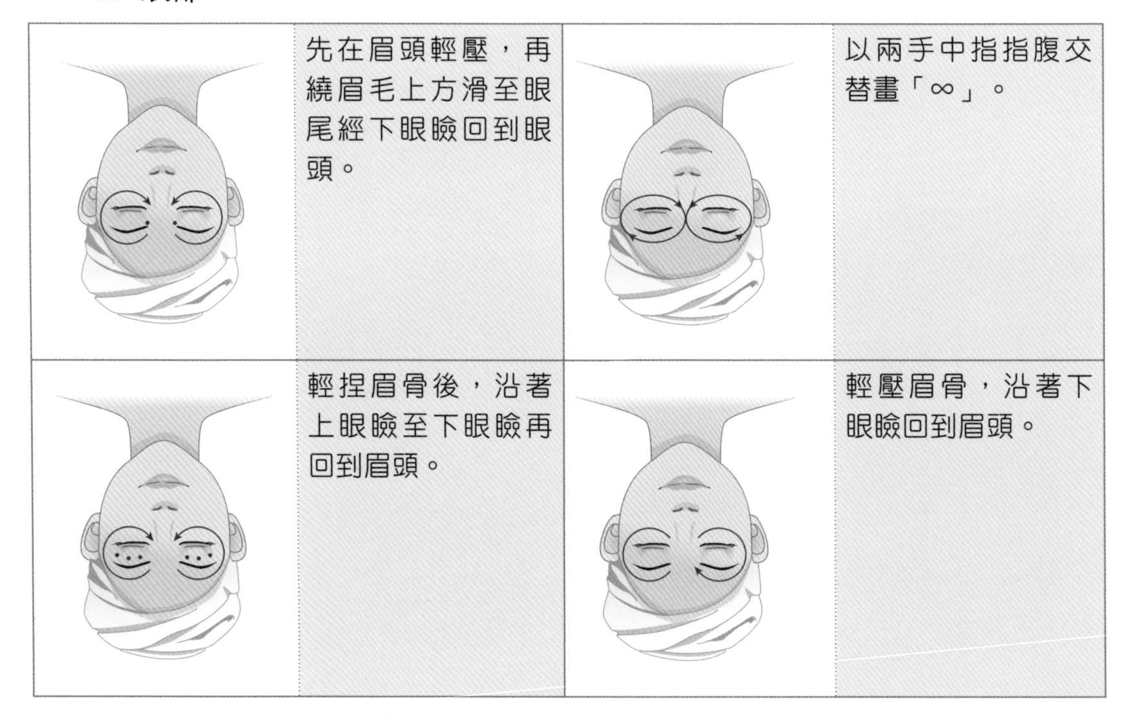

圖示	說明	圖示	說明
	先在眉頭輕壓，再繞眉毛上方滑至眼尾經下眼瞼回到眼頭。		以兩手中指指腹交替畫「∞」。
	輕捏眉骨後，沿著上眼瞼至下眼瞼再回到眉頭。		輕壓眉骨，沿著下眼瞼回到眉頭。

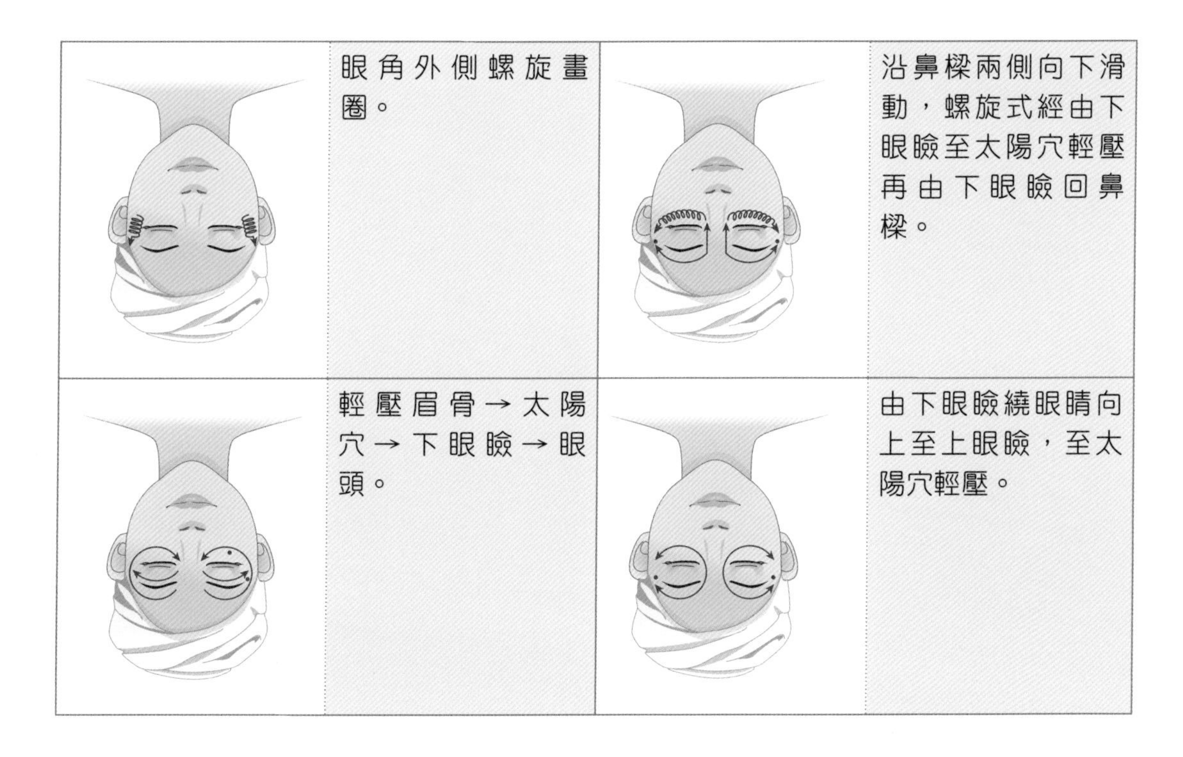
眼角外側螺旋畫圈。
沿鼻樑兩側向下滑動，螺旋式經由下眼瞼至太陽穴輕壓再由下眼瞼回鼻樑。
輕壓眉骨→太陽穴→下眼瞼→眼頭。
由下眼瞼繞眼睛向上至上眼瞼，至太陽穴輕壓。

3. 下顎、耳朵、頸部

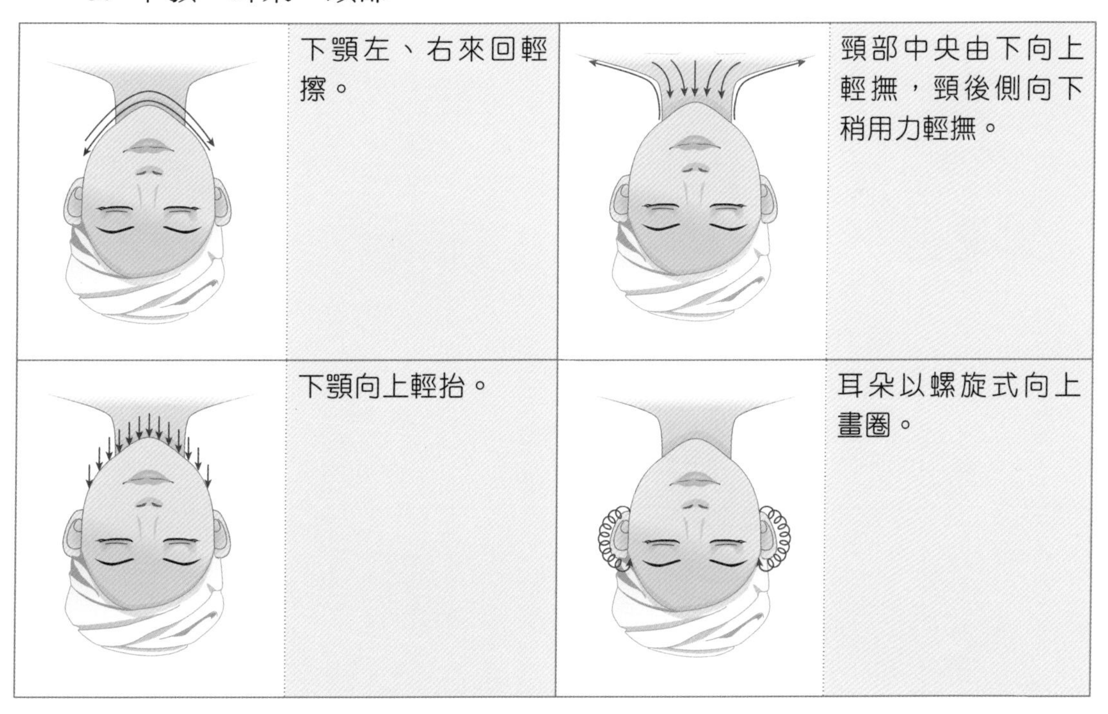
下顎左、右來回輕擦。
頸部中央由下向上輕撫，頸後側向下稍用力輕撫。
下顎向上輕抬。
耳朵以螺旋式向上畫圈。

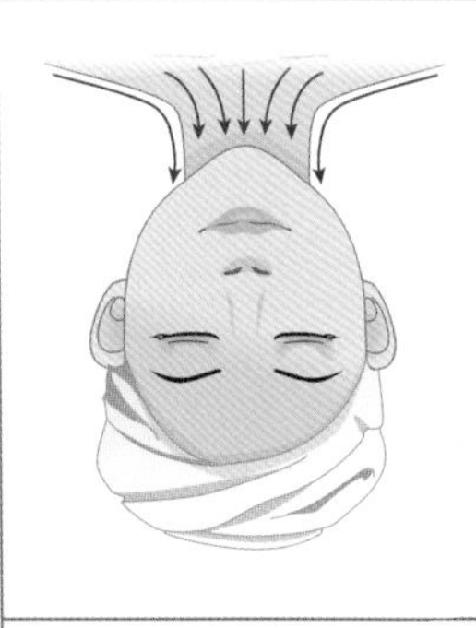	頸部由下向上輕撫。	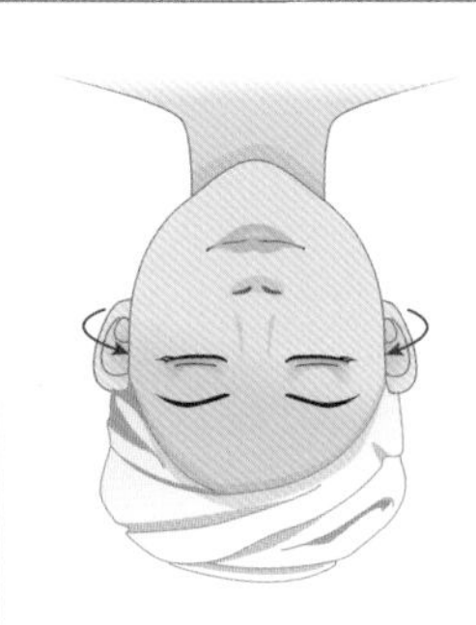	將耳殼子骨由外向內輕輕上提後輕壓。
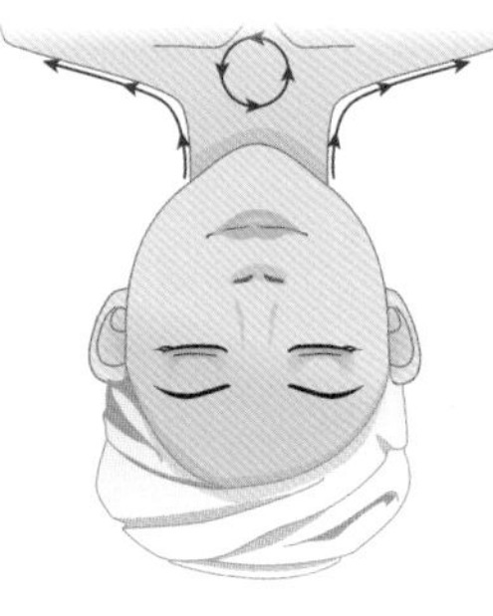	頸部由下向上畫圈按摩，頸後側再以較重力量向下稍用力輕擦。		

4. 嘴部

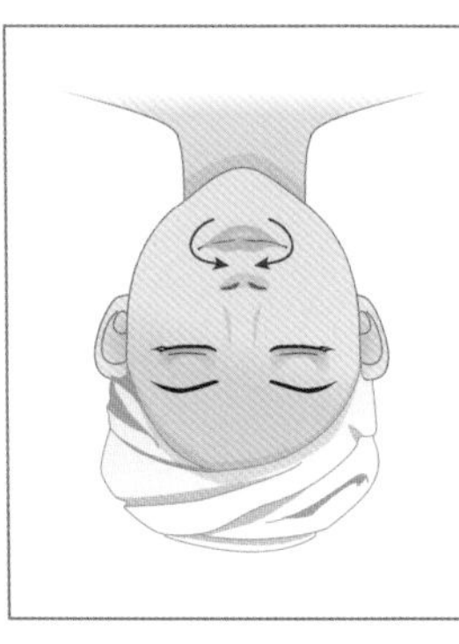	沿著唇的四周由下往上滑動，嘴角處略往上提。	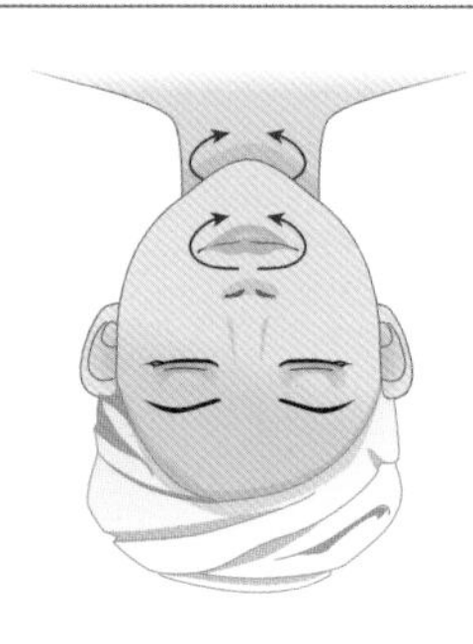	由人中開始繞著嘴角向下滑向下唇及下顎。

5. 鼻子

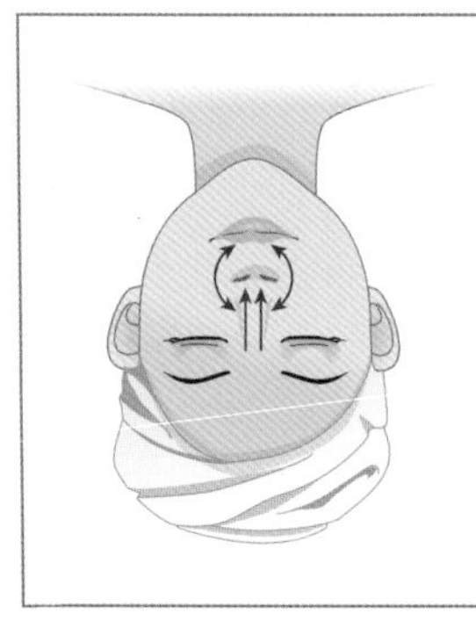	鼻樑兩側由上向下輕擦，再於鼻翼兩側作半圓型滑動。	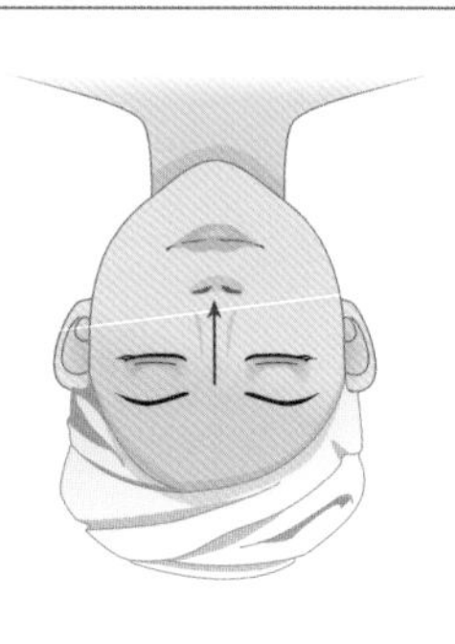	在鼻樑中央由上往下輕撫。

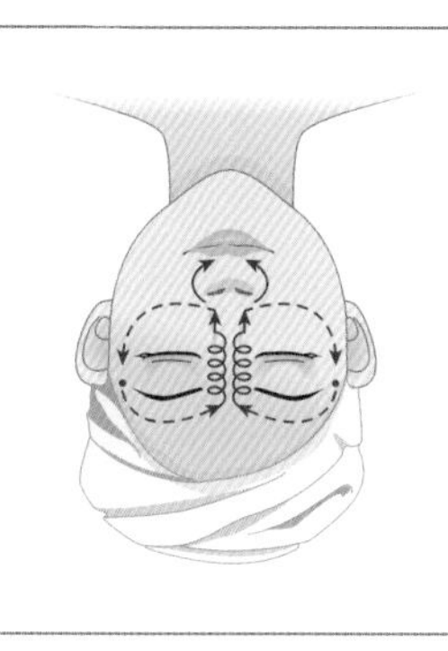	鼻樑兩側先以螺旋式向鼻翼畫圈，鼻翼處上下來回滑動後在鼻翼兩側、耳中、太陽穴輕壓後再回到眉頭。		

6. 頰部

	在雙頰斜上螺旋式由內向外畫圈。		下巴至耳下，嘴角至耳中，鼻翼至太陽穴輕擦。
	雙頰由下往上輕輕彈拍。		雙頰由下向上輕捏。
	雙頰由下向上畫半圓。		

第三階段：蒸臉（10分鐘）

1. 蒸臉器使用步驟：

(1) 檢視水量，必要時添加所需量之蒸餾水。

(2) 插上插頭，打開開關。

(3) 以護目濕棉墊保護顧客之雙眼。

(4) 待蒸氣噴出後，打開臭氧燈。

(5) 確認蒸氣噴出正常（以一張面紙測知）。

(6) 將噴嘴對準顧客臉部，距離約40cm。

(7) 蒸臉完畢，將蒸臉器噴嘴轉向模特兒腳部的方向，關閉開關。

(8) 取下顧客眼墊。

(9) 拔下插頭，並將電線收妥以免絆倒他人。

(10) 將蒸臉器推至不妨礙工作處。

蒸臉✤實作示範

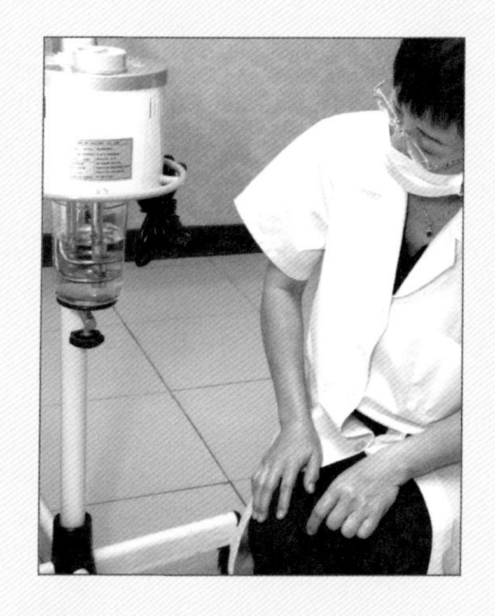

Step 1 檢測水位，按紅色按扭打開開關，再開綠色臭氧燈

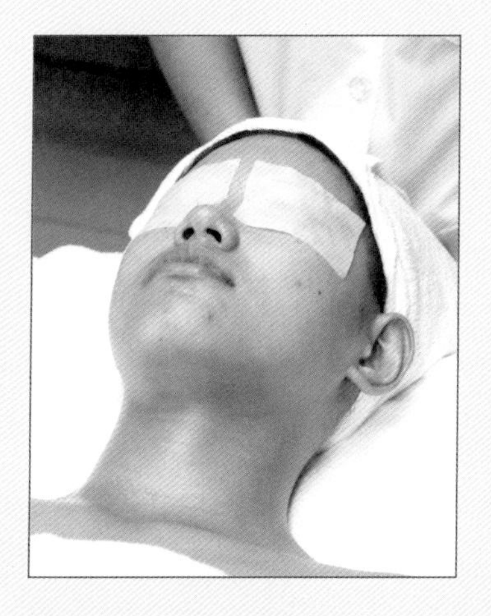

Step 2 替模特兒蓋上護目墊保護眼部

Step 3 以面紙測試蒸氣噴出是否為霧狀

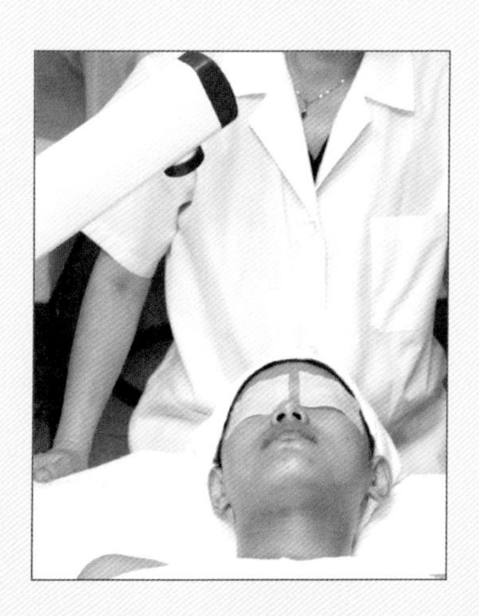

Step 4 噴氣正常則開始蒸臉

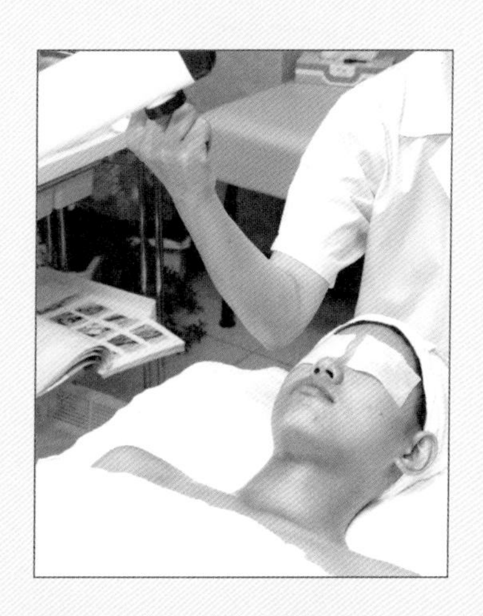

Step 5 噴口對準模特兒臉部，距離約40cm（約一個手臂長）

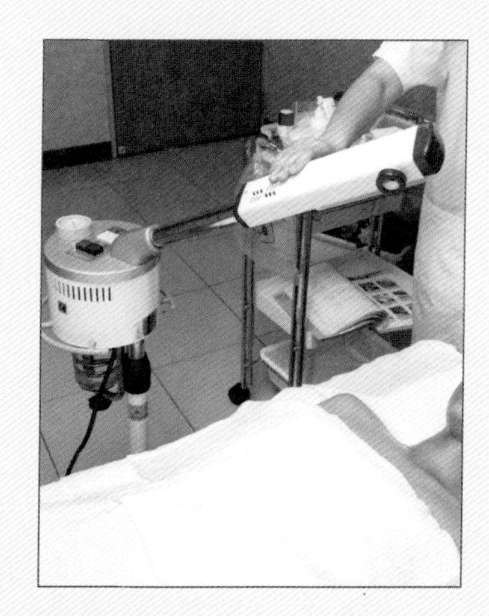

Step 6 蒸臉結束時將噴口轉向模特兒腳部方向

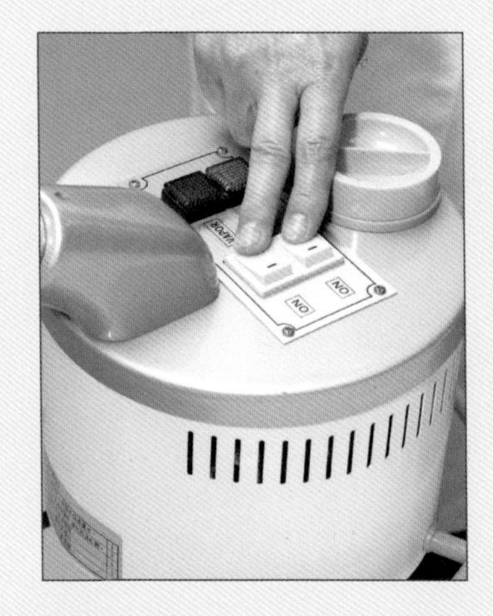

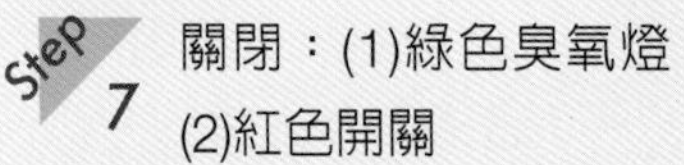
Step 7 關閉：(1)綠色臭氧燈 (2)紅色開關

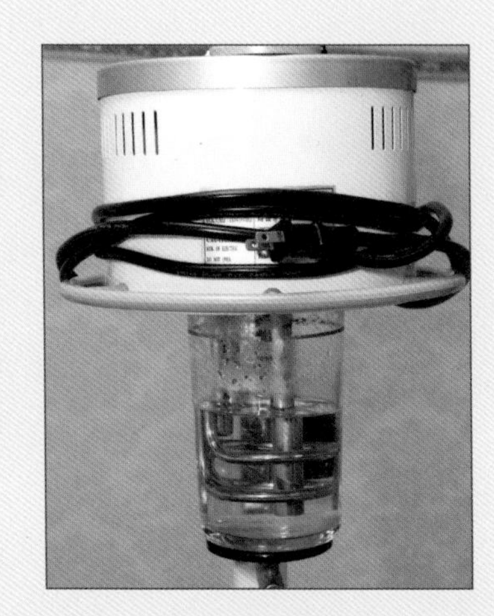

Step 8 使用後收妥電線

第四階段：敷面及善後工作（15分鐘）

1. **將敷面劑均勻塗在模特兒臉部及頸部，並在**口、鼻孔，及眼眶部位留白不塗。
2. **塗好後應檢人舉手示意，經三位評審檢視認可後，不須等候立即以熱毛巾徹底清除**。
3. 熱毛巾擦拭部位先後不拘，但須注意擦拭的方向，同時要顧及對模特兒的安全衛生。
4. 正確做好基礎保養。
5. 確實做好善後工作。

美容技能敷面實作塗抹方向參考圖

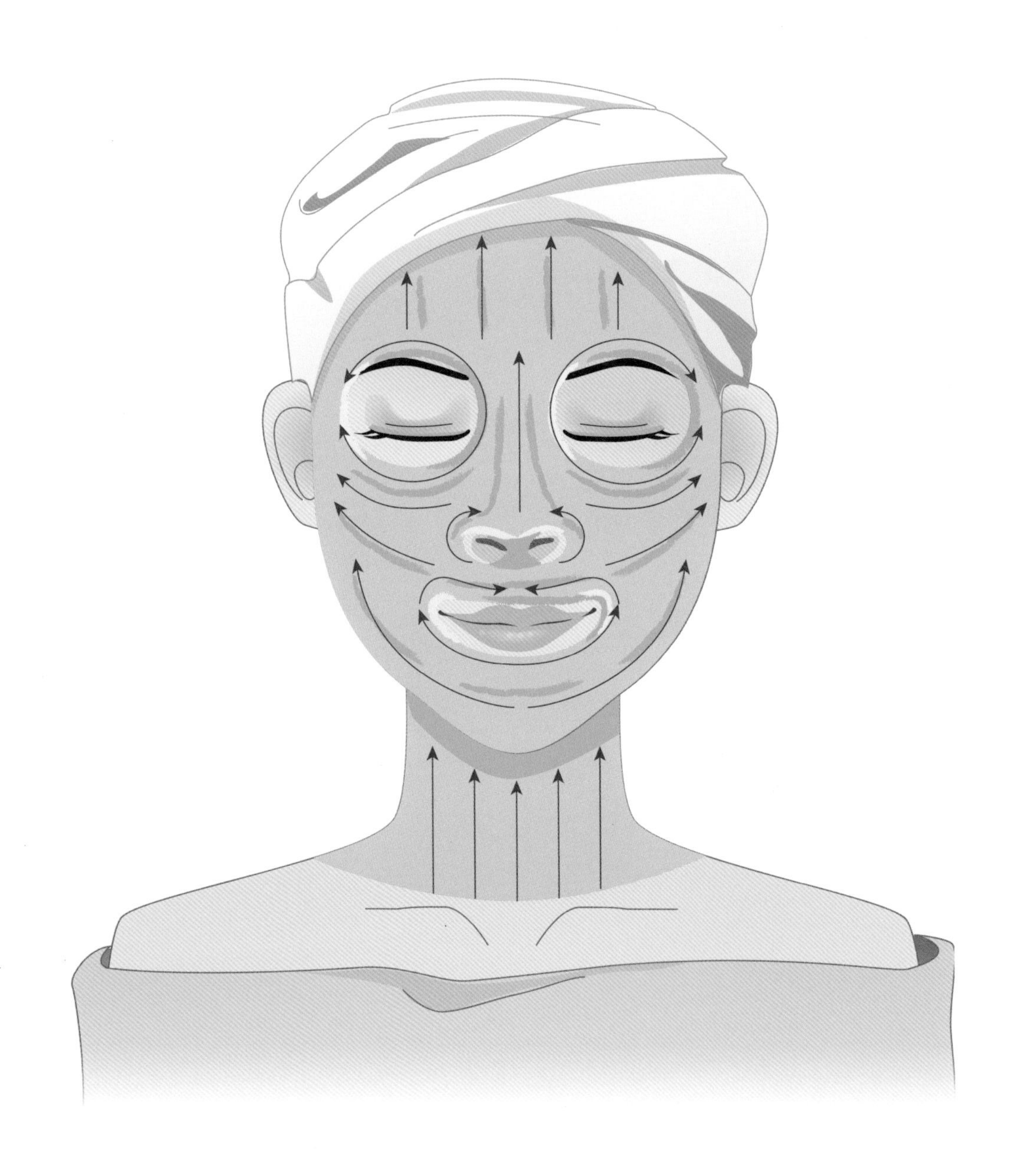

（塗抹及清除方向按肌膚紋理，可參照護膚實作塗抹方向參考圖）

敷面❖實作示範

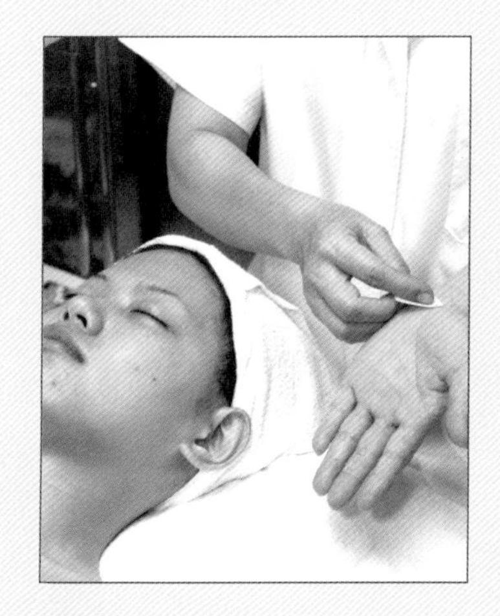

Step 1 消毒雙手

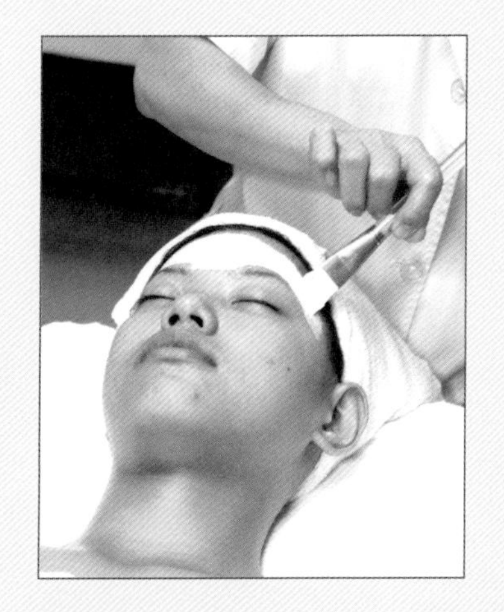

Step 2 敷面劑塗抹額頭

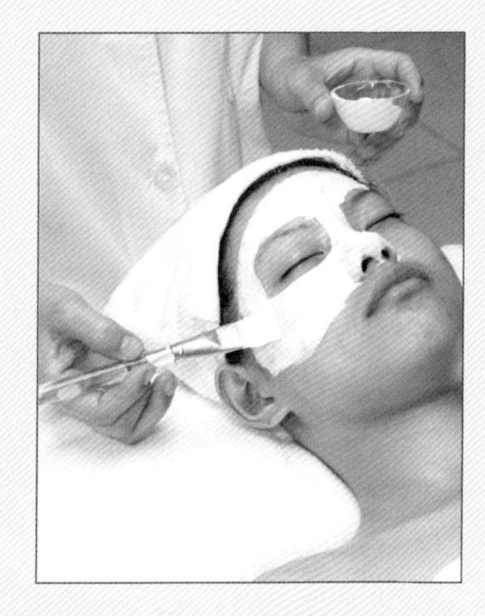

Step 3 敷面劑塗抹面頰

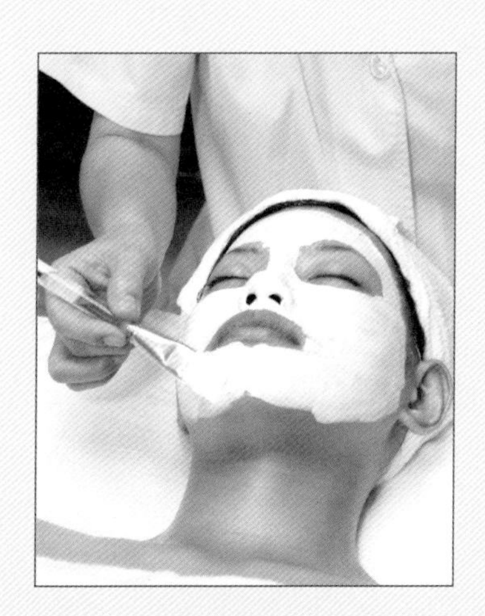

Step 4 敷面劑塗抹下巴處

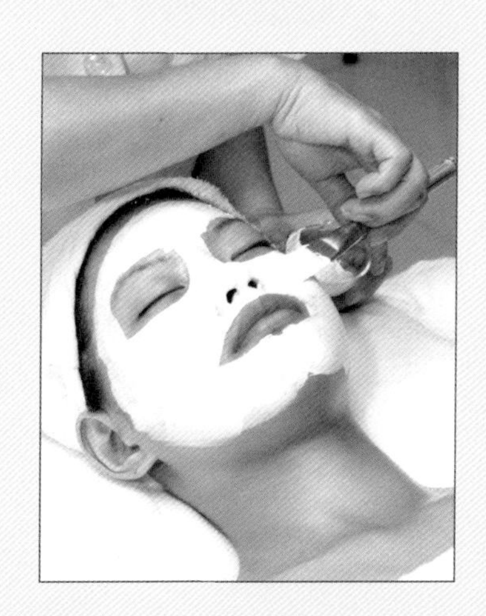

Step 5 敷面劑塗抹需均勻，眼、唇、鼻處留白

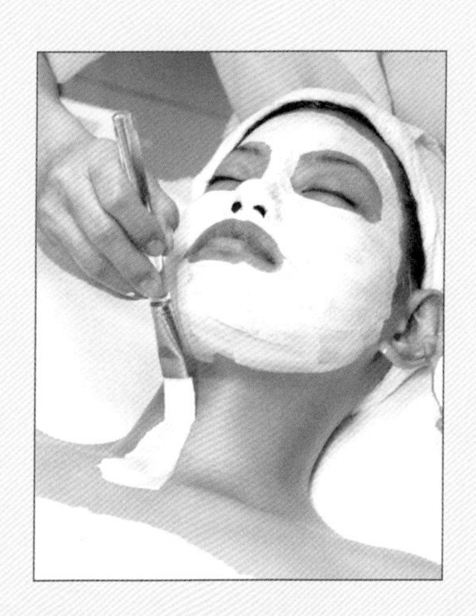

Step 6 敷面劑塗抹頸部

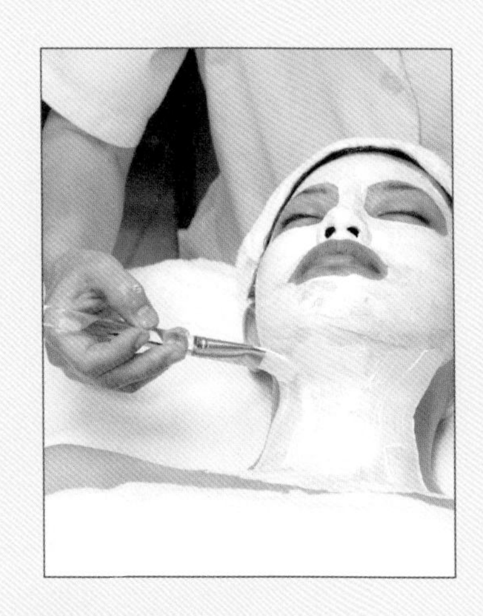

Step 7 敷面劑塗抹完成，將手舉起請評審檢查

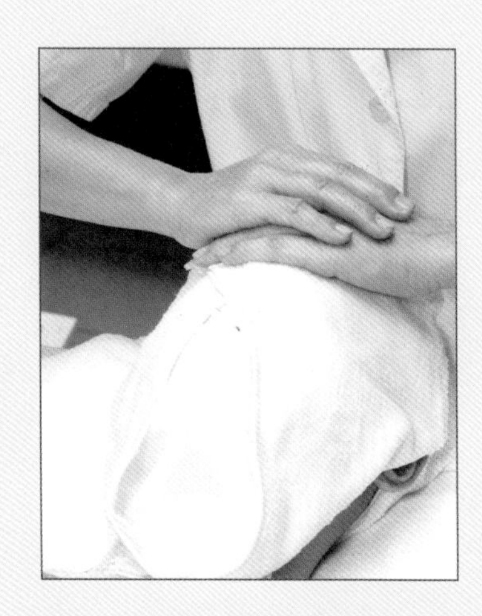

Step 8 評審檢視後，以熱毛巾清除敷面劑

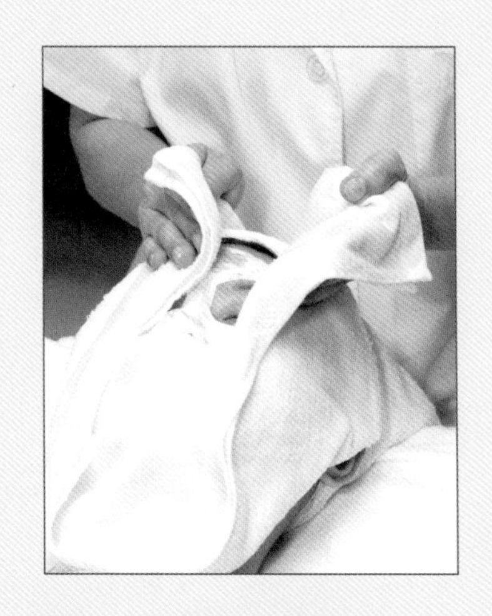

Step 9 清除額部敷面劑

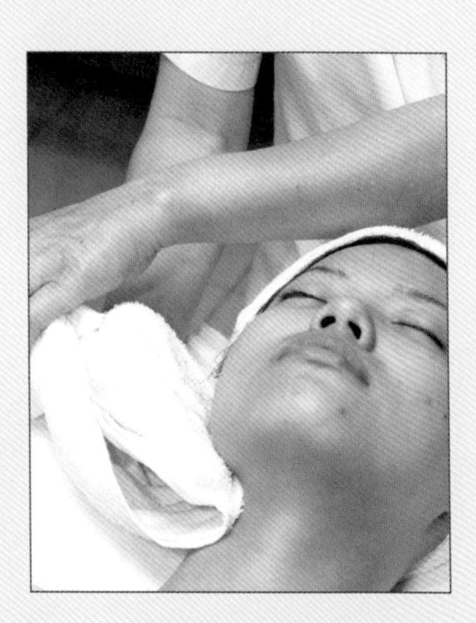

Step 10 清除敷面劑完成

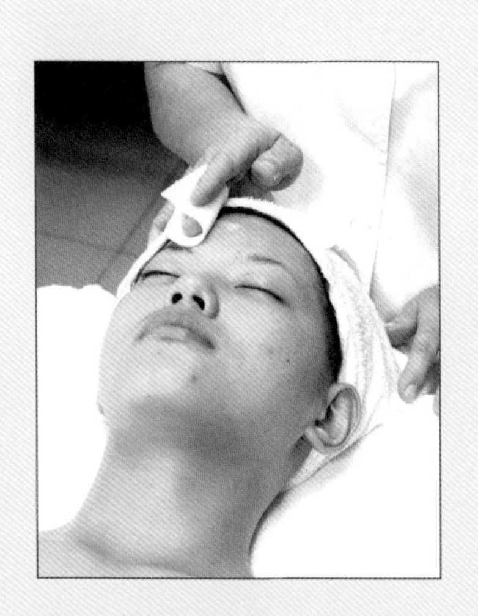

Step 11 基礎保養：(1)擦拭化粧水(2)擦乳液或隔離霜

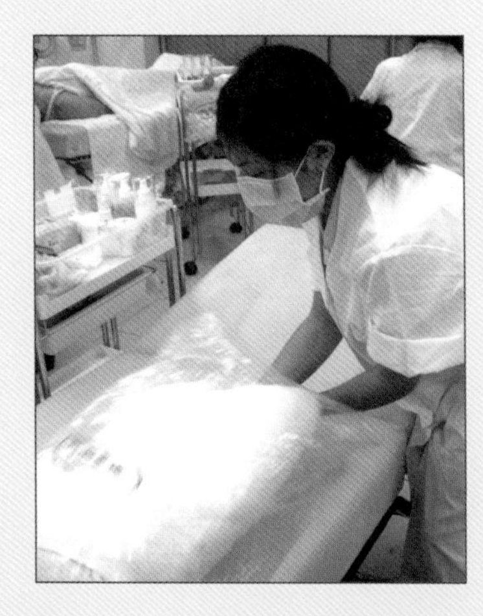

Step 12 收拾善後（將大毛巾、小毛巾放入大待消毒物品袋，離場）

護膚技能評審表（100分）

測試項目	項目	評審內容	配分		
	辦理單位章戳	測試日期　　年　　月　　日	編號		
	監評人員簽名	（請勿於測試結束前先行簽名）	姓名		
		評審內容	配分		
測試項目：護膚技能（時間55分鐘）100%	（一）工作前準備（10分鐘）	1. 顧客皮膚資料卡正確填寫。	2		
		2. 備有「垃圾袋」及「待清毒物品袋」以供工作過程中使用。	2		
		3. **毛巾的使用（頭、肩、前胸及足部之保護）**。	4		
		4. **重點卸粧**。	2		
		5. **肌膚清潔（含臉、頸、耳）**。	2		
	（二）臉部保養手技（20分鐘）	1. 足量按摩霜且能均勻分布使用。	2		
		2. 額部（方向、力道、熟練、速度、三種手技）。	10		
		3. 眼部（方向、力道、熟練、速度、三種手技）。	10		
		4. 鼻子、嘴部（方向、力道、熟練、速度、三種手技）。	10		
		5. 頰部（方向、力道、熟練、速度、三種手技）。	10		
		6. 耳、下顎、頸部（方向、力道、熟練、速度、三種手技）。	10		
	（三）蒸臉（10分鐘）	1. **正確使用蒸臉器（檢視水量、操作過程）**。	2		
		2. **眼部保護及蒸臉距離**。	2		
		3. **使用後收妥蒸臉器**。	2		
	（四）敷面（15分鐘）	1. 口、鼻孔及正確「眼眶部位」留白不塗，前頸部有塗布敷面劑。	2		
		2. 敷面劑塗抹方向。	2		
		3. 敷面劑均勻度。	2		
		4. 熱毛巾擦拭方向。	2		
		5. **敷面劑徹底清除**。	2		
		6. **正確做好基礎保養**。	2		
	（五）工作態度	1. 姿勢正確優美。	2		
		2. 正確使用及取用化粧品。	2		
		3. 面紙及化粧棉需適當摺理後使用。	2		
		4. 善後處理：所有物品歸回原位，妥善收好。	2		
	（六）衛生行為	1. 工作服整齊、清潔，儀容端莊。	2		
		2. 工具使用前須清潔並擺放整齊。	2		
		3. 工作前雙手清潔，指甲剪短，工作中沒帶戒子。	2		
		4. 掉落物品以手撿拾之物品放入袋中，清潔雙手。	2		
		5. **護膚時戴口罩，口罩是否遮住口、鼻**。	2		
	護膚技能得分小計（本評審表由一位監評人員評審，應檢人本項分數得分由三位監評人員評分之成績合計，填入總評審表。）		100		

Cosmetology

術科測試衛生技能實作試題

CHAPTER 03

本章重點

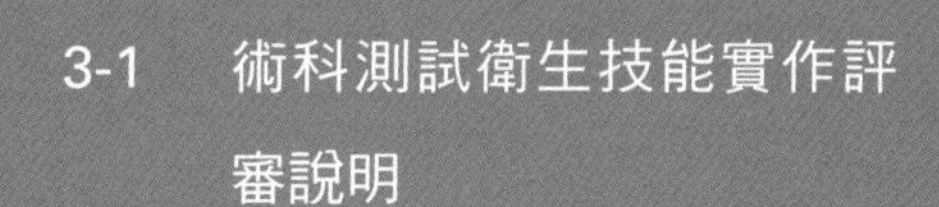

3-1 術科測試衛生技能實作評審說明

3-2 化粧品安全衛生之辨識

3-3 消毒液與消毒方法之辨識實作解析

3-4 洗手與手部消毒實作解析

3-1 術科測試衛生技能實作評審說明

衛生實作試題共有三站，應檢人應全部完成，包括：

一、第一站：化粧品安全衛生之辨識（40分），測試時間：4分鐘。

（一）由各組術科測試編號最小號之應檢人代表抽第一崗位測試之題卡的號碼順序（1~30張），第二崗位則依題卡順序測試，以此類推（例如：抽到第一崗位之題卡的順序為第5張題卡，第二崗位則測試第6張題卡），由監評人員依序發放題卡試題測試。

（二）依據化粧品外包裝題卡，以書面作答，作答完畢後，交由監評人員評審（未依分發題卡填寫正確題卡號碼者，本答案卷以0分計）。

二、第二站：消毒液和消毒方法之辨識及操作（45分），測試時間：8分鐘。

（一）化學消毒器材（10種）與物理消毒方法（3種），共組成30套題，由各組術科測試編號最小號之應檢人代表抽1套題應試，其餘應檢人依套題號碼順序測試（書面作答及實際操作）。

（二）應檢人依器材勾選出該器材既有適合化學消毒方法，未全部答對則本小題以0分計。

（三）應檢人依物理消毒法選出正確器材（填入評審表）進行物理消毒操作，器材選錯則本小題以0分計。

（四）化學及物理消毒之前處理、操作要領、消毒條件及後處理各單項之操作未完整，該單項以0分計。

三、第三站：洗手與手部消毒操作（15分），測試時間：4分鐘。

（一）各組應檢人集中測試，寫出在工作中為維護顧客健康洗手時機及手部消毒時機並勾選出一種手部消毒試劑名稱及濃度，測試時間2分鐘，實際操作時間2分鐘。

（二）由應檢人以自己雙手作實際洗手操作，缺一步驟，則該單項以0分計算。若在規定時間內洗手操作及手部消毒未完成則本全項扣10分。

（三）應檢人以自己勾選的消毒試劑進行手部消毒操作，若未能選取適用消毒試劑，本項手部消毒以0分計。

3-2 化粧品安全衛生之辨識

第一站

一、測試項目：化粧品安全衛生之辨識（40 分）

二、測試時間：4 分鐘

三、測試說明

（一）由各組術科測試編號最小號之應檢人代表抽第一崗位測試之題卡的號碼順序（1~30張），第二崗位則依題卡順序測試，以此類推（例如：抽到第一崗位之題卡的順序為第5張題卡，第二崗位則測試第6張題卡），由監評人員依序發放題卡試題測試。

（二）依據化粧品外包裝題卡，以書面作答，作答完畢後，交由監評人員評審（未依分發題卡填寫正確題卡號碼者，本答案卷以0分計）。

注意事項：

1. 標題1.~11.題需勾選□有標示□未標示。
2. 標題7.題內有標示又分為□有標示□免標 需勾選。
3. 無標題，本化粧品判定結果□合格□不合格 需勾選。

化粧品安全衛生之辨識評審表

化粧品安全衛生之辨識測試答案卷（總分40分）				測試日期： 年 月 日	
題卡號碼		姓名		術科測試編號	
測試時間：4分鐘					
說 明：由應檢人依據化粧品外包裝題卡，以書面勾選填答下列內容，作答完畢後，交由監評人員評定，標示不全或錯誤，均視同未標示（未依分發題卡填寫正確題卡號碼者，本答案卷以0分計）。					

（一）本化粧品標示內容（33分）

	項目及配分			有標示	未標示
1.	中文品名（3分）			☐	☐
2.	用途（3分）			☐有標示 且未涉及誇大療效	☐未標示， 或有標示且涉及誇大療效
3.	用法（3分）			☐	☐
4.	保存方法（3分）			☐	☐
5.	淨重、容量或數量（3分）			☐	☐
6.	全成分（3分）			☐	☐
7.	特定用途之含量（3分）			☐有標示 ☐免 標	☐
8.	使用注意事項（3分）			☐	☐
9.	國產品	(1)製造業者名稱	（3分）本項國產品請答(1)~(3)，輸入品請答(4)~(7)，須全對才給3分	☐	☐
		(2)製造業者地址		☐	☐
		(3)製造業者電話		☐	☐
	輸入品	(4)輸入業者名稱		☐	☐
		(5)輸入業者地址		☐	☐
		(6)輸入業者電話		☐	☐
		(7)原產地（國）		☐	☐
10.	製造日期及有效期間，或製造日期及保存期限，或有效期間及保存期限（3分）			☐有標示且未過期	☐未標示， 或標示不完全或已過期
11.	批號（3分）			☐	☐

（二）上述11項判定本化粧品是否合格（7分）
（若上述1.~11.項有任何一項答錯則本項不給分）

本化粧品判定結果	☐合格	☐不合格
得 分		
監評人員簽名	（請勿於測試結束前先行簽名）	

辦理單位章戳：

附錄：第一站化粧品安全衛生辨識題卡

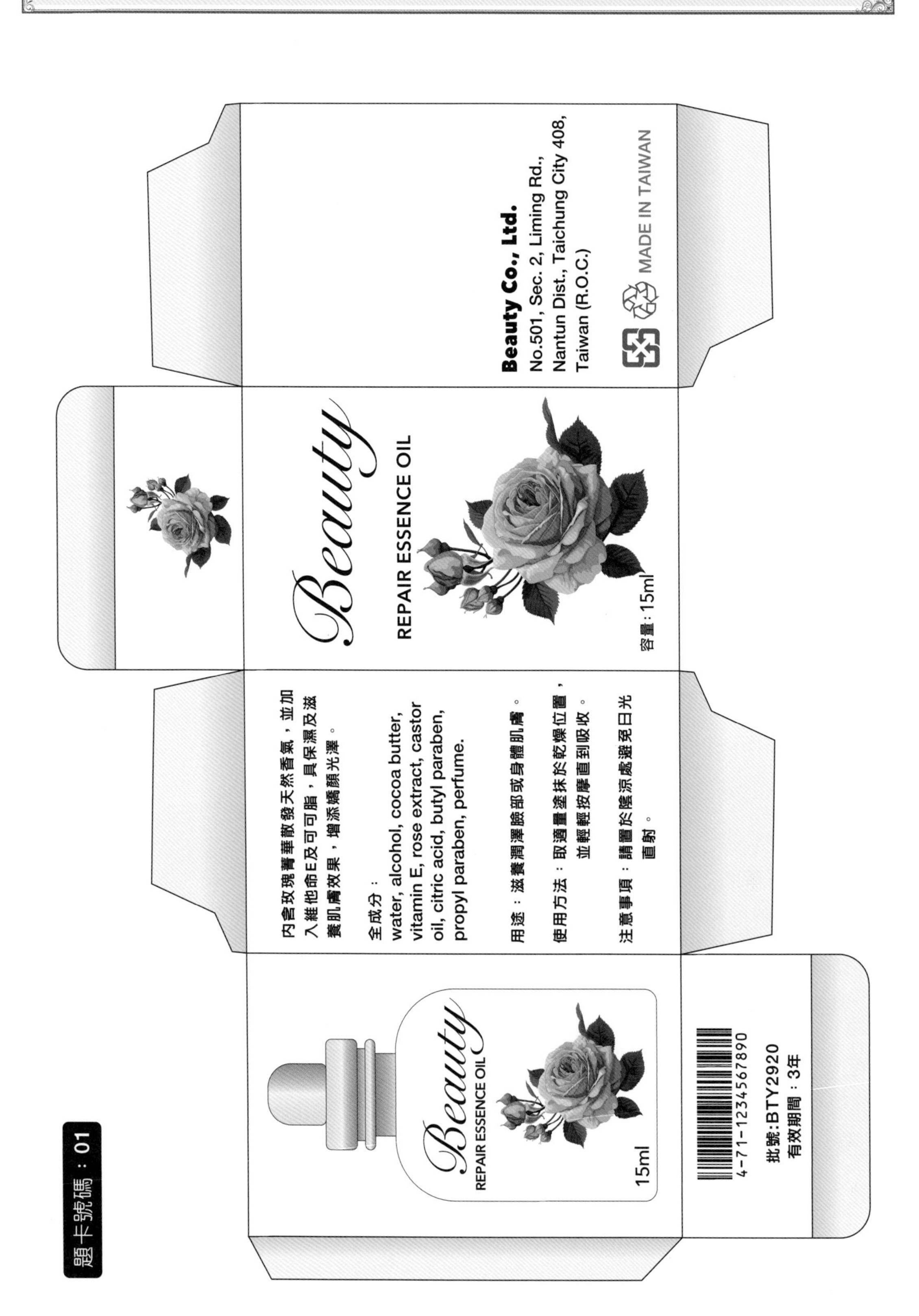

化粧品安全衛生之辨識評審表

<table>
<tr><td colspan="4">化粧品安全衛生之辨識測試答案卷（總分40分）</td><td colspan="2">測試日期：　年　月　日</td></tr>
<tr><td>題卡號碼</td><td>1</td><td>姓名</td><td></td><td>術科測試編號</td><td></td></tr>
<tr><td colspan="6">測試時間：4分鐘</td></tr>
<tr><td colspan="6">說 明：由應檢人依據化粧品外包裝題卡，以書面勾選填答下列內容，作答完畢後，交由監評人員評定，標示不全或錯誤，均視同未標示（未依分發題卡填寫正確題卡號碼者，本答案卷以0分計）。</td></tr>
<tr><td colspan="6">（一）本化粧品標示內容（33分）</td></tr>
<tr><td colspan="4">項目及配分</td><td>有標示</td><td>未標示</td></tr>
<tr><td>1.</td><td colspan="3">中文品名（3分）</td><td>☐</td><td>☑</td></tr>
<tr><td>2.</td><td colspan="3">用途（3分）</td><td>☑有標示
且未涉及誇大療效</td><td>☐未標示，
或有標示且涉及誇大療效</td></tr>
<tr><td>3.</td><td colspan="3">用法（3分）</td><td>☑</td><td>☐</td></tr>
<tr><td>4.</td><td colspan="3">保存方法（3分）</td><td>☑</td><td>☐</td></tr>
<tr><td>5.</td><td colspan="3">淨重、容量或數量（3分）</td><td>☑</td><td>☐</td></tr>
<tr><td>6.</td><td colspan="3">全成分（3分）</td><td>☑</td><td>☐</td></tr>
<tr><td>7.</td><td colspan="3">特定用途之含量（3分）</td><td>☐有標示　☑免　標</td><td>☐</td></tr>
<tr><td>8.</td><td colspan="3">使用注意事項（3分）</td><td>☐</td><td>☑</td></tr>
<tr><td rowspan="7">9.</td><td rowspan="3">國產品</td><td>(1)製造業者名稱</td><td rowspan="7">（3分）
本項國產品請答(1)~(3)，輸入品請答(4)~(7)，須全對才給3分</td><td>☐</td><td>☑</td></tr>
<tr><td>(2)製造業者地址</td><td>☐</td><td>☑</td></tr>
<tr><td>(3)製造業者電話</td><td>☐</td><td>☑</td></tr>
<tr><td rowspan="4">輸入品</td><td>(4)輸入業者名稱</td><td>☐</td><td>☐</td></tr>
<tr><td>(5)輸入業者地址</td><td>☐</td><td>☐</td></tr>
<tr><td>(6)輸入業者電話</td><td>☐</td><td>☐</td></tr>
<tr><td>(7)原產地（國）</td><td>☐</td><td>☐</td></tr>
<tr><td>10.</td><td colspan="3">製造日期及有效期間，或製造日期及保存期限，或有效期間及保存期限（3分）</td><td>☐有標示且未過期</td><td>☑未標示，
或標示不完全或已過期</td></tr>
<tr><td>11.</td><td colspan="3">批號（3分）</td><td>☑</td><td>☐</td></tr>
<tr><td colspan="6">（二）上述11項判定本化粧品是否合格（7分）
（若上述1.~11.項有任何一項答錯則本項不給分）</td></tr>
<tr><td colspan="4">本化粧品判定結果</td><td>☐合格</td><td>☑不合格</td></tr>
<tr><td colspan="2">得　分</td><td colspan="4"></td></tr>
<tr><td colspan="2">監評人員簽名</td><td colspan="4">（請勿於測試結束前先行簽名）</td></tr>
</table>

辦理單位章戳：

題卡號碼：02

VITAMIN E
FACIAL WASH
容量：100ml

品名：美麗維生素E 潔面乳
用法：擠適量於手上，加水充分搓揉起泡後，塗抹於臉上輕輕按摩，用清水洗淨即可
用途：深層清潔、活化肌細胞，提升抗氧化效果，預防痤瘡發生
全成分：Water Vitamin E, Glycerin, Stearic Acid, Myristic Acid, Laureth-6 Carboxylic Acid, Palmitic Acid, Potassium Hydroxide, Lauric Acid, Sorbitol, Polyquaternium-7, Propylene Glycol, Fragrance, Disodium EDTA, Methylparaben, Propylparaben
批號：123AA
保存期限：2020.12.31
製造商：美麗動人有限公司
製造商住址：台中市南屯區黎明路二段501號

化粧品安全衛生之辨識評審表

化粧品安全衛生之辨識測試答案卷（總分40分）		測試日期： 年 月 日	
題卡號碼	2	姓名	術科測試編號
測試時間：4分鐘			
說 明：由應檢人依據化粧品外包裝題卡，以書面勾選填答下列內容，作答完畢後，交由監評人員評定，標示不全或錯誤，均視同未標示（未依分發題卡填寫正確題卡號碼者，本答案卷以0分計）。			

（一）本化粧品標示內容（33分）

	項目及配分	有標示	未標示
1.	中文品名（3分）	☑	□
2.	用途（3分）	□有標示 且未涉及誇大療效	☑未標示， 或有標示且涉及誇大療效
3.	用法（3分）	☑	□
4.	保存方法（3分）	□	☑
5.	淨重、容量或數量（3分）	☑	□
6.	全成分（3分）	☑	□
7.	特定用途之含量（3分）	□有標示 ☑免 標	□
8.	使用注意事項（3分）	□	☑
9.	國產品 (1)製造業者名稱	☑	□
	國產品 (2)製造業者地址	☑	□
	國產品 (3)製造業者電話	□	☑
	輸入品 (4)輸入業者名稱	□	□
	輸入品 (5)輸入業者地址	□	□
	輸入品 (6)輸入業者電話	□	□
	輸入品 (7)原產地（國）	□	□
	（3分）本項國產品請答(1)~(3)，輸入品請答(4)~(7)，須全對才給3分		
10.	製造日期及有效期間，或製造日期及保存期限，或有效期間及保存期限（3分）	□有標示且未過期	☑未標示， 或標示不完全或已過期
11.	批號（3分）	☑	□

（二）上述11項判定本化粧品是否合格（7分）
（若上述1.~11.項有任何一項答錯則本項不給分）

本化粧品判定結果	□合格	☑不合格
得 分		
監評人員簽名	（請勿於測試結束前先行簽名）	

辦理單位章戳：

題卡號碼：03

Lemon
Shower Cream
批號：A1206
容量：500ml

品名：檸檬沐浴乳
用途：清潔肌膚，使用時散發淡淡檸檬香氣，可紓緩您的壓力。
用法：取適量在濕潤的手上搓揉至產生泡沫，塗抹全身肌膚後，再以清水洗淨即可。
保存方法：置於陰涼處。
全部成分： Water, Sodium Laureth Sulfate, Cocamidopropyl Betaine, Disodium EDTA, Sodium Chloride, Citric Acid, Propyl Paraben, Methyl Paraben, Lemon Oil
製造廠名稱：S-Factor Inc. 原產地：美國
製造廠地址：600 University Street, Suite 2020, Seattle WA 98101 U.S.A.
進口商號名稱及地址：
美麗國際股份有限公司 電話：04-22595700
台中市南屯區黎明路二段501號
製造日期：2020.12
保存期限：2023.12
使用注意事項：使用如有不適請立即停用

化粧品安全衛生之辨識評審表

化粧品安全衛生之辨識測試答案卷（總分40分）				測試日期： 年 月 日	
題卡號碼	3	姓名		術科測試編號	
測試時間：4分鐘					
說 明：由應檢人依據化粧品外包裝題卡，以書面勾選填答下列內容，作答完畢後，交由監評人員評定，標示不全或錯誤，均視同未標示（未依分發題卡填寫正確題卡號碼者，本答案卷以0分計）。					
（一）本化粧品標示內容（33分）					

項目及配分				有標示	未標示
1.	中文品名（3分）			☑	☐
2.	用途（3分）			☑有標示 且未涉及誇大療效	☐未標示， 或有標示且涉及誇大療效
3.	用法（3分）			☑	☐
4.	保存方法（3分）			☑	☐
5.	淨重、容量或數量（3分）			☑	☐
6.	全成分（3分）			☑	☐
7.	特定用途之含量（3分）			☐有標示 ☑免 標	☐
8.	使用注意事項（3分）			☐	☐
9.	國產品	(1)製造業者名稱	（3分）本項國產品請答(1)~(3)，輸入品請答(4)~(7)，須全對才給3分	☐	☐
		(2)製造業者地址		☐	☐
		(3)製造業者電話		☐	☐
	輸入品	(4)輸入業者名稱		☑	☐
		(5)輸入業者地址		☑	☐
		(6)輸入業者電話		☑	☐
		(7)原產地（國）		☑	☐
10.	製造日期及有效期間，或製造日期及保存期限，或有效期間及保存期限（3分）			☑有標示且未過期	☐未標示， 或標示不完全或已過期
11.	批號（3分）			☑	☐

（二）上述11項判定本化粧品是否合格（7分） （若上述1.~11.項有任何一項答錯則本項不給分）		
本化粧品判定結果	☑合格	☐不合格
得 分		
監評人員簽名	（請勿於測試結束前先行簽名）	

辦理單位章戳：

題卡號碼：04

美麗

防曬乳液

臉部適用

SPF50+
PA+++

150ml

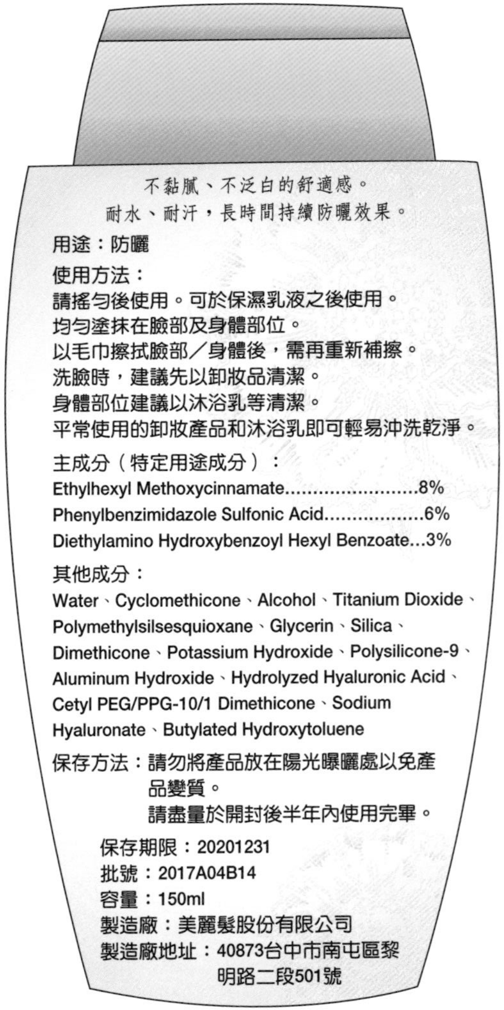

不黏膩、不泛白的舒適感。
耐水、耐汗，長時間持續防曬效果。

用途：防曬

使用方法：
請搖勻後使用。可於保濕乳液之後使用。
均勻塗抹在臉部及身體部位。
以毛巾擦拭臉部／身體後，需再重新補擦。
洗臉時，建議先以卸妝品清潔。
身體部位建議以沐浴乳等清潔。
平常使用的卸妝產品和沐浴乳即可輕易沖洗乾淨。

主成分（特定用途成分）：
Ethylhexyl Methoxycinnamate........................8%
Phenylbenzimidazole Sulfonic Acid..................6%
Diethylamino Hydroxybenzoyl Hexyl Benzoate...3%

其他成分：
Water、Cyclomethicone、Alcohol、Titanium Dioxide、Polymethylsilsesquioxane、Glycerin、Silica、Dimethicone、Potassium Hydroxide、Polysilicone-9、Aluminum Hydroxide、Hydrolyzed Hyaluronic Acid、Cetyl PEG/PPG-10/1 Dimethicone、Sodium Hyaluronate、Butylated Hydroxytoluene

保存方法：請勿將產品放在陽光曝曬處以免產品變質。
請盡量於開封後半年內使用完畢。

保存期限：20201231
批號：2017A04B14
容量：150ml
製造廠：美麗髮股份有限公司
製造廠地址：40873台中市南屯區黎明路二段501號

化粧品安全衛生之辨識評審表

<table>
<tr><td colspan="4">化粧品安全衛生之辨識測試答案卷（總分40分）</td><td colspan="2">測試日期：　年　月　日</td></tr>
<tr><td>題卡號碼</td><td>4</td><td>姓名</td><td></td><td>術科測試編號</td><td></td></tr>
<tr><td colspan="6">測試時間：4分鐘</td></tr>
<tr><td colspan="6">說 明：由應檢人依據化粧品外包裝題卡，以書面勾選填答下列內容，作答完畢後，交由監評人員評定，標示不全或錯誤，均視同未標示（未依分發題卡填寫正確題卡號碼者，本答案卷以0分計）。</td></tr>
<tr><td colspan="6">（一）本化粧品標示內容（33分）</td></tr>
<tr><td colspan="4">項目及配分</td><td>有標示</td><td>未標示</td></tr>
<tr><td>1.</td><td colspan="3">中文品名（3分）</td><td>☑</td><td>☐</td></tr>
<tr><td>2.</td><td colspan="3">用途（3分）</td><td>☑有標示
且未涉及誇大療效</td><td>☐未標示，
或有標示且涉及誇大療效</td></tr>
<tr><td>3.</td><td colspan="3">用法（3分）</td><td>☑</td><td>☐</td></tr>
<tr><td>4.</td><td colspan="3">保存方法（3分）</td><td>☑</td><td>☐</td></tr>
<tr><td>5.</td><td colspan="3">淨重、容量或數量（3分）</td><td>☑</td><td>☐</td></tr>
<tr><td>6.</td><td colspan="3">全成分（3分）</td><td>☑</td><td>☐</td></tr>
<tr><td>7.</td><td colspan="3">特定用途之含量（3分）</td><td>☑有標示　☐免　標</td><td>☐</td></tr>
<tr><td>8.</td><td colspan="3">使用注意事項（3分）</td><td>☐</td><td>☑</td></tr>
<tr><td rowspan="7">9.</td><td rowspan="3">國產品</td><td>(1)製造業者名稱</td><td rowspan="7">（3分）
本項國產品請答(1)~(3)，輸入品請答(4)~(7)，須全對才給3分</td><td>☑</td><td>☐</td></tr>
<tr><td>(2)製造業者地址</td><td>☑</td><td>☐</td></tr>
<tr><td>(3)製造業者電話</td><td>☐</td><td>☑</td></tr>
<tr><td rowspan="4">輸入品</td><td>(4)輸入業者名稱</td><td>☐</td><td>☐</td></tr>
<tr><td>(5)輸入業者地址</td><td>☐</td><td>☐</td></tr>
<tr><td>(6)輸入業者電話</td><td>☐</td><td>☐</td></tr>
<tr><td>(7)原產地（國）</td><td>☐</td><td>☐</td></tr>
<tr><td>10.</td><td colspan="3">製造日期及有效期間，或製造日期及保存期限，或有效期間及保存期限（3分）</td><td>☐有標示且未過期</td><td>☑未標示，
或標示不完全或已過期</td></tr>
<tr><td>11.</td><td colspan="3">批號（3分）</td><td>☑</td><td>☐</td></tr>
<tr><td colspan="6">（二）上述11項判定本化粧品是否合格（7分）
（若上述1.~11.項有任何一項答錯則本項不給分）</td></tr>
<tr><td colspan="4">本化粧品判定結果</td><td>☐合格</td><td>☑不合格</td></tr>
<tr><td colspan="2">得　分</td><td colspan="4"></td></tr>
<tr><td colspan="2">監評人員簽名</td><td colspan="4">（請勿於測試結束前先行簽名）</td></tr>
</table>

辦理單位章戳：

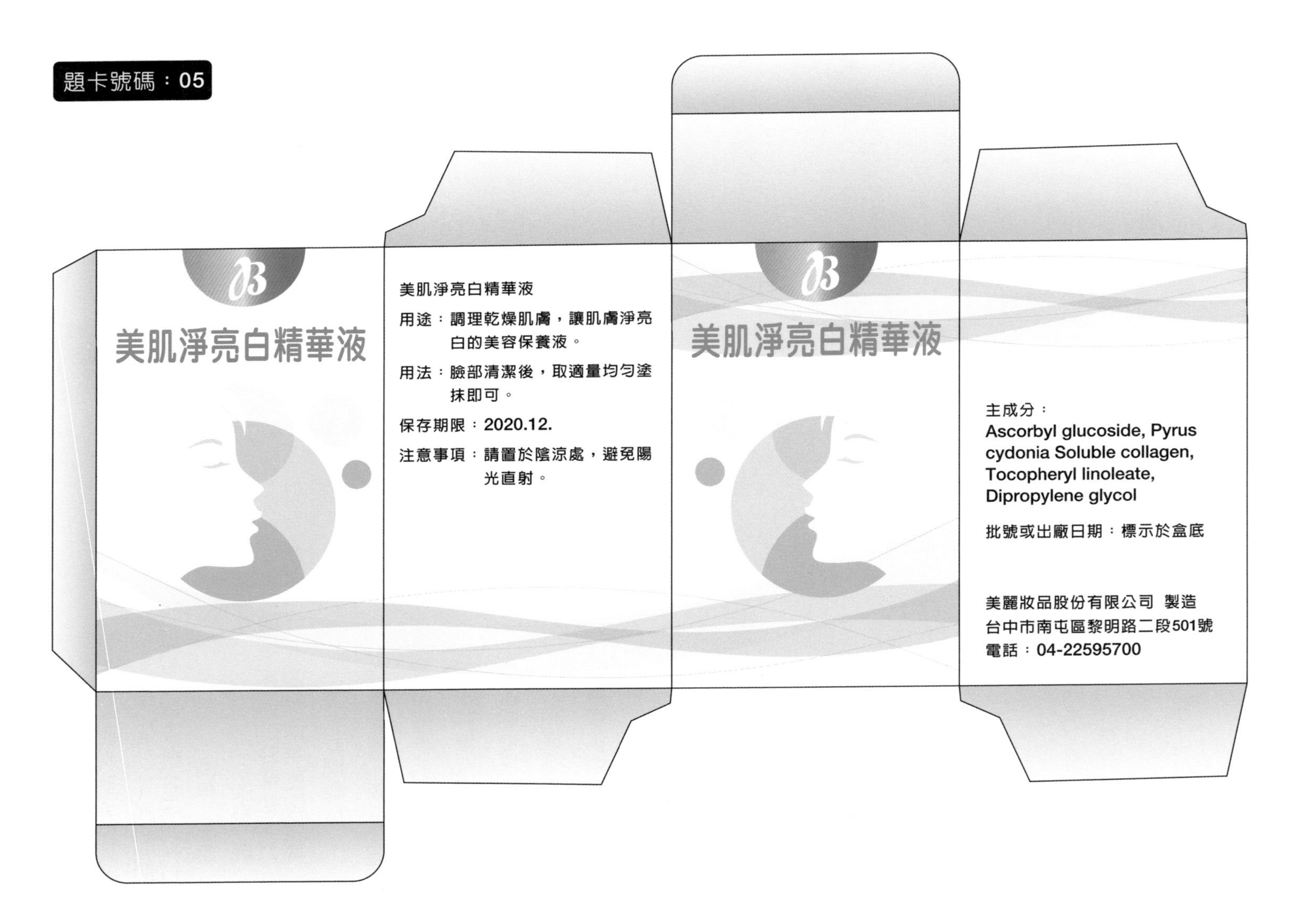
題卡號碼：05
美肌淨亮白精華液
美肌淨亮白精華液
用途：調理乾燥肌膚，讓肌膚淨亮白的美容保養液。
用法：臉部清潔後，取適量均勻塗抹即可。
保存期限：2020.12.
注意事項：請置於陰涼處，避免陽光直射。
美肌淨亮白精華液
主成分：
Ascorbyl glucoside, Pyrus cydonia Soluble collagen, Tocopheryl linoleate, Dipropylene glycol
批號或出廠日期：標示於盒底
美麗妝品股份有限公司 製造
台中市南屯區黎明路二段501號
電話：04-22595700

化粧品安全衛生之辨識評審表

<table>
<tr><td colspan="4">化粧品安全衛生之辨識測試答案卷（總分40分）</td><td colspan="2">測試日期：　年　月　日</td></tr>
<tr><td colspan="2">題卡號碼</td><td>5</td><td>姓名</td><td></td><td>術科測試編號</td></tr>
<tr><td colspan="6">測試時間：4分鐘</td></tr>
<tr><td colspan="6">說 明：由應檢人依據化粧品外包裝題卡，以書面勾選填答下列內容，作答完畢後，交由監評人員評定，標示不全或錯誤，均視同未標示（未依分發題卡填寫正確題卡號碼者，本答案卷以0分計）。</td></tr>
<tr><td colspan="6">（一）本化粧品標示內容（33分）</td></tr>
<tr><td colspan="4">項目及配分</td><td>有標示</td><td>未標示</td></tr>
<tr><td>1.</td><td colspan="3">中文品名（3分）</td><td>☑</td><td>☐</td></tr>
<tr><td>2.</td><td colspan="3">用途（3分）</td><td>☑有標示
且未涉及誇大療效</td><td>☐未標示，
或有標示且涉及誇大療效</td></tr>
<tr><td>3.</td><td colspan="3">用法（3分）</td><td>☑</td><td>☐</td></tr>
<tr><td>4.</td><td colspan="3">保存方法（3分）</td><td>☑</td><td>☐</td></tr>
<tr><td>5.</td><td colspan="3">淨重、容量或數量（3分）</td><td>☐</td><td>☑</td></tr>
<tr><td>6.</td><td colspan="3">全成分（3分）</td><td>☐</td><td>☑</td></tr>
<tr><td>7.</td><td colspan="3">特定用途之含量（3分）</td><td>☐有標示　☑免　標</td><td>☐</td></tr>
<tr><td>8.</td><td colspan="3">使用注意事項（3分）</td><td>☐</td><td>☑</td></tr>
<tr><td rowspan="7">9.</td><td rowspan="3">國產品</td><td>(1)製造業者名稱</td><td rowspan="7">（3分）本項國產品請答(1)~(3)，輸入品請答(4)~(7)，須全對才給3分</td><td>☑</td><td>☐</td></tr>
<tr><td>(2)製造業者地址</td><td>☑</td><td>☐</td></tr>
<tr><td>(3)製造業者電話</td><td>☑</td><td>☐</td></tr>
<tr><td rowspan="4">輸入品</td><td>(4)輸入業者名稱</td><td>☐</td><td>☐</td></tr>
<tr><td>(5)輸入業者地址</td><td>☐</td><td>☐</td></tr>
<tr><td>(6)輸入業者電話</td><td>☐</td><td>☐</td></tr>
<tr><td>(7)原產地（國）</td><td>☐</td><td>☐</td></tr>
<tr><td>10.</td><td colspan="3">製造日期及有效期間，或製造日期及保存期限，或有效期間及保存期限（3分）</td><td>☐有標示且未過期</td><td>☑未標示，
或標示不完全或已過期</td></tr>
<tr><td>11.</td><td colspan="3">批號（3分）</td><td>☐</td><td>☑</td></tr>
<tr><td colspan="6">（二）上述11項判定本化粧品是否合格（7分）
（若上述1.~11.項有任何一項答錯則本項不給分）</td></tr>
<tr><td colspan="4">本化粧品判定結果</td><td>☐合格</td><td>☑不合格</td></tr>
<tr><td colspan="2">得　分</td><td colspan="4"></td></tr>
<tr><td colspan="2">監評人員簽名</td><td colspan="4">（請勿於測試結束前先行簽名）</td></tr>
</table>

辦理單位章戳：

題卡號碼：06
製造商：S-Factor Inc.
製造商地址：
600 University Street, Suite 2020,
Seattle WA 98101 U.S.A.
進口商：美麗妝品股份有限公司
地址：台中市南屯區黎明路二段501號
電話：04-22595700
美麗身體潤膚霜
Smoothing Body Cream
貨號：A2902
用途：豐富的植物萃取油可滋潤肌膚，使肌膚保持彈性與亮麗。
主成分：紫丁香萃取、橄欖油、棉花油。
用法：取適量均勻塗抹於身體皮膚上
全成分：已標示於包裝上
製造批號：已標示於包裝上
容量：200mL
保存方法：置於室內陰涼乾燥處
保存期限：2020.12
原產地：美國
美麗身體潤膚霜
Smoothing Body Cream

化粧品安全衛生之辨識評審表

化粧品安全衛生之辨識測試答案卷（總分40分）			測試日期： 年 月 日
題卡號碼	6	姓名	
術科測試編號			
測試時間：4分鐘			

說 明：由應檢人依據化粧品外包裝題卡，以書面勾選填答下列內容，作答完畢後，交由監評人員評定，標示不全或錯誤，均視同未標示（未依分發題卡填寫正確題卡號碼者，本答案卷以0分計）。

（一）本化粧品標示內容（33分）

	項目及配分		有標示	未標示
1.	中文品名（3分）		☑	☐
2.	用途（3分）		☑有標示 且未涉及誇大療效	☐未標示， 或有標示且涉及誇大療效
3.	用法（3分）		☑	☐
4.	保存方法（3分）		☑	☐
5.	淨重、容量或數量（3分）		☑	☐
6.	全成分（3分）		☐	☑
7.	特定用途之含量（3分）		☐有標示 ☑免 標	☐
8.	使用注意事項（3分）		☐	☑
9.	國產品 (1)製造業者名稱	（3分）本項國產品請答(1)~(3)，輸入品請答(4)~(7)，須全對才給3分	☐	☐
	國產品 (2)製造業者地址		☐	☐
	國產品 (3)製造業者電話		☐	☐
	輸入品 (4)輸入業者名稱		☑	☐
	輸入品 (5)輸入業者地址		☑	☐
	輸入品 (6)輸入業者電話		☑	☐
	輸入品 (7)原產地（國）		☑	☐
10.	製造日期及有效期間，或製造日期及保存期限，或有效期間及保存期限（3分）		☐有標示且未過期	☑未標示， 或標示不完全或已過期
11.	批號（3分）		☐	☑

（二）上述11項判定本化粧品是否合格（7分）
（若上述1.~11.項有任何一項答錯則本項不給分）

本化粧品判定結果	☐合格	☑不合格
得 分		
監評人員簽名	（請勿於測試結束前先行簽名）	

辦理單位章戳：

題卡號碼：07

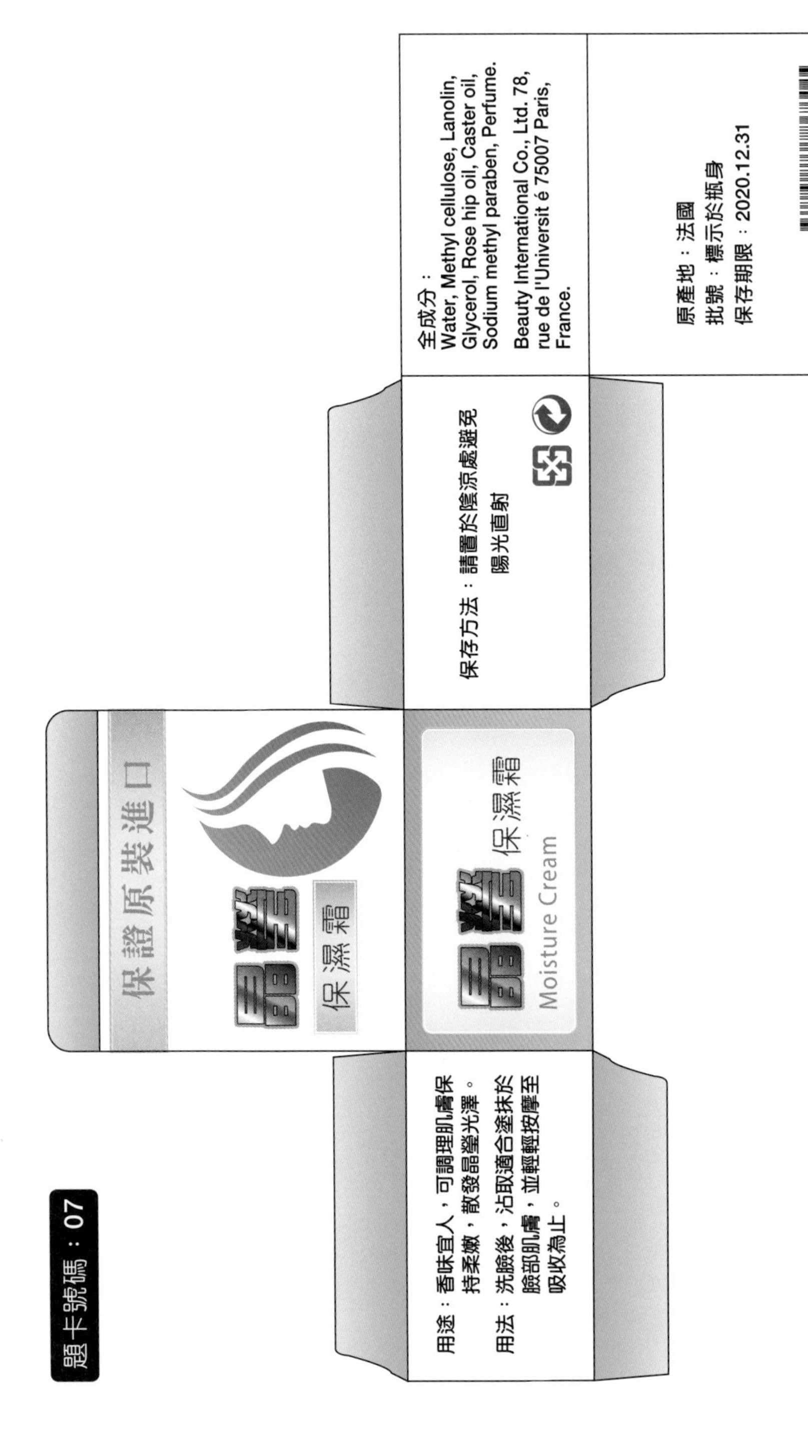
用途：香味宜人，可調理肌膚保持柔嫩，散發晶瑩光澤。
用法：洗臉後，沾取適合塗抹於臉部肌膚，並輕輕按摩至吸收為止。
保證原裝進口
晶瑩
保濕霜
晶瑩
保濕霜
Moisture Cream
保存方法：請置於陰涼處避免陽光直射
全成分：
Water, Methyl cellulose, Lanolin, Glycerol, Rose hip oil, Caster oil, Sodium methyl paraben, Perfume.
Beauty International Co., Ltd. 78, rue de l'Universit é 75007 Paris, France.
原產地：法國
批號：標示於瓶身
保存期限：2020.12.31
300-0123456789

化粧品安全衛生之辨識評審表

<table>
<tr><td colspan="4">化粧品安全衛生之辨識測試答案卷（總分40分）</td><td colspan="2">測試日期：　年　月　日</td></tr>
<tr><td colspan="2">題卡號碼</td><td>7</td><td>姓名</td><td></td><td>術科測試編號</td></tr>
<tr><td colspan="6">測試時間：4分鐘</td></tr>
<tr><td colspan="6">說 明：由應檢人依據化粧品外包裝題卡，以書面勾選填答下列內容，作答完畢後，交由監評人員評定，標示不全或錯誤，均視同未標示（未依分發題卡填寫正確題卡號碼者，本答案卷以0分計）。</td></tr>
<tr><td colspan="6">（一）本化粧品標示內容（33分）</td></tr>
<tr><td colspan="4">項目及配分</td><td>有標示</td><td>未標示</td></tr>
<tr><td>1.</td><td colspan="3">中文品名（3分）</td><td>☑</td><td>☐</td></tr>
<tr><td>2.</td><td colspan="3">用途（3分）</td><td>☑有標示
且未涉及誇大療效</td><td>☐未標示，
或有標示且涉及誇大療效</td></tr>
<tr><td>3.</td><td colspan="3">用法（3分）</td><td>☑</td><td>☐</td></tr>
<tr><td>4.</td><td colspan="3">保存方法（3分）</td><td>☑</td><td>☐</td></tr>
<tr><td>5.</td><td colspan="3">淨重、容量或數量（3分）</td><td>☐</td><td>☑</td></tr>
<tr><td>6.</td><td colspan="3">全成分（3分）</td><td>☑</td><td>☐</td></tr>
<tr><td>7.</td><td colspan="3">特定用途之含量（3分）</td><td>☐有標示　☑免　標</td><td>☐</td></tr>
<tr><td>8.</td><td colspan="3">使用注意事項（3分）</td><td>☐</td><td>☑</td></tr>
<tr><td rowspan="7">9.</td><td rowspan="3">國產品</td><td>(1)製造業者名稱</td><td rowspan="7">（3分）本項國產品請答(1)~(3)，輸入品請答(4)~(7)，須全對才給3分</td><td>☐</td><td>☐</td></tr>
<tr><td>(2)製造業者地址</td><td>☐</td><td>☐</td></tr>
<tr><td>(3)製造業者電話</td><td>☐</td><td>☐</td></tr>
<tr><td rowspan="4">輸入品</td><td>(4)輸入業者名稱</td><td>☐</td><td>☑</td></tr>
<tr><td>(5)輸入業者地址</td><td>☐</td><td>☑</td></tr>
<tr><td>(6)輸入業者電話</td><td>☐</td><td>☑</td></tr>
<tr><td>(7)原產地（國）</td><td>☑</td><td>☐</td></tr>
<tr><td>10.</td><td colspan="3">製造日期及有效期間，或製造日期及保存期限，或有效期間及保存期限（3分）</td><td>☐有標示且未過期</td><td>☑未標示，
或標示不完全或已過期</td></tr>
<tr><td>11.</td><td colspan="3">批號（3分）</td><td>☐</td><td>☑</td></tr>
<tr><td colspan="6">（二）上述11項判定本化粧品是否合格（7分）
（若上述1.~11.項有任何一項答錯則本項不給分）</td></tr>
<tr><td colspan="4">本化粧品判定結果</td><td>☐合格</td><td>☑不合格</td></tr>
<tr><td colspan="2">得　分</td><td colspan="4"></td></tr>
<tr><td colspan="2">監評人員簽名</td><td colspan="4">（請勿於測試結束前先行簽名）</td></tr>
</table>

辦理單位章戳：

題卡號碼：08

美麗
本草泥面膜
嫩白肌膚
鎮定修複
用途：來自宮廷傳承配方，古法薪傳，除能有效滋潤肌膚，更具有效消炎、退紅腫之效
用法：夜間使用。洗完臉後，將泥面膜擠出並均勻塗抹於臉部15分鐘後，洗淨臉部即可
主成分：Aqueous, Althaea officinalis, Trifolium pretense, Hyssopus officinalis, Kaolin
批號：123AA 容量：50 ml
製造商：美麗動人有限公司
電話：04-22595700
製造商住址：台中市南屯區黎明路二段501號
保存方式：置於陰涼乾燥處，避免陽光直接照射。
保存期限：2020/12/31

化粧品安全衛生之辨識評審表

化粧品安全衛生之辨識測試答案卷（總分40分）			測試日期： 年 月 日
題卡號碼	8	姓名	
術科測試編號			
測試時間：4分鐘			
說 明：由應檢人依據化粧品外包裝題卡，以書面勾選填答下列內容，作答完畢後，交由監評人員評定，標示不全或錯誤，均視同未標示（未依分發題卡填寫正確題卡號碼者，本答案卷以0分計）。			

（一）本化粧品標示內容（33分）

	項目及配分	有標示	未標示
1.	中文品名（3分）	☑	□
2.	用途（3分）	□有標示 且未涉及誇大療效	☑未標示， 或有標示且涉及誇大療效
3.	用法（3分）	☑	□
4.	保存方法（3分）	☑	□
5.	淨重、容量或數量（3分）	☑	□
6.	全成分（3分）	□	☑
7.	特定用途之含量（3分）	□有標示 ☑免 標	□
8.	使用注意事項（3分）	□	☑
9.	國產品 (1)製造業者名稱（3分）本項國產品請答(1)~(3)，輸入品請答(4)~(7)，須全對才給3分	☑	□
	國產品 (2)製造業者地址	☑	□
	國產品 (3)製造業者電話	☑	□
	輸入品 (4)輸入業者名稱	□	□
	輸入品 (5)輸入業者地址	□	□
	輸入品 (6)輸入業者電話	□	□
	輸入品 (7)原產地（國）	□	□
10.	製造日期及有效期間，或製造日期及保存期限，或有效期間及保存期限（3分）	□有標示且未過期	☑未標示， 或標示不完全或已過期
11.	批號（3分）	☑	□

（二）上述11項判定本化粧品是否合格（7分）
（若上述1.~11.項有任何一項答錯則本項不給分）

本化粧品判定結果	□合格	☑不合格
得 分		
監評人員簽名	（請勿於測試結束前先行簽名）	

辦理單位章戳：

題卡號碼：09

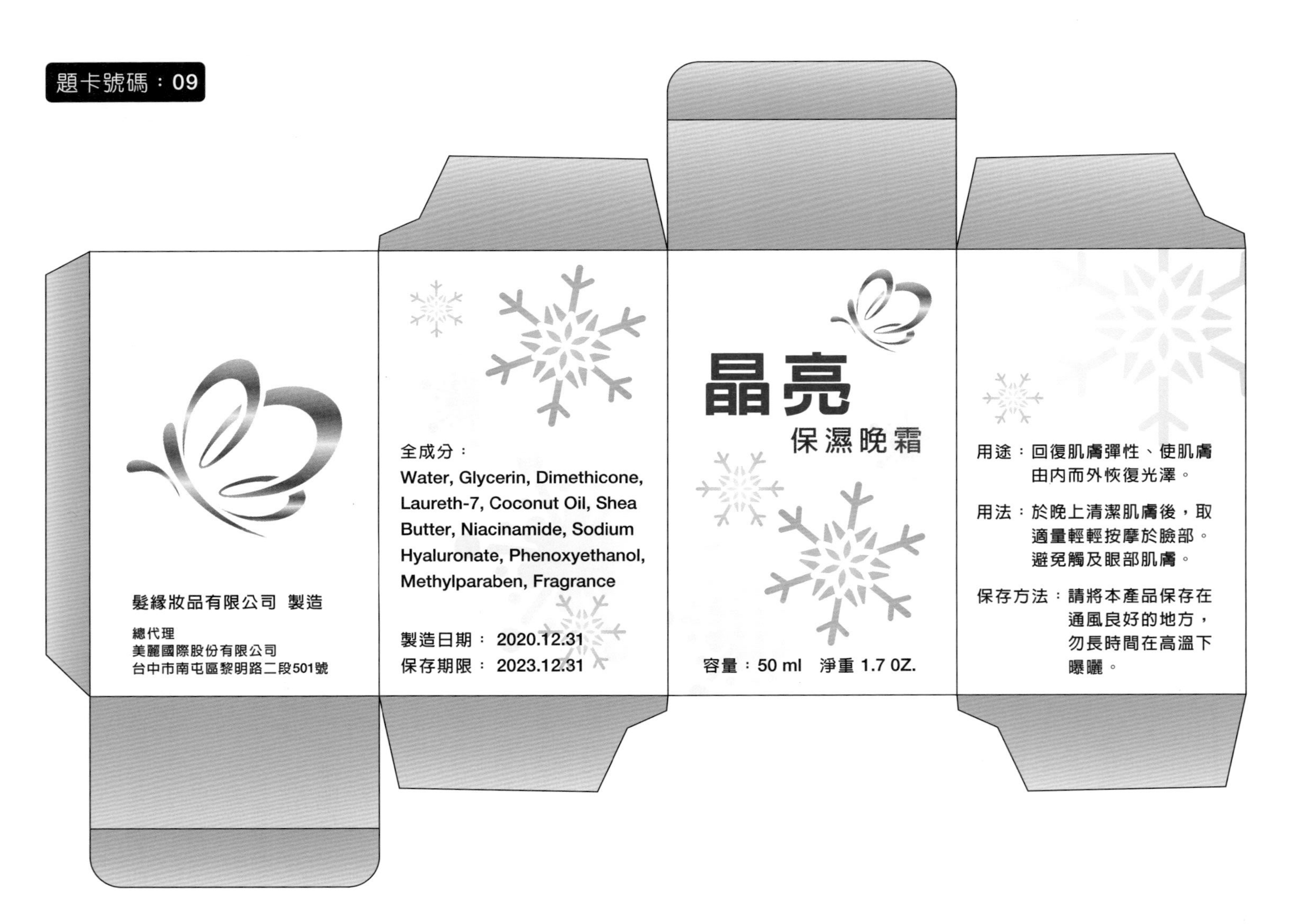

髮緣妝品有限公司 製造
總代理
美麗國際股份有限公司
台中市南屯區黎明路二段501號
全成分：
Water, Glycerin, Dimethicone, Laureth-7, Coconut Oil, Shea Butter, Niacinamide, Sodium Hyaluronate, Phenoxyethanol, Methylparaben, Fragrance
製造日期：2020.12.31
保存期限：2023.12.31
晶亮
保濕晚霜
容量：50 ml 淨重 1.7 OZ.
用途：回復肌膚彈性、使肌膚由內而外恢復光澤。
用法：於晚上清潔肌膚後，取適量輕輕按摩於臉部。避免觸及眼部肌膚。
保存方法：請將本產品保存在通風良好的地方，勿長時間在高溫下曝曬。

化粧品安全衛生之辨識評審表

<table>
<tr><td colspan="3">化粧品安全衛生之辨識測試答案卷（總分40分）</td><td colspan="3">測試日期：　年　月　日</td></tr>
<tr><td colspan="2">題卡號碼</td><td>9</td><td>姓名</td><td></td><td>術科測試編號</td></tr>
<tr><td colspan="6">測試時間：4分鐘</td></tr>
<tr><td colspan="6">說 明：由應檢人依據化粧品外包裝題卡，以書面勾選填答下列內容，作答完畢後，交由監評人員評定，標示不全或錯誤，均視同未標示（未依分發題卡填寫正確題卡號碼者，本答案卷以0分計）。</td></tr>
<tr><td colspan="6">（一）本化粧品標示內容（33分）</td></tr>
<tr><td colspan="4">項目及配分</td><td>有標示</td><td>未標示</td></tr>
<tr><td>1.</td><td colspan="3">中文品名（3分）</td><td>☑</td><td>☐</td></tr>
<tr><td>2.</td><td colspan="3">用途（3分）</td><td>☑有標示
且未涉及誇大療效</td><td>☐未標示，
或有標示且涉及誇大療效</td></tr>
<tr><td>3.</td><td colspan="3">用法（3分）</td><td>☑</td><td>☐</td></tr>
<tr><td>4.</td><td colspan="3">保存方法（3分）</td><td>☑</td><td>☐</td></tr>
<tr><td>5.</td><td colspan="3">淨重、容量或數量（3分）</td><td>☑</td><td>☐</td></tr>
<tr><td>6.</td><td colspan="3">全成分（3分）</td><td>☑</td><td>☐</td></tr>
<tr><td>7.</td><td colspan="3">特定用途之含量（3分）</td><td>☐有標示　☑免　標</td><td>☐</td></tr>
<tr><td>8.</td><td colspan="3">使用注意事項（3分）</td><td>☐</td><td>☑</td></tr>
<tr><td rowspan="7">9.</td><td rowspan="3">國產品</td><td>(1)製造業者名稱</td><td rowspan="7">（3分）本項國產品請答(1)~(3)，輸入品請答(4)~(7)，須全對才給3分</td><td>☑</td><td>☐</td></tr>
<tr><td>(2)製造業者地址</td><td>☐</td><td>☑</td></tr>
<tr><td>(3)製造業者電話</td><td>☐</td><td>☑</td></tr>
<tr><td rowspan="4">輸入品</td><td>(4)輸入業者名稱</td><td>☐</td><td>☐</td></tr>
<tr><td>(5)輸入業者地址</td><td>☐</td><td>☐</td></tr>
<tr><td>(6)輸入業者電話</td><td>☐</td><td>☐</td></tr>
<tr><td>(7)原產地（國）</td><td>☐</td><td>☐</td></tr>
<tr><td>10.</td><td colspan="3">製造日期及有效期間，或製造日期及保存期限，或有效期間及保存期限（3分）</td><td>☑有標示且未過期</td><td>☐未標示，
或標示不完全或已過期</td></tr>
<tr><td>11.</td><td colspan="3">批號（3分）</td><td>☐</td><td>☑</td></tr>
<tr><td colspan="6">（二）上述11項判定本化粧品是否合格（7分）
（若上述1.~11.項有任何一項答錯則本項不給分）</td></tr>
<tr><td colspan="4">本化粧品判定結果</td><td>☐合格</td><td>☑不合格</td></tr>
<tr><td colspan="2">得　分</td><td colspan="4"></td></tr>
<tr><td colspan="2">監評人員簽名</td><td colspan="4">（請勿於測試結束前先行簽名）</td></tr>
</table>

辦理單位章戳：

題卡號碼：10

美麗
玫瑰身體按摩油

淡雅玫瑰香氛
用途：滋潤肌膚增加按摩滑順感
全成分：Rosa Centifolia Flower Oil
Sesamum Indicum Seed Oil
Aloe Flower Extract
Isopropyl Myristate
Mineral Oil
Parfum
Benzoic Acid
保存方法：請勿將產品放在陽光曝曬處以免產品變質
為求產品精華成分新鮮度請盡量於開封後半年內使用完畢。
保存期限：20201231
批號：2017A04B14
容量：1000 ml / 瓶
製造廠：美麗髮股份有限公司
電話：04-22595700
製造廠地址：40873台中市南屯區黎明路二段501號6-7樓

化粧品安全衛生之辨識評審表

<table>
<tr><td colspan="4">化粧品安全衛生之辨識測試答案卷（總分40分）</td><td colspan="2">測試日期：　年　月　日</td></tr>
<tr><td colspan="2">題卡號碼</td><td colspan="2">10</td><td>姓名</td><td>術科測試編號</td></tr>
<tr><td colspan="6">測試時間：4分鐘</td></tr>
<tr><td colspan="6">說 明：由應檢人依據化粧品外包裝題卡，以書面勾選填答下列內容，作答完畢後，交由監評人員評定，標示不全或錯誤，均視同未標示（未依分發題卡填寫正確題卡號碼者，本答案卷以0分計）。</td></tr>
<tr><td colspan="6">（一）本化粧品標示內容（33分）</td></tr>
<tr><td colspan="4">項目及配分</td><td>有標示</td><td>未標示</td></tr>
<tr><td>1.</td><td colspan="3">中文品名（3分）</td><td>☑</td><td>☐</td></tr>
<tr><td>2.</td><td colspan="3">用途（3分）</td><td>☑有標示
且未涉及誇大療效</td><td>☐未標示，
或有標示且涉及誇大療效</td></tr>
<tr><td>3.</td><td colspan="3">用法（3分）</td><td>☐</td><td>☑</td></tr>
<tr><td>4.</td><td colspan="3">保存方法（3分）</td><td>☑</td><td>☐</td></tr>
<tr><td>5.</td><td colspan="3">淨重、容量或數量（3分）</td><td>☑</td><td>☐</td></tr>
<tr><td>6.</td><td colspan="3">全成分（3分）</td><td>☑</td><td>☐</td></tr>
<tr><td>7.</td><td colspan="3">特定用途之含量（3分）</td><td>☐有標示　☑免　標</td><td>☐</td></tr>
<tr><td>8.</td><td colspan="3">使用注意事項（3分）</td><td>☐</td><td>☑</td></tr>
<tr><td rowspan="7">9.</td><td rowspan="3">國產品</td><td>(1)製造業者名稱</td><td rowspan="7">（3分）本項國產品請答(1)~(3)，輸入品請答(4)~(7)，須全對才給3分</td><td>☑</td><td>☐</td></tr>
<tr><td>(2)製造業者地址</td><td>☑</td><td>☐</td></tr>
<tr><td>(3)製造業者電話</td><td>☑</td><td>☐</td></tr>
<tr><td rowspan="4">輸入品</td><td>(4)輸入業者名稱</td><td>☐</td><td>☐</td></tr>
<tr><td>(5)輸入業者地址</td><td>☐</td><td>☐</td></tr>
<tr><td>(6)輸入業者電話</td><td>☐</td><td>☐</td></tr>
<tr><td>(7)原產地（國）</td><td>☐</td><td>☐</td></tr>
<tr><td>10.</td><td colspan="3">製造日期及有效期間，或製造日期及保存期限，或有效期間及保存期限（3分）</td><td>☐有標示且未過期</td><td>☑未標示，
或標示不完全或已過期</td></tr>
<tr><td>11.</td><td colspan="3">批號（3分）</td><td>☑</td><td>☐</td></tr>
<tr><td colspan="6">（二）上述11項判定本化粧品是否合格（7分）
（若上述1.~11.項有任何一項答錯則本項不給分）</td></tr>
<tr><td colspan="4">本化粧品判定結果</td><td>☐合格</td><td>☑不合格</td></tr>
<tr><td colspan="2">得　分</td><td colspan="4"></td></tr>
<tr><td colspan="2">監評人員簽名</td><td colspan="4">（請勿於測試結束前先行簽名）</td></tr>
</table>

辦理單位章戳：

題卡號碼：11

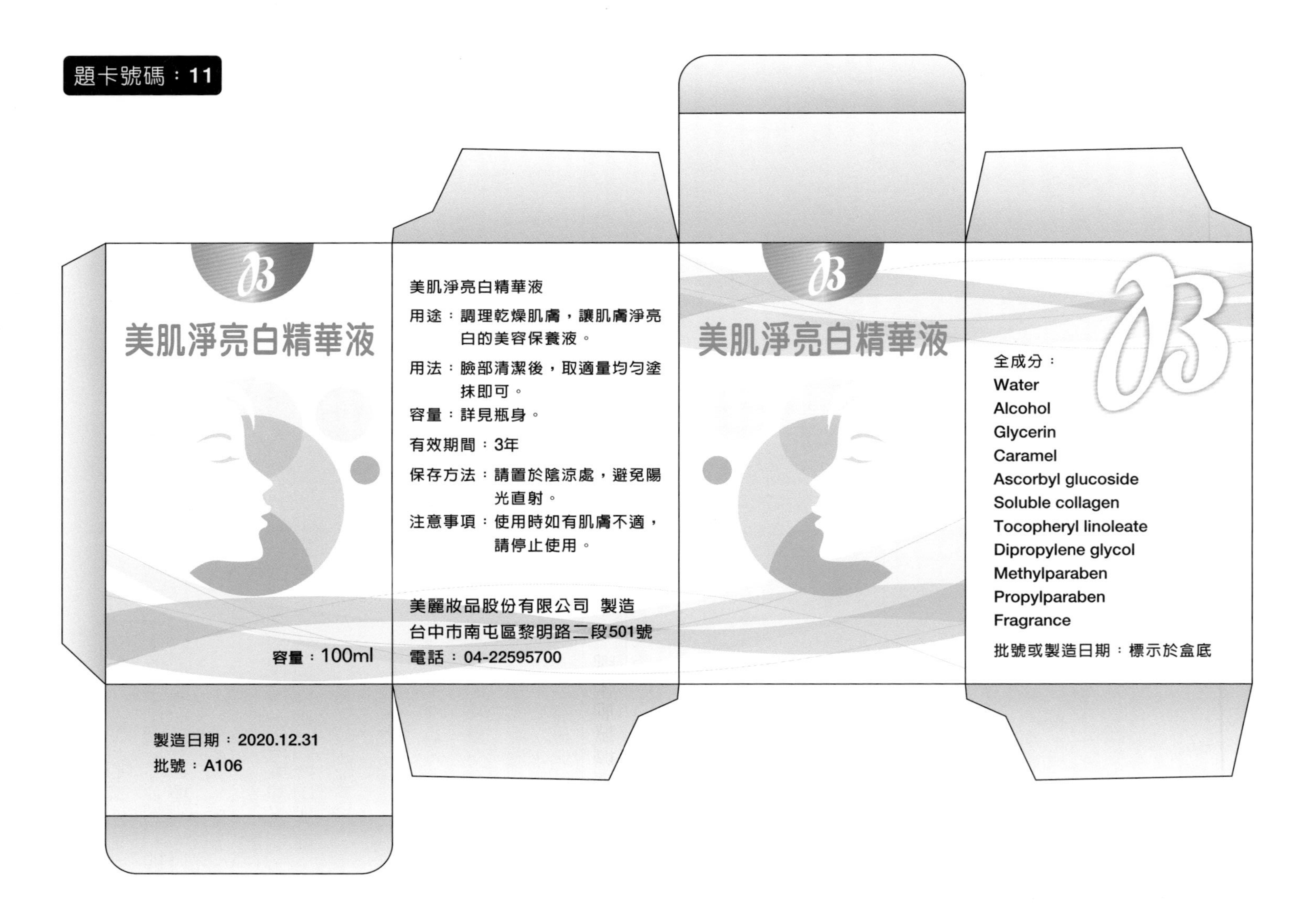
美肌淨亮白精華液
容量：100ml
製造日期：2020.12.31
批號：A106
美肌淨亮白精華液
用途：調理乾燥肌膚，讓肌膚淨亮白的美容保養液。
用法：臉部清潔後，取適量均勻塗抹即可。
容量：詳見瓶身。
有效期間：3年
保存方法：請置於陰涼處，避免陽光直射。
注意事項：使用時如有肌膚不適，請停止使用。
美麗妝品股份有限公司 製造
台中市南屯區黎明路二段501號
電話：04-22595700
美肌淨亮白精華液
全成分：
Water
Alcohol
Glycerin
Caramel
Ascorbyl glucoside
Soluble collagen
Tocopheryl linoleate
Dipropylene glycol
Methylparaben
Propylparaben
Fragrance
批號或製造日期：標示於盒底

化粧品安全衛生之辨識評審表

<table>
<tr><td colspan="4">化粧品安全衛生之辨識測試答案卷（總分40分）</td><td colspan="2">測試日期：　年　月　日</td></tr>
<tr><td colspan="2">題卡號碼</td><td>11</td><td>姓名</td><td>術科測試編號</td><td></td></tr>
<tr><td colspan="6">測試時間：4分鐘</td></tr>
<tr><td colspan="6">說 明：由應檢人依據化粧品外包裝題卡，以書面勾選填答下列內容，作答完畢後，交由監評人員評定，標示不全或錯誤，均視同未標示（未依分發題卡填寫正確題卡號碼者，本答案卷以0分計）。</td></tr>
<tr><td colspan="6">（一）本化粧品標示內容（33分）</td></tr>
<tr><td colspan="4">項目及配分</td><td>有標示</td><td>未標示</td></tr>
<tr><td>1.</td><td colspan="3">中文品名（3分）</td><td>☑</td><td>☐</td></tr>
<tr><td>2.</td><td colspan="3">用途（3分）</td><td>☑有標示
且未涉及誇大療效</td><td>☐未標示，
或有標示且涉及誇大療效</td></tr>
<tr><td>3.</td><td colspan="3">用法（3分）</td><td>☑</td><td>☐</td></tr>
<tr><td>4.</td><td colspan="3">保存方法（3分）</td><td>☑</td><td>☐</td></tr>
<tr><td>5.</td><td colspan="3">淨重、容量或數量（3分）</td><td>☑</td><td>☐</td></tr>
<tr><td>6.</td><td colspan="3">全成分（3分）</td><td>☑</td><td>☐</td></tr>
<tr><td>7.</td><td colspan="3">特定用途之含量（3分）</td><td>☐有標示　☑免　標</td><td>☐</td></tr>
<tr><td>8.</td><td colspan="3">使用注意事項（3分）</td><td>☑</td><td>☐</td></tr>
<tr><td rowspan="7">9.</td><td rowspan="3">國產品</td><td>(1)製造業者名稱</td><td rowspan="7">（3分）本項國產品請答(1)~(3)，輸入品請答(4)~(7)，須全對才給3分</td><td>☑</td><td>☐</td></tr>
<tr><td>(2)製造業者地址</td><td>☑</td><td>☐</td></tr>
<tr><td>(3)製造業者電話</td><td>☑</td><td>☐</td></tr>
<tr><td rowspan="4">輸入品</td><td>(4)輸入業者名稱</td><td>☐</td><td>☐</td></tr>
<tr><td>(5)輸入業者地址</td><td>☐</td><td>☐</td></tr>
<tr><td>(6)輸入業者電話</td><td>☐</td><td>☐</td></tr>
<tr><td>(7)原產地（國）</td><td>☐</td><td>☐</td></tr>
<tr><td>10.</td><td colspan="3">製造日期及有效期間，或製造日期及保存期限，或有效期間及保存期限（3分）</td><td>☑有標示且未過期</td><td>☐未標示，
或標示不完全或已過期</td></tr>
<tr><td>11.</td><td colspan="3">批號（3分）</td><td>☑</td><td>☐</td></tr>
<tr><td colspan="6">（二）上述11項判定本化粧品是否合格（7分）
（若上述1.~11.項有任何一項答錯則本項不給分）</td></tr>
<tr><td colspan="4">本化粧品判定結果</td><td>☑合格</td><td>☐不合格</td></tr>
<tr><td colspan="2">得　分</td><td colspan="4"></td></tr>
<tr><td colspan="2">監評人員簽名</td><td colspan="4">（請勿於測試結束前先行簽名）</td></tr>
</table>

辦理單位章戳：

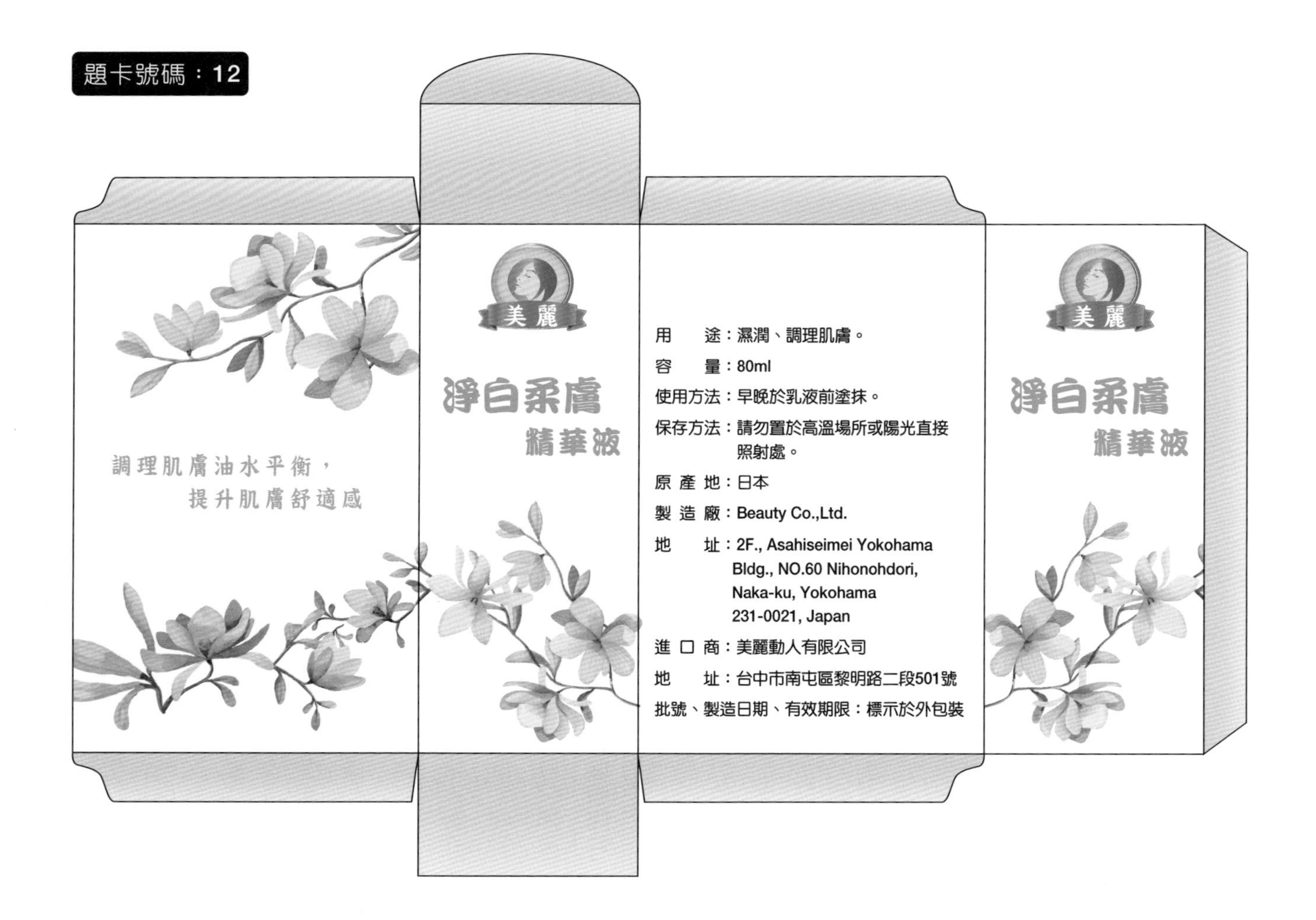

題卡號碼：12
調理肌膚油水平衡，
提升肌膚舒適感
美麗
淨白柔膚
精華液
用　　途：滋潤、調理肌膚。
容　　量：80ml
使用方法：早晚於乳液前塗抹。
保存方法：請勿置於高溫場所或陽光直接照射處。
原 產 地：日本
製 造 廠：Beauty Co.,Ltd.
地　　址：2F., Asahiseimei Yokohama Bldg., NO.60 Nihonohdori, Naka-ku, Yokohama 231-0021, Japan
進 口 商：美麗動人有限公司
地　　址：台中市南屯區黎明路二段501號
批號、製造日期、有效期限：標示於外包裝
美麗
淨白柔膚
精華液

化粧品安全衛生之辨識評審表

<table>
<tr><td colspan="5">化粧品安全衛生之辨識測試答案卷（總分40分）</td><td colspan="2">測試日期：　年　月　日</td></tr>
<tr><td colspan="2">題卡號碼</td><td colspan="2">12</td><td>姓名</td><td>術科測試編號</td><td></td></tr>
<tr><td colspan="7">測試時間：4分鐘</td></tr>
<tr><td colspan="7">說 明：由應檢人依據化粧品外包裝題卡，以書面勾選填答下列內容，作答完畢後，交由監評人員評定，標示不全或錯誤，均視同未標示（未依分發題卡填寫正確題卡號碼者，本答案卷以0分計）。</td></tr>
<tr><td colspan="7">（一）本化粧品標示內容（33分）</td></tr>
<tr><td colspan="5">項目及配分</td><td>有標示</td><td>未標示</td></tr>
<tr><td>1.</td><td colspan="4">中文品名（3分）</td><td>☑</td><td>□</td></tr>
<tr><td>2.</td><td colspan="4">用途（3分）</td><td>☑有標示
且未涉及誇大療效</td><td>□未標示，
或有標示且涉及誇大療效</td></tr>
<tr><td>3.</td><td colspan="4">用法（3分）</td><td>☑</td><td>□</td></tr>
<tr><td>4.</td><td colspan="4">保存方法（3分）</td><td>☑</td><td>□</td></tr>
<tr><td>5.</td><td colspan="4">淨重、容量或數量（3分）</td><td>☑</td><td>□</td></tr>
<tr><td>6.</td><td colspan="4">全成分（3分）</td><td>□</td><td>☑</td></tr>
<tr><td>7.</td><td colspan="4">特定用途之含量（3分）</td><td>□有標示　☑免　標</td><td>□</td></tr>
<tr><td>8.</td><td colspan="4">使用注意事項（3分）</td><td>□</td><td>☑</td></tr>
<tr><td rowspan="7">9.</td><td rowspan="3">國產品</td><td colspan="2">(1)製造業者名稱</td><td rowspan="7">（3分）
本項國產品請答(1)~(3)，輸入品請答(4)~(7)，須全對才給3分</td><td>□</td><td>□</td></tr>
<tr><td colspan="2">(2)製造業者地址</td><td>□</td><td>□</td></tr>
<tr><td colspan="2">(3)製造業者電話</td><td>□</td><td>□</td></tr>
<tr><td rowspan="4">輸入品</td><td colspan="2">(4)輸入業者名稱</td><td>☑</td><td>□</td></tr>
<tr><td colspan="2">(5)輸入業者地址</td><td>☑</td><td>□</td></tr>
<tr><td colspan="2">(6)輸入業者電話</td><td>□</td><td>☑</td></tr>
<tr><td colspan="2">(7)原產地（國）</td><td>☑</td><td>□</td></tr>
<tr><td>10.</td><td colspan="4">製造日期及有效期間，或製造日期及保存期限，或有效期間及保存期限（3分）</td><td>□有標示且未過期</td><td>☑未標示，
或標示不完全或已過期</td></tr>
<tr><td>11.</td><td colspan="4">批號（3分）</td><td>□</td><td>☑</td></tr>
<tr><td colspan="7">（二）上述11項判定本化粧品是否合格（7分）
（若上述1.~11.項有任何一項答錯則本項不給分）</td></tr>
<tr><td colspan="5">本化粧品判定結果</td><td>□合格</td><td>☑不合格</td></tr>
<tr><td colspan="2">得　分</td><td colspan="5"></td></tr>
<tr><td colspan="2">監評人員簽名</td><td colspan="5">（請勿於測試結束前先行簽名）</td></tr>
</table>

辦理單位章戳：

題卡號碼：13

美麗
SPF50
PA++
朝顏
保濕防曬乳液

用途：防曬隔離，可修護受傷或過敏肌膚，增強細胞之新陳代謝。
用法：取適量均勻塗抹於臉部。
主成分（特定用途成分）：
Zinc Oxide 9%
Octyl Methoxycinnamate 7%
保存方法：置於陰涼處避免陽光直射。
保存期限：2023.12.31
重量：100 g
衛部粧製字第123456號
製造業者名稱／地址／電話
美麗股份有限公司
台中市南屯區黎明路二段501號
04-22595700

化粧品安全衛生之辨識評審表

化粧品安全衛生之辨識測試答案卷(總分40分)				測試日期: 年 月 日	
題卡號碼	13	姓名		術科測試編號	
測試時間:4分鐘					
說 明:由應檢人依據化粧品外包裝題卡,以書面勾選填答下列內容,作答完畢後,交由監評人員評定,標示不全或錯誤,均視同未標示(未依分發題卡填寫正確題卡號碼者,本答案卷以0分計)。					

(一)本化粧品標示內容(33分)					
項目及配分				有標示	未標示
1.	中文品名(3分)			☑	☐
2.	用途(3分)			☐有標示 且未涉及誇大療效	☑未標示, 或有標示且涉及誇大療效
3.	用法(3分)			☑	☐
4.	保存方法(3分)			☑	☐
5.	淨重、容量或數量(3分)			☑	☐
6.	全成分(3分)			☐	☑
7.	特定用途之含量(3分)			☑有標示 ☐免 標	☐
8.	使用注意事項(3分)			☐	☑
9.	國產品	(1)製造業者名稱	(3分)本項國產品請答(1)~(3),輸入品請答(4)~(7),須全對才給3分	☑	☐
		(2)製造業者地址		☑	☐
		(3)製造業者電話		☑	☐
	輸入品	(4)輸入業者名稱		☐	☐
		(5)輸入業者地址		☐	☐
		(6)輸入業者電話		☐	☐
		(7)原產地(國)		☐	☐
10.	製造日期及有效期間,或製造日期及保存期限,或有效期間及保存期限(3分)			☐有標示且未過期	☑未標示, 或標示不完全或已過期
11.	批號(3分)			☐	☑

(二)上述11項判定本化粧品是否合格(7分) (若上述1.~11.項有任何一項答錯則本項不給分)		
本化粧品判定結果	☐合格	☑不合格
得 分		
監評人員簽名	(請勿於測試結束前先行簽名)	

辦理單位章戳:

題卡號碼：14

蘆薈透明
滋養乳液
倍潤。肌
蘆薈水感乳液

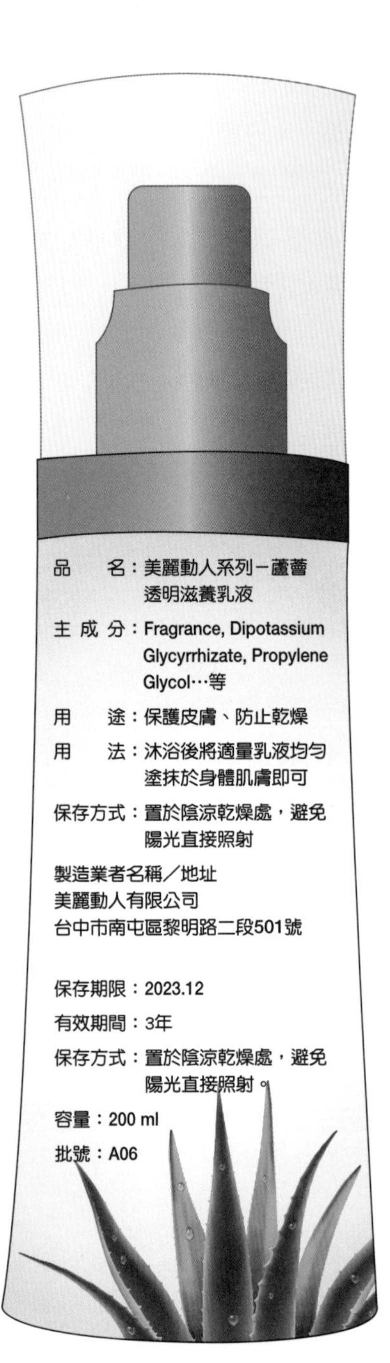
品　　名：美麗動人系列－蘆薈透明滋養乳液
主 成 分：Fragrance, Dipotassium Glycyrrhizate, Propylene Glycol…等
用　　途：保護皮膚、防止乾燥
用　　法：沐浴後將適量乳液均勻塗抹於身體肌膚即可
保存方式：置於陰涼乾燥處，避免陽光直接照射
製造業者名稱／地址
美麗動人有限公司
台中市南屯區黎明路二段501號
保存期限：2023.12
有效期間：3年
保存方式：置於陰涼乾燥處，避免陽光直接照射。
容量：200 ml
批號：A06

化粧品安全衛生之辨識評審表

化粧品安全衛生之辨識測試答案卷（總分40分）		測試日期： 年 月 日	
題卡號碼	14	姓名		術科測試編號	

測試時間：4分鐘

說 明：由應檢人依據化粧品外包裝題卡，以書面勾選填答下列內容，作答完畢後，交由監評人員評定，標示不全或錯誤，均視同未標示（未依分發題卡填寫正確題卡號碼者，本答案卷以0分計）。

（一）本化粧品標示內容（33分）

	項目及配分			有標示	未標示
1.	中文品名（3分）			☑	☐
2.	用途（3分）			☑有標示 且未涉及誇大療效	☐未標示， 或有標示且涉及誇大療效
3.	用法（3分）			☑	☐
4.	保存方法（3分）			☑	☐
5.	淨重、容量或數量（3分）			☑	☐
6.	全成分（3分）			☐	☑
7.	特定用途之含量（3分）			☐有標示 ☑免 標	☐
8.	使用注意事項（3分）			☐	☑
9.	國產品	(1)製造業者名稱	（3分）本項國產品請答(1)~(3)，輸入品請答(4)~(7)，須全對才給3分	☑	☐
		(2)製造業者地址		☑	☐
		(3)製造業者電話		☐	☑
	輸入品	(4)輸入業者名稱		☐	☐
		(5)輸入業者地址		☐	☐
		(6)輸入業者電話		☐	☐
		(7)原產地（國）		☐	☐
10.	製造日期及有效期間，或製造日期及保存期限，或有效期間及保存期限（3分）			☑有標示且未過期	☐未標示， 或標示不完全或已過期
11.	批號（3分）			☑	☐

（二）上述11項判定本化粧品是否合格（7分）

（若上述1.~11.項有任何一項答錯則本項不給分）

本化粧品判定結果	☐合格	☑不合格
得 分		
監評人員簽名	（請勿於測試結束前先行簽名）	

辦理單位章戳：

題卡號碼：15

Moisturizing
Facial Wash

水嫩保濕洗面乳

重量：150g

用途：清潔肌膚，展現肌膚自然光澤。

用法：用清水濕潤臉部後，取適量洗面乳於手心搓揉至產生泡沫，均勻塗抹於臉部，再以清水洗淨。

全成分：
Water, Sodium Laureth Sulfate, Cocamidopropyl Betaine, Glycerin, Propylene Glycol, Sodium Citrate, Tetrasodium EDTA, Propyl Paraben, Methyl Paraben, Fragrance

使用注意事項：肌膚如有傷口，發炎或過敏情形，應避免使用。

保存方法：置於陰涼避光處。

製造日期：2020.12　有效期間：3 年
製造廠名稱：美麗國際股份有限公司
製造廠地址：台中市南屯區黎明路二段501號
製造廠電話：04-22595700
批號：C03

本產品已投保產品險新台幣一千萬元

化粧品安全衛生之辨識評審表

化粧品安全衛生之辨識測試答案卷（總分40分）			測試日期： 年 月 日		
題卡號碼	15	姓名		術科測試編號	
測試時間：4分鐘					

說 明：由應檢人依據化粧品外包裝題卡，以書面勾選填答下列內容，作答完畢後，交由監評人員評定，標示不全或錯誤，均視同未標示（未依分發題卡填寫正確題卡號碼者，本答案卷以0分計）。

（一）本化粧品標示內容（33分）

	項目及配分			有標示	未標示
1.	中文品名（3分）			☑	☐
2.	用途（3分）			☑有標示 且未涉及誇大療效	☐未標示， 或有標示且涉及誇大療效
3.	用法（3分）			☑	☐
4.	保存方法（3分）			☑	☐
5.	淨重、容量或數量（3分）			☑	☐
6.	全成分（3分）			☑	☐
7.	特定用途之含量（3分）			☐有標示 ☑免 標	☐
8.	使用注意事項（3分）			☑	☐
9.	國產品	(1)製造業者名稱	（3分）本項國產品請答(1)~(3)，輸入品請答(4)~(7)，須全對才給3分	☑	☐
		(2)製造業者地址		☑	☐
		(3)製造業者電話		☑	☐
	輸入品	(4)輸入業者名稱		☐	☐
		(5)輸入業者地址		☐	☐
		(6)輸入業者電話		☐	☐
		(7)原產地（國）		☐	☐
10.	製造日期及有效期間，或製造日期及保存期限，或有效期間及保存期限（3分）			☑有標示且未過期	☐未標示， 或標示不完全或已過期
11.	批號（3分）			☑	☐

（二）上述11項判定本化粧品是否合格（7分）
（若上述1.~11.項有任何一項答錯則本項不給分）

本化粧品判定結果	☑合格	☐不合格
得　分		
監評人員簽名	（請勿於測試結束前先行簽名）	

辦理單位章戳：

題卡號碼：16

美麗
奈米美白
修復精華乳

促進體內細胞活化的滋長作用、加強肌膚表層細胞再生之機能、表皮細胞的再生能力，美白效果持久。
用途：
活化表層細胞美白修護肌膚
一次解決粉刺皺紋，消除已形成之黑斑、雀斑、老人斑
使用方法：
每天早晚臉部清潔後使用。
充分搖晃瓶身，瓶身倒立，取適量於手心，輕輕按壓臉部和頸部肌膚。
使用注意事項：
使用時如有異常請立即停止使用，如不慎流入眼睛，請立即以清水沖洗並就醫。
全成分：
Aqua
Aloe Flower Extract
Butylene Glycol
Isohexadecane
Polysorbate 60
PEG-100 Stearate
Glycerin
Xanthan Gum
Sodium Benzoate
保存方法：請勿將產品放在陽光曝曬處以免產品變質
保存期限：2020.12.31
批號：A04B14
重量：180g
製造廠：美麗髮股份有限公司
製造廠地址：40873台中市南屯區黎明路二段501號6-7樓

化粧品安全衛生之辨識評審表

化粧品安全衛生之辨識測試答案卷（總分40分）						測試日期： 年 月 日
題卡號碼	16		姓名		術科測試編號	
測試時間：4分鐘						
說 明：由應檢人依據化粧品外包裝題卡，以書面勾選填答下列內容，作答完畢後，交由監評人員評定，標示不全或錯誤，均視同未標示（未依分發題卡填寫正確題卡號碼者，本答案卷以0分計）。						

（一）本化粧品標示內容（33分）

項目及配分				有標示	未標示
1.	中文品名（3分）			☑	☐
2.	用途（3分）			☐有標示 且未涉及誇大療效	☑未標示， 或有標示且涉及誇大療效
3.	用法（3分）			☑	☐
4.	保存方法（3分）			☑	☐
5.	淨重、容量或數量（3分）			☑	☐
6.	全成分（3分）			☑	☐
7.	特定用途之含量（3分）			☐有標示 ☑免 標	☐
8.	使用注意事項（3分）			☑	☐
9.	國產品	(1)製造業者名稱	（3分）本項國產品請答(1)~(3)，輸入品請答(4)~(7)，須全對才給3分	☑	☐
		(2)製造業者地址		☑	☐
		(3)製造業者電話		☐	☑
	輸入品	(4)輸入業者名稱		☐	☐
		(5)輸入業者地址		☐	☐
		(6)輸入業者電話		☐	☐
		(7)原產地（國）		☐	☐
10.	製造日期及有效期間，或製造日期及保存期限，或有效期間及保存期限（3分）			☐有標示且未過期	☑未標示， 或標示不完全或已過期
11.	批號（3分）			☑	☐

（二）上述11項判定本化粧品是否合格（7分）
（若上述1.~11.項有任何一項答錯則本項不給分）

本化粧品判定結果	☐合格	☑不合格
得 分		
監評人員簽名	（請勿於測試結束前先行簽名）	

辦理單位章戳：

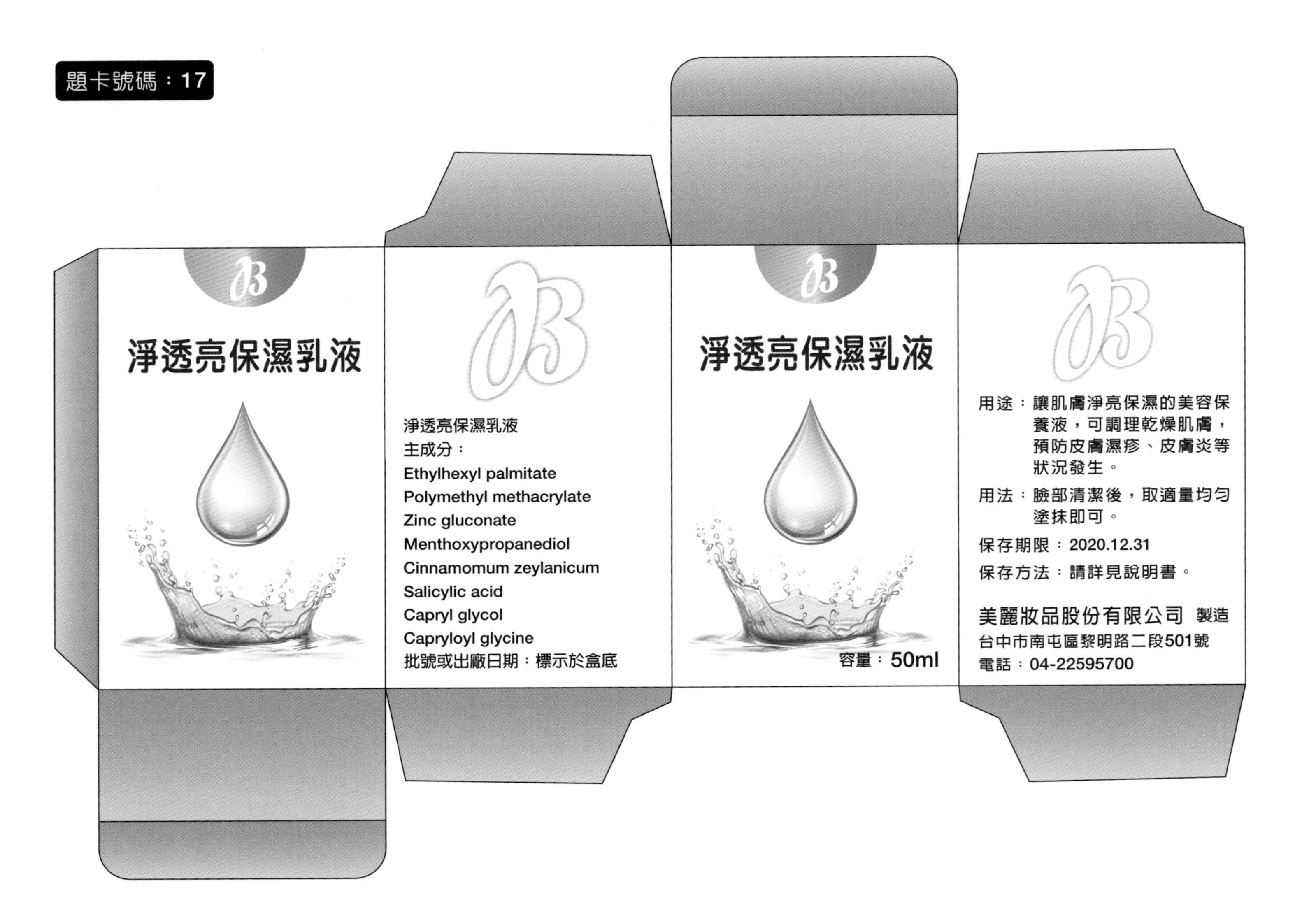
題卡號碼：17
淨透亮保濕乳液
淨透亮保濕乳液
主成分：
Ethylhexyl palmitate
Polymethyl methacrylate
Zinc gluconate
Menthoxypropanediol
Cinnamomum zeylanicum
Salicylic acid
Capryl glycol
Capryloyl glycine
批號或出廠日期：標示於盒底
淨透亮保濕乳液
容量：50ml
用途：讓肌膚淨亮保濕的美容保養液，可調理乾燥肌膚，預防皮膚濕疹、皮膚炎等狀況發生。
用法：臉部清潔後，取適量均勻塗抹即可。
保存期限：2020.12.31
保存方法：請詳見說明書。
美麗妝品股份有限公司 製造
台中市南屯區黎明路二段501號
電話：04-22595700

化粧品安全衛生之辨識評審表

化粧品安全衛生之辨識測試答案卷（總分40分）				測試日期： 年 月 日	
題卡號碼	17	姓名		術科測試編號	
測試時間：4分鐘					
說 明：由應檢人依據化粧品外包裝題卡，以書面勾選填答下列內容，作答完畢後，交由監評人員評定，標示不全或錯誤，均視同未標示（未依分發題卡填寫正確題卡號碼者，本答案卷以0分計）。					

（一）本化粧品標示內容（33分）					
項目及配分				有標示	未標示
1.	中文品名（3分）			☑	☐
2.	用途（3分）			☐有標示 且未涉及誇大療效	☑未標示， 或有標示且涉及誇大療效
3.	用法（3分）			☑	☐
4.	保存方法（3分）			☐	☑
5.	淨重、容量或數量（3分）			☑	☐
6.	全成分（3分）			☐	☑
7.	特定用途之含量（3分）			☐有標示 ☑免 標	☐
8.	使用注意事項（3分）			☐	☑
9.	國產品	(1)製造業者名稱	（3分）本項國產品請答(1)~(3)，輸入品請答(4)~(7)，須全對才給3分	☑	☐
		(2)製造業者地址		☑	☐
		(3)製造業者電話		☑	☐
	輸入品	(4)輸入業者名稱		☐	☐
		(5)輸入業者地址		☐	☐
		(6)輸入業者電話		☐	☐
		(7)原產地（國）		☐	☐
10.	製造日期及有效期間，或製造日期及保存期限，或有效期間及保存期限（3分）			☐有標示且未過期	☑未標示， 或標示不完全或已過期
11.	批號（3分）			☐	☑

（二）上述11項判定本化粧品是否合格（7分） （若上述1.~11.項有任何一項答錯則本項不給分）		
本化粧品判定結果	☐合格	☑不合格
得 分		
監評人員簽名	（請勿於測試結束前先行簽名）	

辦理單位章戳：

題卡號碼：18

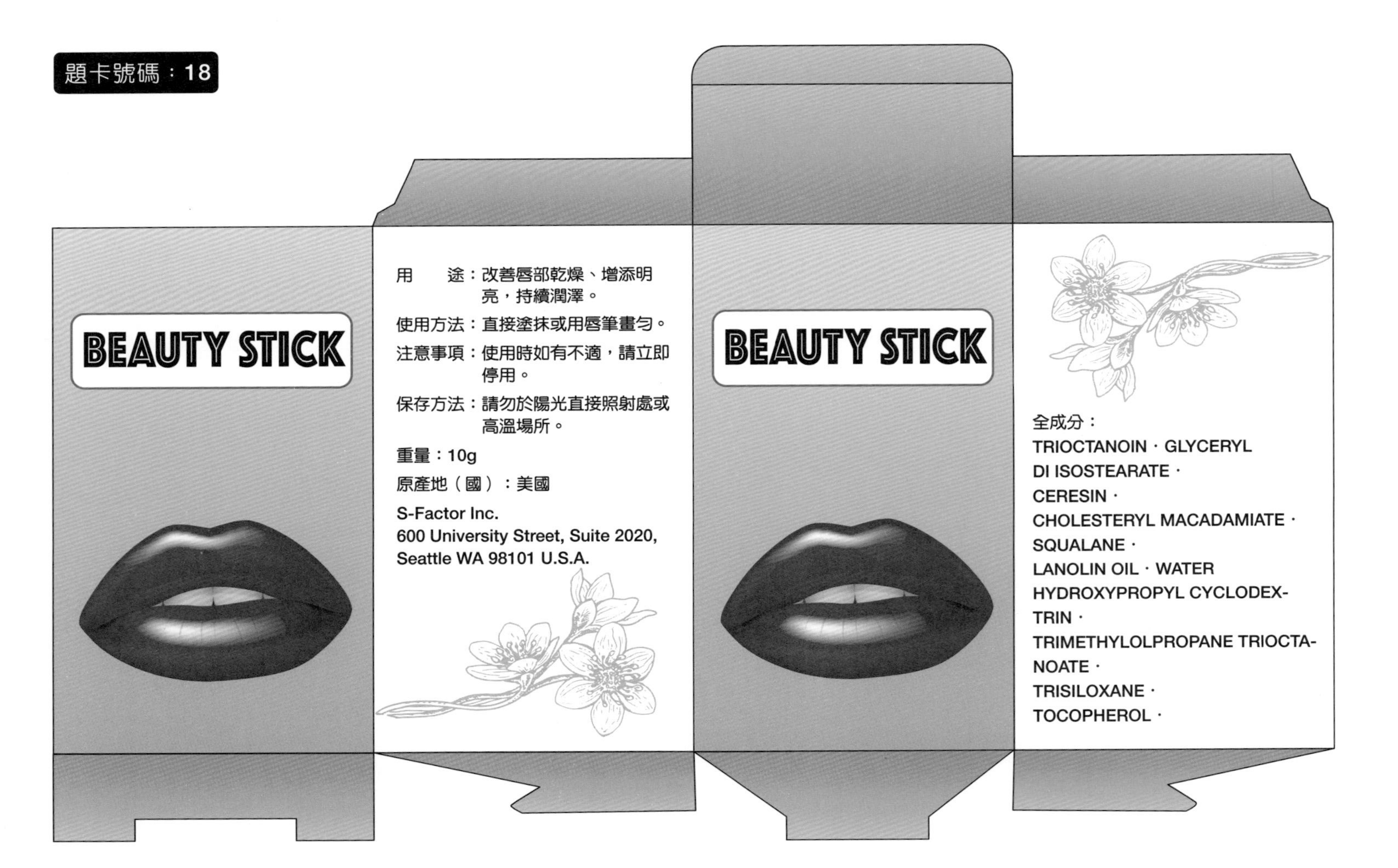
BEAUTY STICK
用　　途：改善唇部乾燥、增添明亮，持續潤澤。
使用方法：直接塗抹或用唇筆畫勻。
注意事項：使用時如有不適，請立即停用。
保存方法：請勿於陽光直接照射處或高溫場所。
重量：10g
原產地（國）：美國
S-Factor Inc.
600 University Street, Suite 2020,
Seattle WA 98101 U.S.A.
BEAUTY STICK
全成分：
TRIOCTANOIN · GLYCERYL
DI ISOSTEARATE ·
CERESIN ·
CHOLESTERYL MACADAMIATE ·
SQUALANE ·
LANOLIN OIL · WATER
HYDROXYPROPYL CYCLODEX-
TRIN ·
TRIMETHYLOLPROPANE TRIOCTA-
NOATE ·
TRISILOXANE ·
TOCOPHEROL ·

化粧品安全衛生之辨識評審表

<table>
<tr><td colspan="4">化粧品安全衛生之辨識測試答案卷（總分40分）</td><td colspan="2">測試日期：　年　月　日</td></tr>
<tr><td colspan="2">題卡號碼</td><td>18</td><td>姓名</td><td>術科測試編號</td><td></td></tr>
<tr><td colspan="6">測試時間：4分鐘</td></tr>
<tr><td colspan="6">說 明：由應檢人依據化粧品外包裝題卡，以書面勾選填答下列內容，作答完畢後，交由監評人員評定，標示不全或錯誤，均視同未標示（未依分發題卡填寫正確題卡號碼者，本答案卷以0分計）。</td></tr>
<tr><td colspan="6">（一）本化粧品標示內容（33分）</td></tr>
<tr><td colspan="4">項目及配分</td><td>有標示</td><td>未標示</td></tr>
<tr><td>1.</td><td colspan="3">中文品名（3分）</td><td>☐</td><td>☑</td></tr>
<tr><td>2.</td><td colspan="3">用途（3分）</td><td>☑有標示
且未涉及誇大療效</td><td>☐未標示，
或有標示且涉及誇大療效</td></tr>
<tr><td>3.</td><td colspan="3">用法（3分）</td><td>☑</td><td>☐</td></tr>
<tr><td>4.</td><td colspan="3">保存方法（3分）</td><td>☑</td><td>☐</td></tr>
<tr><td>5.</td><td colspan="3">淨重、容量或數量（3分）</td><td>☑</td><td>☐</td></tr>
<tr><td>6.</td><td colspan="3">全成分（3分）</td><td>☑</td><td>☐</td></tr>
<tr><td>7.</td><td colspan="3">特定用途之含量（3分）</td><td>☐有標示　☑免　標</td><td>☐</td></tr>
<tr><td>8.</td><td colspan="3">使用注意事項（3分）</td><td>☑</td><td>☐</td></tr>
<tr><td rowspan="7">9.</td><td rowspan="3">國產品</td><td>(1)製造業者名稱</td><td rowspan="7">（3分）本項國產品請答(1)~(3)，輸入品請答(4)~(7)，須全對才給3分</td><td>☐</td><td>☐</td></tr>
<tr><td>(2)製造業者地址</td><td>☐</td><td>☐</td></tr>
<tr><td>(3)製造業者電話</td><td>☐</td><td>☐</td></tr>
<tr><td rowspan="4">輸入品</td><td>(4)輸入業者名稱</td><td>☐</td><td>☑</td></tr>
<tr><td>(5)輸入業者地址</td><td>☐</td><td>☑</td></tr>
<tr><td>(6)輸入業者電話</td><td>☐</td><td>☑</td></tr>
<tr><td>(7)原產地（國）</td><td>☑</td><td>☐</td></tr>
<tr><td>10.</td><td colspan="3">製造日期及有效期間，或製造日期及保存期限，或有效期間及保存期限（3分）</td><td>☐有標示且未過期</td><td>☑未標示，
或標示不完全或已過期</td></tr>
<tr><td>11.</td><td colspan="3">批號（3分）</td><td>☐</td><td>☑</td></tr>
<tr><td colspan="6">（二）上述11項判定本化粧品是否合格（7分）
（若上述1.~11.項有任何一項答錯則本項不給分）</td></tr>
<tr><td colspan="4">本化粧品判定結果</td><td>☐合格</td><td>☑不合格</td></tr>
<tr><td colspan="2">得　分</td><td colspan="4"></td></tr>
<tr><td colspan="2">監評人員簽名</td><td colspan="4">（請勿於測試結束前先行簽名）</td></tr>
</table>

辦理單位章戳：

題卡號碼：19

淥綠
草本清新沐浴乳
容量：300ml

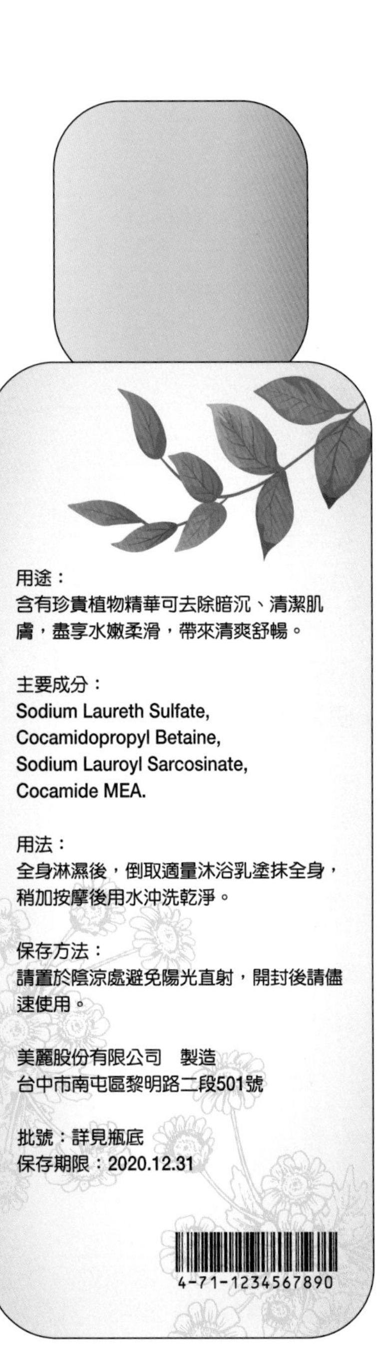
用途：
含有珍貴植物精華可去除暗沉、清潔肌膚，盡享水嫩柔滑，帶來清爽舒暢。
主要成分：
Sodium Laureth Sulfate,
Cocamidopropyl Betaine,
Sodium Lauroyl Sarcosinate,
Cocamide MEA.
用法：
全身淋濕後，倒取適量沐浴乳塗抹全身，稍加按摩後用水沖洗乾淨。
保存方法：
請置於陰涼處避免陽光直射，開封後請儘速使用。
美麗股份有限公司　製造
台中市南屯區黎明路二段501號
批號：詳見瓶底
保存期限：2020.12.31
4-71-1234567890

化粧品安全衛生之辨識評審表

<table>
<tr><td colspan="5">化粧品安全衛生之辨識測試答案卷（總分40分）</td><td colspan="2">測試日期： 年 月 日</td></tr>
<tr><td colspan="2">題卡號碼</td><td>19</td><td>姓名</td><td></td><td>術科測試編號</td><td></td></tr>
<tr><td colspan="7">測試時間：4分鐘</td></tr>
<tr><td colspan="7">說 明：由應檢人依據化粧品外包裝題卡，以書面勾選填答下列內容，作答完畢後，交由監評人員評定，標示不全或錯誤，均視同未標示（未依分發題卡填寫正確題卡號碼者，本答案卷以0分計）。</td></tr>
<tr><td colspan="7">（一）本化粧品標示內容（33分）</td></tr>
<tr><td colspan="4">項目及配分</td><td>有標示</td><td colspan="2">未標示</td></tr>
<tr><td>1.</td><td colspan="3">中文品名（3分）</td><td>☑</td><td colspan="2">☐</td></tr>
<tr><td>2.</td><td colspan="3">用途（3分）</td><td>☑有標示
且未涉及誇大療效</td><td colspan="2">☐未標示，
或有標示且涉及誇大療效</td></tr>
<tr><td>3.</td><td colspan="3">用法（3分）</td><td>☑</td><td colspan="2">☐</td></tr>
<tr><td>4.</td><td colspan="3">保存方法（3分）</td><td>☑</td><td colspan="2">☐</td></tr>
<tr><td>5.</td><td colspan="3">淨重、容量或數量（3分）</td><td>☑</td><td colspan="2">☐</td></tr>
<tr><td>6.</td><td colspan="3">全成分（3分）</td><td>☐</td><td colspan="2">☑</td></tr>
<tr><td>7.</td><td colspan="3">特定用途之含量（3分）</td><td>☐有標示 ☑免 標</td><td colspan="2">☐</td></tr>
<tr><td>8.</td><td colspan="3">使用注意事項（3分）</td><td>☐</td><td colspan="2">☑</td></tr>
<tr><td rowspan="7">9.</td><td rowspan="3">國產品</td><td>(1)製造業者名稱</td><td rowspan="7">（3分）本項國產品請答(1)~(3)，輸入品請答(4)~(7)，須全對才給3分</td><td>☑</td><td colspan="2">☐</td></tr>
<tr><td>(2)製造業者地址</td><td>☑</td><td colspan="2">☐</td></tr>
<tr><td>(3)製造業者電話</td><td>☐</td><td colspan="2">☑</td></tr>
<tr><td rowspan="4">輸入品</td><td>(4)輸入業者名稱</td><td>☐</td><td colspan="2">☐</td></tr>
<tr><td>(5)輸入業者地址</td><td>☐</td><td colspan="2">☐</td></tr>
<tr><td>(6)輸入業者電話</td><td>☐</td><td colspan="2">☐</td></tr>
<tr><td>(7)原產地（國）</td><td>☐</td><td colspan="2">☐</td></tr>
<tr><td>10.</td><td colspan="3">製造日期及有效期間，或製造日期及保存期限，或有效期間及保存期限（3分）</td><td>☐有標示且未過期</td><td colspan="2">☑未標示，
或標示不完全或已過期</td></tr>
<tr><td>11.</td><td colspan="3">批號（3分）</td><td>☐</td><td colspan="2">☑</td></tr>
<tr><td colspan="7">（二）上述11項判定本化粧品是否合格（7分）
（若上述1.~11.項有任何一項答錯則本項不給分）</td></tr>
<tr><td colspan="4">本化粧品判定結果</td><td>☐合格</td><td colspan="2">☑不合格</td></tr>
<tr><td colspan="2">得 分</td><td colspan="5"></td></tr>
<tr><td colspan="2">監評人員簽名</td><td colspan="5">（請勿於測試結束前先行簽名）</td></tr>
</table>

辦理單位章戳：

題卡號碼：20

品名：美麗系列－滋膚深潤化妝水

用法：洗完臉後，取適量化妝水，輕拍於臉部肌膚即可

用途：柔軟肌膚，且成分具舒緩過敏之效，並促進細胞活動。

全成分：Aqua, Dipropylene Glycol, Cyclomethicone, Glycerol, PEG-60, Butylene Glycol, Nicotinamide, KOH, EDTA, Ethyl Glucoside, Methylserine, Phenoxyethanol

保存方法：置於陰涼乾燥處，避免陽光直接照射。

批號或出廠日期：詳如外包裝標示

製造商：美麗動人有限公司

製造商住址：台中市南屯區黎明路二段501號

保存期限：2023/12/31

化粧品安全衛生之辨識評審表

<table>
<tr><td colspan="4">化粧品安全衛生之辨識測試答案卷（總分40分）</td><td colspan="2">測試日期：　年　月　日</td></tr>
<tr><td colspan="2">題卡號碼</td><td>20</td><td>姓名</td><td>術科測試編號</td><td></td></tr>
<tr><td colspan="6">測試時間：4分鐘</td></tr>
<tr><td colspan="6">說 明：由應檢人依據化粧品外包裝題卡，以書面勾選填答下列內容，作答完畢後，交由監評人員評定，標示不全或錯誤，均視同未標示（未依分發題卡填寫正確題卡號碼者，本答案卷以0分計）。</td></tr>
<tr><td colspan="6">（一）本化粧品標示內容（33分）</td></tr>
<tr><td colspan="4">項目及配分</td><td>有標示</td><td>未標示</td></tr>
<tr><td>1.</td><td colspan="3">中文品名（3分）</td><td>☑</td><td>☐</td></tr>
<tr><td>2.</td><td colspan="3">用途（3分）</td><td>☐有標示
且未涉及誇大療效</td><td>☑未標示，
或有標示且涉及誇大療效</td></tr>
<tr><td>3.</td><td colspan="3">用法（3分）</td><td>☑</td><td>☐</td></tr>
<tr><td>4.</td><td colspan="3">保存方法（3分）</td><td>☑</td><td>☐</td></tr>
<tr><td>5.</td><td colspan="3">淨重、容量或數量（3分）</td><td>☑</td><td>☐</td></tr>
<tr><td>6.</td><td colspan="3">全成分（3分）</td><td>☑</td><td>☐</td></tr>
<tr><td>7.</td><td colspan="3">特定用途之含量（3分）</td><td>☐有標示　☑免　標</td><td>☐</td></tr>
<tr><td>8.</td><td colspan="3">使用注意事項（3分）</td><td>☐</td><td>☑</td></tr>
<tr><td rowspan="7">9.</td><td rowspan="3">國產品</td><td>(1)製造業者名稱</td><td rowspan="7">（3分）
本項國產品請答(1)~(3)，輸入品請答(4)~(7)，須全對才給3分</td><td>☑</td><td>☐</td></tr>
<tr><td>(2)製造業者地址</td><td>☑</td><td>☐</td></tr>
<tr><td>(3)製造業者電話</td><td>☐</td><td>☑</td></tr>
<tr><td rowspan="4">輸入品</td><td>(4)輸入業者名稱</td><td>☐</td><td>☐</td></tr>
<tr><td>(5)輸入業者地址</td><td>☐</td><td>☐</td></tr>
<tr><td>(6)輸入業者電話</td><td>☐</td><td>☐</td></tr>
<tr><td>(7)原產地（國）</td><td>☐</td><td>☐</td></tr>
<tr><td>10.</td><td colspan="3">製造日期及有效期間，或製造日期及保存期限，或有效期間及保存期限（3分）</td><td>☐有標示且未過期</td><td>☑未標示，
或標示不完全或已過期</td></tr>
<tr><td>11.</td><td colspan="3">批號（3分）</td><td>☐</td><td>☑</td></tr>
<tr><td colspan="6">（二）上述11項判定本化粧品是否合格（7分）
（若上述1.~11.項有任何一項答錯則本項不給分）</td></tr>
<tr><td colspan="4">本化粧品判定結果</td><td>☐合格</td><td>☑不合格</td></tr>
<tr><td colspan="2">得　分</td><td colspan="4"></td></tr>
<tr><td colspan="2">監評人員簽名</td><td colspan="4">（請勿於測試結束前先行簽名）</td></tr>
</table>

辦理單位章戳：

題卡號碼：21

美麗 Beauty
保濕護手霜
容量：80ml

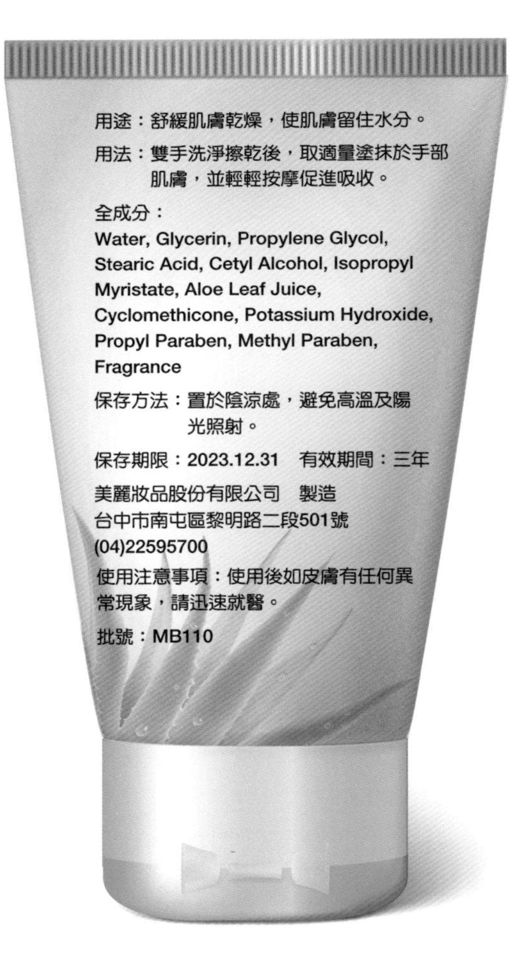
用途：舒緩肌膚乾燥，使肌膚留住水分。
用法：雙手洗淨擦乾後，取適量塗抹於手部肌膚，並輕輕按摩促進吸收。
全成分：
Water, Glycerin, Propylene Glycol, Stearic Acid, Cetyl Alcohol, Isopropyl Myristate, Aloe Leaf Juice, Cyclomethicone, Potassium Hydroxide, Propyl Paraben, Methyl Paraben, Fragrance
保存方法：置於陰涼處，避免高溫及陽光照射。
保存期限：2023.12.31　有效期間：三年
美麗妝品股份有限公司　製造
台中市南屯區黎明路二段501號
(04)22595700
使用注意事項：使用後如皮膚有任何異常現象，請迅速就醫。
批號：MB110

化粧品安全衛生之辨識評審表

<table>
<tr><td colspan="4">化粧品安全衛生之辨識測試答案卷（總分40分）</td><td colspan="2">測試日期：　年　月　日</td></tr>
<tr><td colspan="2">題卡號碼</td><td>21</td><td>姓名</td><td>術科測試編號</td><td></td></tr>
<tr><td colspan="6">測試時間：4分鐘</td></tr>
<tr><td colspan="6">說 明：由應檢人依據化粧品外包裝題卡，以書面勾選填答下列內容，作答完畢後，交由監評人員評定，標示不全或錯誤，均視同未標示（未依分發題卡填寫正確題卡號碼者，本答案卷以0分計）。</td></tr>
<tr><td colspan="6">（一）本化粧品標示內容（33分）</td></tr>
<tr><td colspan="4">項目及配分</td><td>有標示</td><td>未標示</td></tr>
<tr><td>1.</td><td colspan="3">中文品名（3分）</td><td>☑</td><td>☐</td></tr>
<tr><td>2.</td><td colspan="3">用途（3分）</td><td>☑有標示
且未涉及誇大療效</td><td>☐未標示，
或有標示且涉及誇大療效</td></tr>
<tr><td>3.</td><td colspan="3">用法（3分）</td><td>☑</td><td>☐</td></tr>
<tr><td>4.</td><td colspan="3">保存方法（3分）</td><td>☑</td><td>☐</td></tr>
<tr><td>5.</td><td colspan="3">淨重、容量或數量（3分）</td><td>☑</td><td>☐</td></tr>
<tr><td>6.</td><td colspan="3">全成分（3分）</td><td>☑</td><td>☐</td></tr>
<tr><td>7.</td><td colspan="3">特定用途之含量（3分）</td><td>☐有標示　☑免　標</td><td>☐</td></tr>
<tr><td>8.</td><td colspan="3">使用注意事項（3分）</td><td>☑</td><td>☐</td></tr>
<tr><td rowspan="7">9.</td><td rowspan="3">國產品</td><td>(1)製造業者名稱</td><td rowspan="7">（3分）本項國產品請答(1)~(3)，輸入品請答(4)~(7)，須全對才給3分</td><td>☑</td><td>☐</td></tr>
<tr><td>(2)製造業者地址</td><td>☑</td><td>☐</td></tr>
<tr><td>(3)製造業者電話</td><td>☑</td><td>☐</td></tr>
<tr><td rowspan="4">輸入品</td><td>(4)輸入業者名稱</td><td>☐</td><td>☐</td></tr>
<tr><td>(5)輸入業者地址</td><td>☐</td><td>☐</td></tr>
<tr><td>(6)輸入業者電話</td><td>☐</td><td>☐</td></tr>
<tr><td>(7)原產地（國）</td><td>☐</td><td>☐</td></tr>
<tr><td>10.</td><td colspan="3">製造日期及有效期間，或製造日期及保存期限，或有效期間及保存期限（3分）</td><td>☑有標示且未過期</td><td>☐未標示，
或標示不完全或已過期</td></tr>
<tr><td>11.</td><td colspan="3">批號（3分）</td><td>☑</td><td>☐</td></tr>
<tr><td colspan="6">（二）上述11項判定本化粧品是否合格（7分）
（若上述1.~11.項有任何一項答錯則本項不給分）</td></tr>
<tr><td colspan="4">本化粧品判定結果</td><td>☑合格</td><td>☐不合格</td></tr>
<tr><td colspan="2">得　分</td><td colspan="4"></td></tr>
<tr><td colspan="2">監評人員簽名</td><td colspan="4">（請勿於測試結束前先行簽名）</td></tr>
</table>

辦理單位章戳：

題卡號碼：22

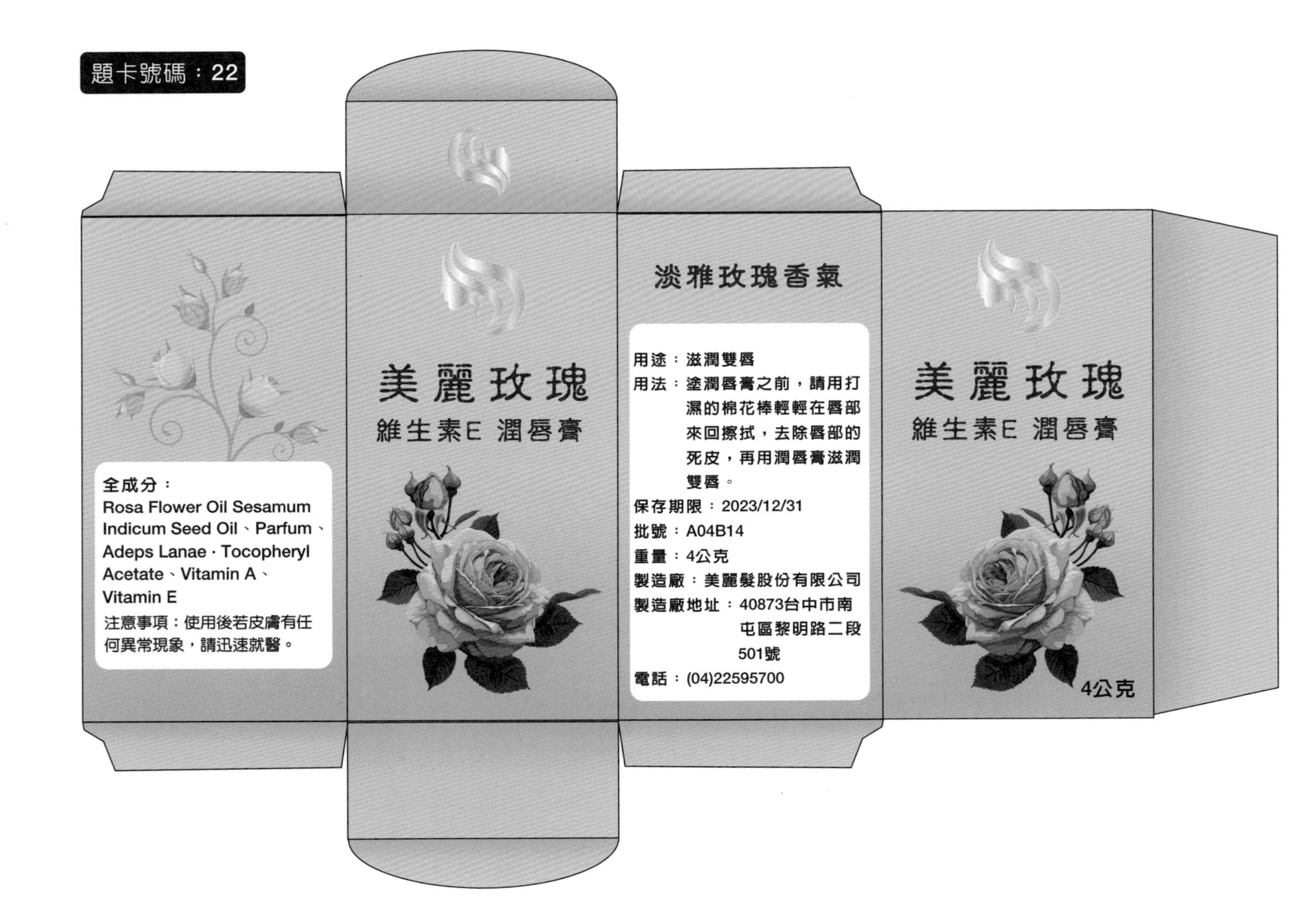
全成分：
Rosa Flower Oil Sesamum Indicum Seed Oil、Parfum、Adeps Lanae · Tocopheryl Acetate、Vitamin A、Vitamin E
注意事項：使用後若皮膚有任何異常現象，請迅速就醫。
美麗玫瑰
維生素E 潤唇膏
淡雅玫瑰香氣
用途：滋潤雙唇
用法：塗潤唇膏之前，請用打濕的棉花棒輕輕在唇部來回擦拭，去除唇部的死皮，再用潤唇膏滋潤雙唇。
保存期限：2023/12/31
批號：A04B14
重量：4公克
製造廠：美麗髮股份有限公司
製造廠地址：40873台中市南屯區黎明路二段501號
電話：(04)22595700
美麗玫瑰
維生素E 潤唇膏
4公克

化粧品安全衛生之辨識評審表

<table>
<tr><td colspan="4">化粧品安全衛生之辨識測試答案卷（總分40分）</td><td colspan="3">測試日期：　年　月　日</td></tr>
<tr><td colspan="2">題卡號碼</td><td colspan="2">22</td><td>姓名</td><td></td><td>術科測試編號</td></tr>
<tr><td colspan="7">測試時間：4分鐘</td></tr>
<tr><td colspan="7">說 明：由應檢人依據化粧品外包裝題卡，以書面勾選填答下列內容，作答完畢後，交由監評人員評定，標示不全或錯誤，均視同未標示（未依分發題卡填寫正確題卡號碼者，本答案卷以0分計）。</td></tr>
<tr><td colspan="7">（一）本化粧品標示內容（33分）</td></tr>
<tr><td colspan="5">項目及配分</td><td>有標示</td><td>未標示</td></tr>
<tr><td>1.</td><td colspan="4">中文品名（3分）</td><td>☑</td><td>☐</td></tr>
<tr><td>2.</td><td colspan="4">用途（3分）</td><td>☑有標示
且未涉及誇大療效</td><td>☐未標示，
或有標示且涉及誇大療效</td></tr>
<tr><td>3.</td><td colspan="4">用法（3分）</td><td>☑</td><td>☐</td></tr>
<tr><td>4.</td><td colspan="4">保存方法（3分）</td><td>☐</td><td>☑</td></tr>
<tr><td>5.</td><td colspan="4">淨重、容量或數量（3分）</td><td>☑</td><td>☐</td></tr>
<tr><td>6.</td><td colspan="4">全成分（3分）</td><td>☑</td><td>☐</td></tr>
<tr><td>7.</td><td colspan="4">特定用途之含量（3分）</td><td>☐有標示　☑免　標</td><td>☐</td></tr>
<tr><td>8.</td><td colspan="4">使用注意事項（3分）</td><td>☑</td><td>☐</td></tr>
<tr><td rowspan="7">9.</td><td rowspan="3">國產品</td><td colspan="2">(1)製造業者名稱</td><td rowspan="7">（3分）本項國產品請答(1)~(3)，輸入品請答(4)~(7)，須全對才給3分</td><td>☑</td><td>☐</td></tr>
<tr><td colspan="2">(2)製造業者地址</td><td>☑</td><td>☐</td></tr>
<tr><td colspan="2">(3)製造業者電話</td><td>☑</td><td>☐</td></tr>
<tr><td rowspan="4">輸入品</td><td colspan="2">(4)輸入業者名稱</td><td>☐</td><td>☐</td></tr>
<tr><td colspan="2">(5)輸入業者地址</td><td>☐</td><td>☐</td></tr>
<tr><td colspan="2">(6)輸入業者電話</td><td>☐</td><td>☐</td></tr>
<tr><td colspan="2">(7)原產地（國）</td><td>☐</td><td>☐</td></tr>
<tr><td>10.</td><td colspan="4">製造日期及有效期間，或製造日期及保存期限，或有效期間及保存期限（3分）</td><td>☐有標示且未過期</td><td>☑未標示，
或標示不完全或已過期</td></tr>
<tr><td>11.</td><td colspan="4">批號（3分）</td><td>☑</td><td>☐</td></tr>
<tr><td colspan="7">（二）上述11項判定本化粧品是否合格（7分）
（若上述1.~11.項有任何一項答錯則本項不給分）</td></tr>
<tr><td colspan="5">本化粧品判定結果</td><td>☐合格</td><td>☑不合格</td></tr>
<tr><td colspan="2">得　分</td><td colspan="5"></td></tr>
<tr><td colspan="2">監評人員簽名</td><td colspan="5">（請勿於測試結束前先行簽名）</td></tr>
</table>

辦理單位章戳：

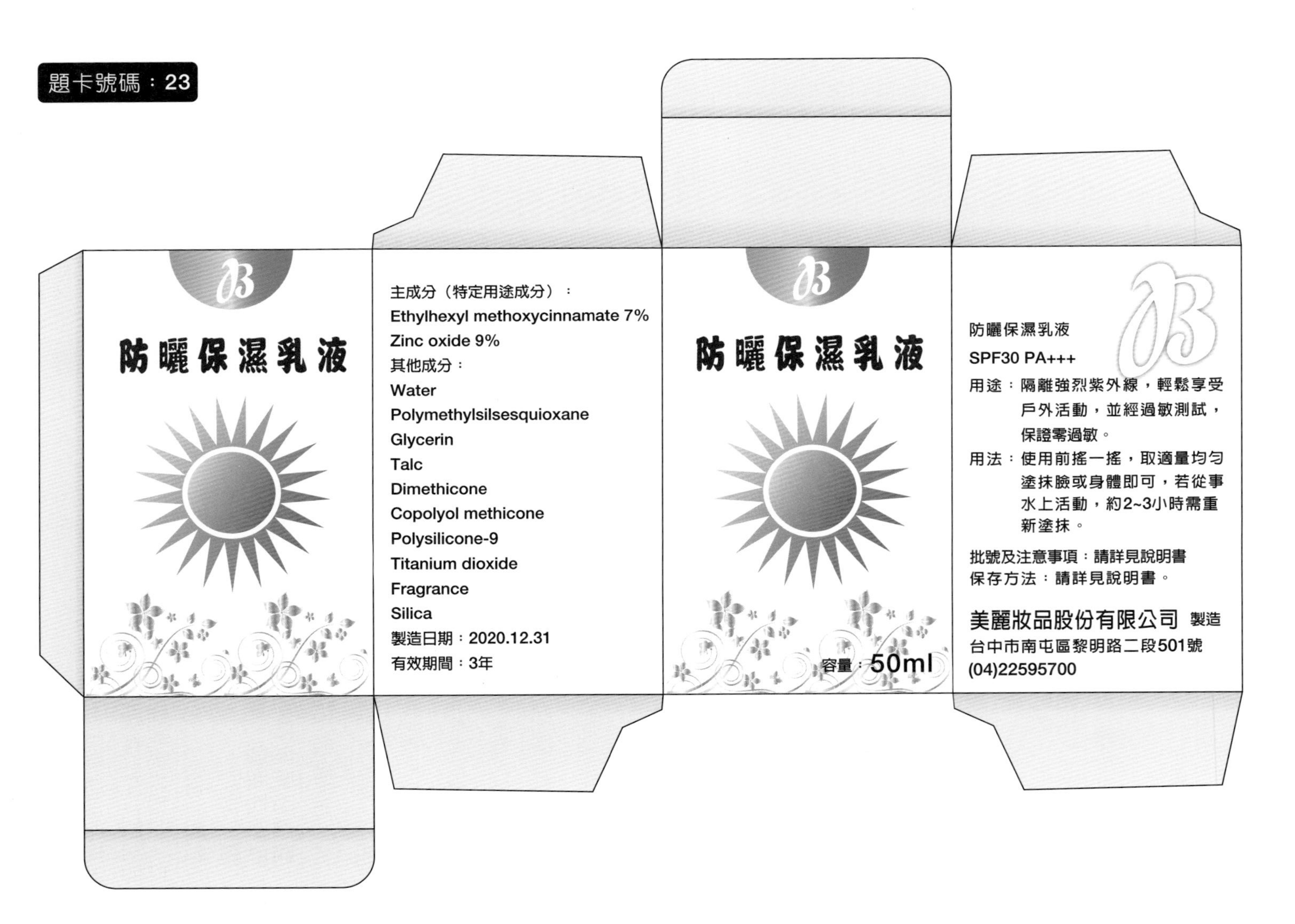
題卡號碼：23
防曬保濕乳液
主成分（特定用途成分）：
Ethylhexyl methoxycinnamate 7%
Zinc oxide 9%
其他成分：
Water
Polymethylsilsesquioxane
Glycerin
Talc
Dimethicone
Copolyol methicone
Polysilicone-9
Titanium dioxide
Fragrance
Silica
製造日期：2020.12.31
有效期間：3年
防曬保濕乳液
容量：50ml
防曬保濕乳液
SPF30 PA+++
用途：隔離強烈紫外線，輕鬆享受戶外活動，並經過敏測試，保證零過敏。
用法：使用前搖一搖，取適量均勻塗抹臉或身體即可，若從事水上活動，約2~3小時需重新塗抹。
批號及注意事項：請詳見說明書
保存方法：請詳見說明書。
美麗妝品股份有限公司 製造
台中市南屯區黎明路二段501號
(04)22595700

化粧品安全衛生之辨識評審表

<table>
<tr><td colspan="4">化粧品安全衛生之辨識測試答案卷（總分40分）</td><td colspan="2">測試日期：　年　月　日</td></tr>
<tr><td colspan="2">題卡號碼</td><td colspan="2">23</td><td>姓名</td><td>術科測試編號</td></tr>
<tr><td colspan="6">測試時間：4分鐘</td></tr>
<tr><td colspan="6">說 明：由應檢人依據化粧品外包裝題卡，以書面勾選填答下列內容，作答完畢後，交由監評人員評定，標示不全或錯誤，均視同未標示（未依分發題卡填寫正確題卡號碼者，本答案卷以0分計）。</td></tr>
<tr><td colspan="6">（一）本化粧品標示內容（33分）</td></tr>
<tr><td colspan="4">項目及配分</td><td>有標示</td><td>未標示</td></tr>
<tr><td>1.</td><td colspan="3">中文品名（3分）</td><td>☑</td><td>☐</td></tr>
<tr><td>2.</td><td colspan="3">用途（3分）</td><td>☐有標示
且未涉及誇大療效</td><td>☑未標示，
或有標示且涉及誇大療效</td></tr>
<tr><td>3.</td><td colspan="3">用法（3分）</td><td>☑</td><td>☐</td></tr>
<tr><td>4.</td><td colspan="3">保存方法（3分）</td><td>☐</td><td>☑</td></tr>
<tr><td>5.</td><td colspan="3">淨重、容量或數量（3分）</td><td>☑</td><td>☐</td></tr>
<tr><td>6.</td><td colspan="3">全成分（3分）</td><td>☑</td><td>☐</td></tr>
<tr><td>7.</td><td colspan="3">特定用途之含量（3分）</td><td>☑有標示　☐免　標</td><td>☐</td></tr>
<tr><td>8.</td><td colspan="3">使用注意事項（3分）</td><td>☐</td><td>☑</td></tr>
<tr><td rowspan="7">9.</td><td rowspan="3">國產品</td><td>(1)製造業者名稱</td><td rowspan="7">（3分）
本項國產品請答(1)~(3)，輸入品請答(4)~(7)，須全對才給3分</td><td>☑</td><td>☐</td></tr>
<tr><td>(2)製造業者地址</td><td>☑</td><td>☐</td></tr>
<tr><td>(3)製造業者電話</td><td>☑</td><td>☐</td></tr>
<tr><td rowspan="4">輸入品</td><td>(4)輸入業者名稱</td><td>☐</td><td>☐</td></tr>
<tr><td>(5)輸入業者地址</td><td>☐</td><td>☐</td></tr>
<tr><td>(6)輸入業者電話</td><td>☐</td><td>☐</td></tr>
<tr><td>(7)原產地（國）</td><td>☐</td><td>☐</td></tr>
<tr><td>10.</td><td colspan="3">製造日期及有效期間，或製造日期及保存期限，或有效期間及保存期限（3分）</td><td>☑有標示且未過期</td><td>☐未標示，
或標示不完全或已過期</td></tr>
<tr><td>11.</td><td colspan="3">批號（3分）</td><td>☐</td><td>☑</td></tr>
<tr><td colspan="6">（二）上述11項判定本化粧品是否合格（7分）
（若上述1.~11.項有任何一項答錯則本項不給分）</td></tr>
<tr><td colspan="4">本化粧品判定結果</td><td>☐合格</td><td>☑不合格</td></tr>
<tr><td colspan="2">得　分</td><td colspan="4"></td></tr>
<tr><td colspan="2">監評人員簽名</td><td colspan="4">（請勿於測試結束前先行簽名）</td></tr>
</table>

辦理單位章戳：

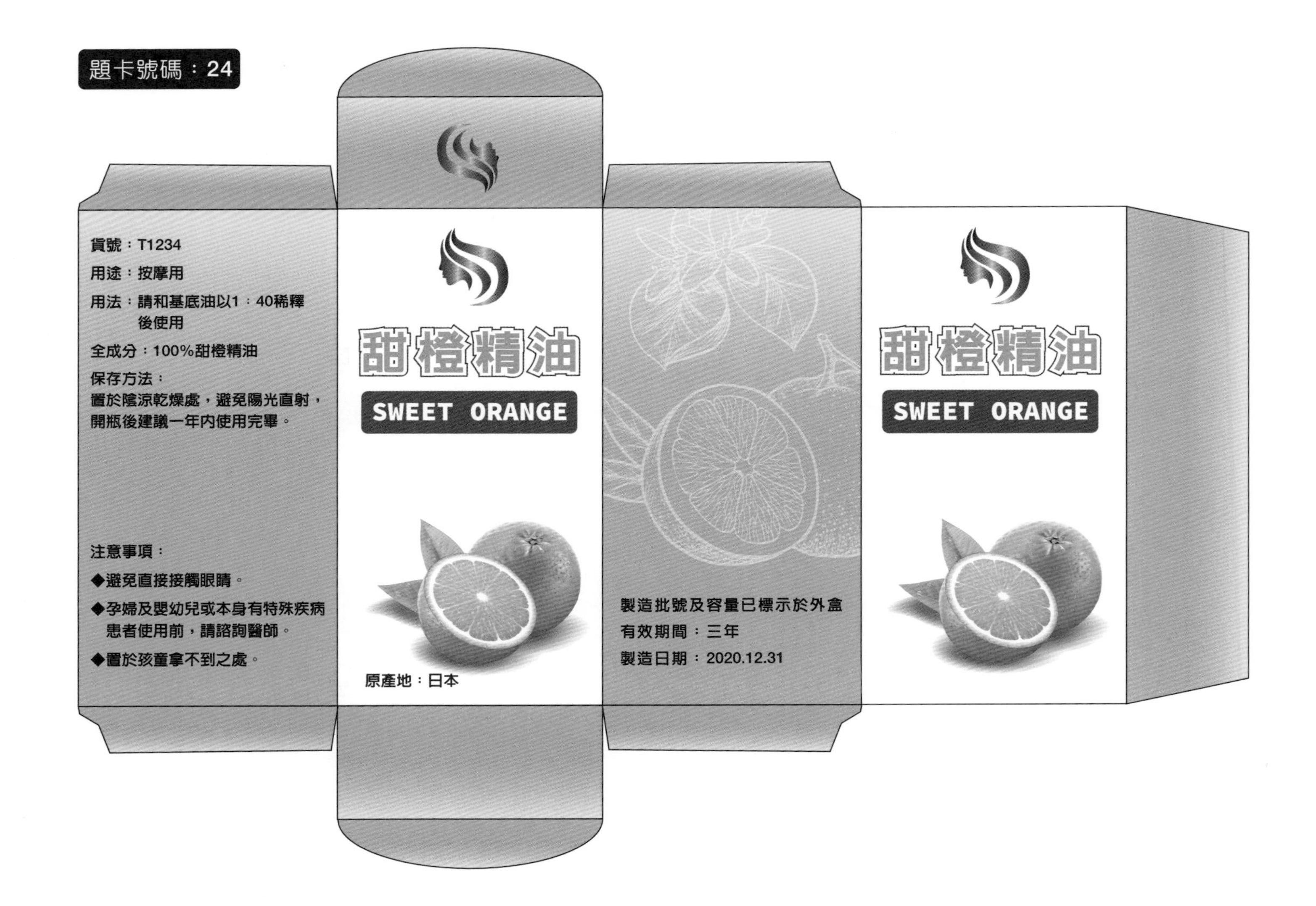
題卡號碼：24
貨號：T1234
用途：按摩用
用法：請和基底油以1：40稀釋後使用
全成分：100%甜橙精油
保存方法：
置於陰涼乾燥處，避免陽光直射，開瓶後建議一年內使用完畢。
注意事項：
◆避免直接接觸眼睛。
◆孕婦及嬰幼兒或本身有特殊疾病患者使用前，請諮詢醫師。
◆置於孩童拿不到之處。
甜橙精油
SWEET ORANGE
原產地：日本
製造批號及容量已標示於外盒
有效期間：三年
製造日期：2020.12.31
甜橙精油
SWEET ORANGE

化粧品安全衛生之辨識評審表

<table>
<tr><td colspan="5">化粧品安全衛生之辨識測試答案卷（總分40分）　測試日期：　年　月　日</td></tr>
<tr><td colspan="2">題卡號碼</td><td>24</td><td>姓名</td><td>術科測試編號</td></tr>
<tr><td colspan="5">測試時間：4分鐘</td></tr>
<tr><td colspan="5">說 明：由應檢人依據化粧品外包裝題卡，以書面勾選填答下列內容，作答完畢後，交由監評人員評定，標示不全或錯誤，均視同未標示（未依分發題卡填寫正確題卡號碼者，本答案卷以0分計）。</td></tr>
<tr><td colspan="5">（一）本化粧品標示內容（33分）</td></tr>
<tr><td colspan="3">項目及配分</td><td>有標示</td><td>未標示</td></tr>
<tr><td>1.</td><td colspan="2">中文品名（3分）</td><td>☑</td><td>☐</td></tr>
<tr><td>2.</td><td colspan="2">用途（3分）</td><td>☑有標示
且未涉及誇大療效</td><td>☐未標示，
或有標示且涉及誇大療效</td></tr>
<tr><td>3.</td><td colspan="2">用法（3分）</td><td>☑</td><td>☐</td></tr>
<tr><td>4.</td><td colspan="2">保存方法（3分）</td><td>☑</td><td>☐</td></tr>
<tr><td>5.</td><td colspan="2">淨重、容量或數量（3分）</td><td>☐</td><td>☑</td></tr>
<tr><td>6.</td><td colspan="2">全成分（3分）</td><td>☑</td><td>☐</td></tr>
<tr><td>7.</td><td colspan="2">特定用途之含量（3分）</td><td>☐有標示　☑免　標</td><td>☐</td></tr>
<tr><td>8.</td><td colspan="2">使用注意事項（3分）</td><td>☑</td><td>☐</td></tr>
<tr><td rowspan="7">9.</td><td>國產品 (1)製造業者名稱</td><td rowspan="7">（3分）本項國產品請答(1)~(3)，輸入品請答(4)~(7)，須全對才給3分</td><td>☐</td><td>☐</td></tr>
<tr><td>國產品 (2)製造業者地址</td><td>☐</td><td>☐</td></tr>
<tr><td>國產品 (3)製造業者電話</td><td>☐</td><td>☐</td></tr>
<tr><td>輸入品 (4)輸入業者名稱</td><td>☐</td><td>☑</td></tr>
<tr><td>輸入品 (5)輸入業者地址</td><td>☐</td><td>☑</td></tr>
<tr><td>輸入品 (6)輸入業者電話</td><td>☐</td><td>☑</td></tr>
<tr><td>輸入品 (7)原產地（國）</td><td>☑</td><td>☐</td></tr>
<tr><td>10.</td><td colspan="2">製造日期及有效期間，或製造日期及保存期限，或有效期間及保存期限（3分）</td><td>☑有標示且未過期</td><td>☐未標示，
或標示不完全或已過期</td></tr>
<tr><td>11.</td><td colspan="2">批號（3分）</td><td>☐</td><td>☑</td></tr>
<tr><td colspan="5">（二）上述11項判定本化粧品是否合格（7分）
（若上述1.~11.項有任何一項答錯則本項不給分）</td></tr>
<tr><td colspan="3">本化粧品判定結果</td><td>☐合格</td><td>☑不合格</td></tr>
<tr><td colspan="2">得　分</td><td colspan="3"></td></tr>
<tr><td colspan="2">監評人員簽名</td><td colspan="3">（請勿於測試結束前先行簽名）</td></tr>
</table>

辦理單位章戳：

題卡號碼：25

濼緣
草本清新沐浴乳
容量：1000ml

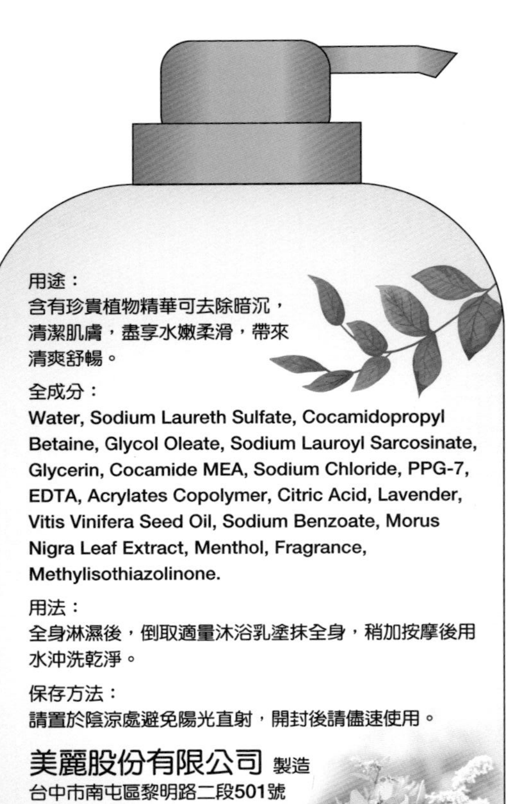
用途：
含有珍貴植物精華可去除暗沉，
清潔肌膚，盡享水嫩柔滑，帶來
清爽舒暢。
全成分：
Water, Sodium Laureth Sulfate, Cocamidopropyl
Betaine, Glycol Oleate, Sodium Lauroyl Sarcosinate,
Glycerin, Cocamide MEA, Sodium Chloride, PPG-7,
EDTA, Acrylates Copolymer, Citric Acid, Lavender,
Vitis Vinifera Seed Oil, Sodium Benzoate, Morus
Nigra Leaf Extract, Menthol, Fragrance,
Methylisothiazolinone.
用法：
全身淋濕後，倒取適量沐浴乳塗抹全身，稍加按摩後用
水沖洗乾淨。
保存方法：
請置於陰涼處避免陽光直射，開封後請儘速使用。
美麗股份有限公司 製造
台中市南屯區黎明路二段501號
批號：詳見瓶底
有效期間：三年
4-71-1234567890

化粧品安全衛生之辨識評審表

<table>
<tr><td colspan="6">化粧品安全衛生之辨識測試答案卷（總分40分）　　　測試日期：　年　月　日</td></tr>
<tr><td colspan="3">題卡號碼　25</td><td>姓名</td><td colspan="2">術科測試編號</td></tr>
<tr><td colspan="6">測試時間：4分鐘</td></tr>
<tr><td colspan="6">說 明：由應檢人依據化粧品外包裝題卡，以書面勾選填答下列內容，作答完畢後，交由監評人員評定，標示不全或錯誤，均視同未標示（未依分發題卡填寫正確題卡號碼者，本答案卷以0分計）。</td></tr>
<tr><td colspan="6">（一）本化粧品標示內容（33分）</td></tr>
<tr><td colspan="4">項目及配分</td><td>有標示</td><td>未標示</td></tr>
<tr><td>1.</td><td colspan="3">中文品名（3分）</td><td>☑</td><td>☐</td></tr>
<tr><td>2.</td><td colspan="3">用途（3分）</td><td>☑有標示
且未涉及誇大療效</td><td>☐未標示，
或有標示且涉及誇大療效</td></tr>
<tr><td>3.</td><td colspan="3">用法（3分）</td><td>☑</td><td>☐</td></tr>
<tr><td>4.</td><td colspan="3">保存方法（3分）</td><td>☑</td><td>☐</td></tr>
<tr><td>5.</td><td colspan="3">淨重、容量或數量（3分）</td><td>☑</td><td>☐</td></tr>
<tr><td>6.</td><td colspan="3">全成分（3分）</td><td>☑</td><td>☐</td></tr>
<tr><td>7.</td><td colspan="3">特定用途之含量（3分）</td><td>☐有標示　☑免　標</td><td>☐</td></tr>
<tr><td>8.</td><td colspan="3">使用注意事項（3分）</td><td>☐</td><td>☑</td></tr>
<tr><td rowspan="7">9.</td><td rowspan="3">國產品</td><td>(1)製造業者名稱</td><td rowspan="7">（3分）本項國產品請答(1)~(3)，輸入品請答(4)~(7)，須全對才給3分</td><td>☑</td><td>☐</td></tr>
<tr><td>(2)製造業者地址</td><td>☑</td><td>☐</td></tr>
<tr><td>(3)製造業者電話</td><td>☐</td><td>☑</td></tr>
<tr><td rowspan="4">輸入品</td><td>(4)輸入業者名稱</td><td>☐</td><td>☐</td></tr>
<tr><td>(5)輸入業者地址</td><td>☐</td><td>☐</td></tr>
<tr><td>(6)輸入業者電話</td><td>☐</td><td>☐</td></tr>
<tr><td>(7)原產地（國）</td><td>☐</td><td>☐</td></tr>
<tr><td>10.</td><td colspan="3">製造日期及有效期間，或製造日期及保存期限，或有效期間及保存期限（3分）</td><td>☐有標示且未過期</td><td>☑未標示，
或標示不完全或已過期</td></tr>
<tr><td>11.</td><td colspan="3">批號（3分）</td><td>☐</td><td>☑</td></tr>
<tr><td colspan="6">（二）上述11項判定本化粧品是否合格（7分）
（若上述1.~11.項有任何一項答錯則本項不給分）</td></tr>
<tr><td colspan="4">本化粧品判定結果</td><td>☐合格</td><td>☑不合格</td></tr>
<tr><td colspan="2">得　分</td><td colspan="4"></td></tr>
<tr><td colspan="2">監評人員簽名</td><td colspan="4">（請勿於測試結束前先行簽名）</td></tr>
</table>

辦理單位章戳：

題卡號碼：26

用法：沐浴時將香皂沾濕，直接塗抹於身體後，再以清水清洗即可
用途：清潔皮膚
成分：Sodium palmate, Sodium palm kernelate, Aqua, Glycerine, Sodium chloride, Tetrasodium EDTA, Tetrasodium etidronate, Parfum
淨重：30公克
保存方法：置於陰涼乾燥處，避免陽光直接照射。
保存期限：2020.12.31
批號或出廠日期：詳如包裝標示
製造商：美麗動人有限公司
製造商住址：台中市南屯區黎明路二段501號

化粧品安全衛生之辨識評審表

<table>
<tr><td colspan="4">化粧品安全衛生之辨識測試答案卷（總分40分）</td><td colspan="2">測試日期：　年　月　日</td></tr>
<tr><td colspan="2">題卡號碼</td><td>26</td><td>姓名</td><td colspan="2">術科測試編號</td></tr>
<tr><td colspan="6">測試時間：4分鐘</td></tr>
<tr><td colspan="6">說 明：由應檢人依據化粧品外包裝題卡，以書面勾選填答下列內容，作答完畢後，交由監評人員評定，標示不全或錯誤，均視同未標示（未依分發題卡填寫正確題卡號碼者，本答案卷以0分計）。</td></tr>
<tr><td colspan="6">（一）本化粧品標示內容（33分）</td></tr>
<tr><td colspan="4">項目及配分</td><td>有標示</td><td>未標示</td></tr>
<tr><td>1.</td><td colspan="3">中文品名（3分）</td><td>☐</td><td>☑</td></tr>
<tr><td>2.</td><td colspan="3">用途（3分）</td><td>☑有標示
且未涉及誇大療效</td><td>☐未標示，
或有標示且涉及誇大療效</td></tr>
<tr><td>3.</td><td colspan="3">用法（3分）</td><td>☑</td><td>☐</td></tr>
<tr><td>4.</td><td colspan="3">保存方法（3分）</td><td>☑</td><td>☐</td></tr>
<tr><td>5.</td><td colspan="3">淨重、容量或數量（3分）</td><td>☑</td><td>☐</td></tr>
<tr><td>6.</td><td colspan="3">全成分（3分）</td><td>☑</td><td>☐</td></tr>
<tr><td>7.</td><td colspan="3">特定用途之含量（3分）</td><td>☐有標示　☑免　標</td><td>☐</td></tr>
<tr><td>8.</td><td colspan="3">使用注意事項（3分）</td><td>☐</td><td>☑</td></tr>
<tr><td rowspan="7">9.</td><td rowspan="3">國產品</td><td>(1)製造業者名稱</td><td rowspan="7">（3分）本項國產品請答(1)~(3)，輸入品請答(4)~(7)，須全對才給3分</td><td>☑</td><td>☐</td></tr>
<tr><td>(2)製造業者地址</td><td>☑</td><td>☐</td></tr>
<tr><td>(3)製造業者電話</td><td>☐</td><td>☑</td></tr>
<tr><td rowspan="4">輸入品</td><td>(4)輸入業者名稱</td><td>☐</td><td>☐</td></tr>
<tr><td>(5)輸入業者地址</td><td>☐</td><td>☐</td></tr>
<tr><td>(6)輸入業者電話</td><td>☐</td><td>☐</td></tr>
<tr><td>(7)原產地（國）</td><td>☐</td><td>☐</td></tr>
<tr><td>10.</td><td colspan="3">製造日期及有效期間，或製造日期及保存期限，或有效期間及保存期限（3分）</td><td>☐有標示且未過期</td><td>☑未標示，
或標示不完全或已過期</td></tr>
<tr><td>11.</td><td colspan="3">批號（3分）</td><td>☐</td><td>☑</td></tr>
<tr><td colspan="6">（二）上述11項判定本化粧品是否合格（7分）
（若上述1.~11.項有任何一項答錯則本項不給分）</td></tr>
<tr><td colspan="4">本化粧品判定結果</td><td>☐合格</td><td>☑不合格</td></tr>
<tr><td colspan="2">得　分</td><td colspan="4"></td></tr>
<tr><td colspan="2">監評人員簽名</td><td colspan="4">（請勿於測試結束前先行簽名）</td></tr>
</table>

辦理單位章戳：

題卡號碼：27

Beauty
Deep
Cleansing Oil
美麗
深層淨顏卸妝油
容量：150ml

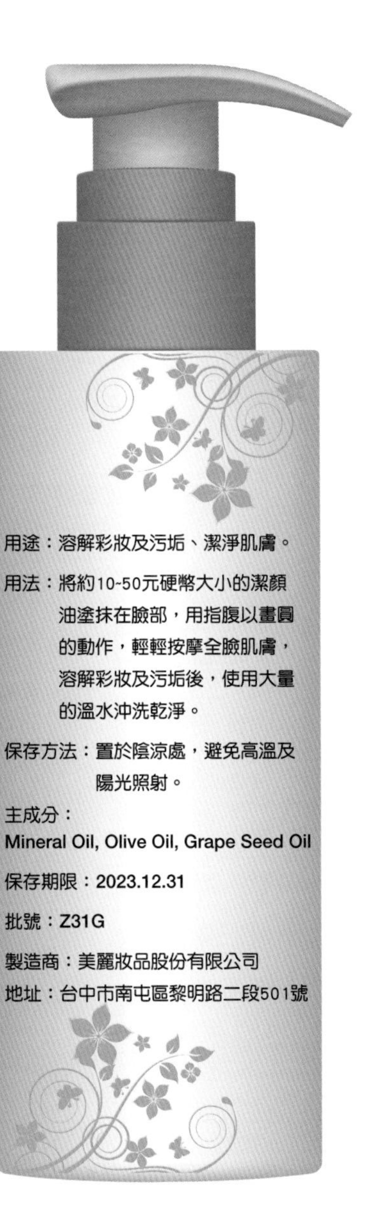
用途：溶解彩妝及污垢、潔淨肌膚。
用法：將約10-50元硬幣大小的潔顏油塗抹在臉部，用指腹以畫圓的動作，輕輕按摩全臉肌膚，溶解彩妝及污垢後，使用大量的溫水沖洗乾淨。
保存方法：置於陰涼處，避免高溫及陽光照射。
主成分：
Mineral Oil, Olive Oil, Grape Seed Oil
保存期限：2023.12.31
批號：Z31G
製造商：美麗妝品股份有限公司
地址：台中市南屯區黎明路二段501號

化粧品安全衛生之辨識評審表

<table>
<tr><td colspan="5">化粧品安全衛生之辨識測試答案卷（總分40分）</td><td colspan="2">測試日期：　年　月　日</td></tr>
<tr><td colspan="2">題卡號碼</td><td>27</td><td>姓名</td><td></td><td>術科測試編號</td><td></td></tr>
<tr><td colspan="7">測試時間：4分鐘</td></tr>
<tr><td colspan="7">說 明：由應檢人依據化粧品外包裝題卡，以書面勾選填答下列內容，作答完畢後，交由監評人員評定，標示不全或錯誤，均視同未標示（未依分發題卡填寫正確題卡號碼者，本答案卷以0分計）。</td></tr>
<tr><td colspan="7">（一）本化粧品標示內容（33分）</td></tr>
<tr><td colspan="5">項目及配分</td><td>有標示</td><td>未標示</td></tr>
<tr><td>1.</td><td colspan="4">中文品名（3分）</td><td>☑</td><td>☐</td></tr>
<tr><td>2.</td><td colspan="4">用途（3分）</td><td>☑有標示
且未涉及誇大療效</td><td>☐未標示，
或有標示且涉及誇大療效</td></tr>
<tr><td>3.</td><td colspan="4">用法（3分）</td><td>☑</td><td>☐</td></tr>
<tr><td>4.</td><td colspan="4">保存方法（3分）</td><td>☑</td><td>☐</td></tr>
<tr><td>5.</td><td colspan="4">淨重、容量或數量（3分）</td><td>☑</td><td>☐</td></tr>
<tr><td>6.</td><td colspan="4">全成分（3分）</td><td>☐</td><td>☑</td></tr>
<tr><td>7.</td><td colspan="4">特定用途之含量（3分）</td><td>☐有標示　☑免　標</td><td>☐</td></tr>
<tr><td>8.</td><td colspan="4">使用注意事項（3分）</td><td>☐</td><td>☑</td></tr>
<tr><td rowspan="7">9.</td><td rowspan="3">國產品</td><td colspan="2">(1)製造業者名稱</td><td rowspan="7">（3分）本項國產品請答(1)~(3)，輸入品請答(4)~(7)，須全對才給3分</td><td>☑</td><td>☐</td></tr>
<tr><td colspan="2">(2)製造業者地址</td><td>☑</td><td>☐</td></tr>
<tr><td colspan="2">(3)製造業者電話</td><td>☐</td><td>☑</td></tr>
<tr><td rowspan="4">輸入品</td><td colspan="2">(4)輸入業者名稱</td><td>☐</td><td>☐</td></tr>
<tr><td colspan="2">(5)輸入業者地址</td><td>☐</td><td>☐</td></tr>
<tr><td colspan="2">(6)輸入業者電話</td><td>☐</td><td>☐</td></tr>
<tr><td colspan="2">(7)原產地（國）</td><td>☐</td><td>☐</td></tr>
<tr><td>10.</td><td colspan="4">製造日期及有效期間，或製造日期及保存期限，或有效期間及保存期限（3分）</td><td>☐有標示且未過期</td><td>☑未標示，
或標示不完全或已過期</td></tr>
<tr><td>11.</td><td colspan="4">批號（3分）</td><td>☑</td><td>☐</td></tr>
<tr><td colspan="7">（二）上述11項判定本化粧品是否合格（7分）
（若上述1.~11.項有任何一項答錯則本項不給分）</td></tr>
<tr><td colspan="5">本化粧品判定結果</td><td>☐合格</td><td>☑不合格</td></tr>
<tr><td colspan="2">得　分</td><td colspan="5"></td></tr>
<tr><td colspan="2">監評人員簽名</td><td colspan="5">（請勿於測試結束前先行簽名）</td></tr>
</table>

辦理單位章戳：

題卡號碼：28

產品名稱：美麗玫瑰活源活化面膜
產品用途：滋潤肌膚，改善肌膚暗沉
產品全成分：
Aqua, Bulgarian Rose Water, Rosa Flower Oil, Limonene, Butylene Glycol, Caprylyl Glycol, Parfum, Citronellol, Benzyl Alcohol
建議使用方式：
1. 清潔臉部後取適量（花生米粒大）厚敷於臉部與頸部
2. 塗抹方向：額頭→鼻子→兩頰→下巴→頸部
3. 靜待15分鐘以清水清潔洗淨
注意事項：
使用後不適請立即停用並就醫
美麗玫瑰
活源活化面膜
容量：75ml
保存方法：請勿將產品放在陽光曝曬處以免產品變質
為求產品精華成份新鮮度，請盡量於開封後半年內使用完畢。
製造日期：2020.12.30
有效期間：3年
批號：20A04B14
製造廠：美麗髮股份有限公司
電話：04-22595700
製造廠地址：40873台中市南屯區黎明路二段501號
美麗玫瑰
活源活化面膜

化粧品安全衛生之辨識評審表

<table>
<tr><td colspan="4">化粧品安全衛生之辨識測試答案卷（總分40分）</td><td colspan="2">測試日期：　年　月　日</td></tr>
<tr><td>題卡號碼</td><td colspan="2">28</td><td>姓名</td><td>術科測試編號</td><td></td></tr>
<tr><td colspan="6">測試時間：4分鐘</td></tr>
<tr><td colspan="6">說 明：由應檢人依據化粧品外包裝題卡，以書面勾選填答下列內容，作答完畢後，交由監評人員評定，標示不全或錯誤，均視同未標示（未依分發題卡填寫正確題卡號碼者，本答案卷以0分計）。</td></tr>
<tr><td colspan="6">（一）本化粧品標示內容（33分）</td></tr>
<tr><td colspan="4">項目及配分</td><td>有標示</td><td>未標示</td></tr>
<tr><td>1.</td><td colspan="3">中文品名（3分）</td><td>☑</td><td>☐</td></tr>
<tr><td>2.</td><td colspan="3">用途（3分）</td><td>☑有標示
且未涉及誇大療效</td><td>☐未標示，
或有標示且涉及誇大療效</td></tr>
<tr><td>3.</td><td colspan="3">用法（3分）</td><td>☑</td><td>☐</td></tr>
<tr><td>4.</td><td colspan="3">保存方法（3分）</td><td>☑</td><td>☐</td></tr>
<tr><td>5.</td><td colspan="3">淨重、容量或數量（3分）</td><td>☑</td><td>☐</td></tr>
<tr><td>6.</td><td colspan="3">全成分（3分）</td><td>☑</td><td>☐</td></tr>
<tr><td>7.</td><td colspan="3">特定用途之含量（3分）</td><td>☐有標示　☑免　標</td><td>☐</td></tr>
<tr><td>8.</td><td colspan="3">使用注意事項（3分）</td><td>☑</td><td>☐</td></tr>
<tr><td rowspan="7">9.</td><td rowspan="3">國產品</td><td>(1)製造業者名稱</td><td rowspan="7">（3分）本項國產品請答(1)~(3)，輸入品請答(4)~(7)，須全對才給3分</td><td>☑</td><td>☐</td></tr>
<tr><td>(2)製造業者地址</td><td>☑</td><td>☐</td></tr>
<tr><td>(3)製造業者電話</td><td>☑</td><td>☐</td></tr>
<tr><td rowspan="4">輸入品</td><td>(4)輸入業者名稱</td><td>☐</td><td>☐</td></tr>
<tr><td>(5)輸入業者地址</td><td>☐</td><td>☐</td></tr>
<tr><td>(6)輸入業者電話</td><td>☐</td><td>☐</td></tr>
<tr><td>(7)原產地（國）</td><td>☐</td><td>☐</td></tr>
<tr><td>10.</td><td colspan="3">製造日期及有效期間，或製造日期及保存期限，或有效期間及保存期限（3分）</td><td>☑有標示且未過期</td><td>☐未標示，
或標示不完全或已過期</td></tr>
<tr><td>11.</td><td colspan="3">批號（3分）</td><td>☑</td><td>☐</td></tr>
<tr><td colspan="6">（二）上述11項判定本化粧品是否合格（7分）
（若上述1.~11.項有任何一項答錯則本項不給分）</td></tr>
<tr><td colspan="4">本化粧品判定結果</td><td>☑合格</td><td>☐不合格</td></tr>
<tr><td>得　分</td><td colspan="5"></td></tr>
<tr><td>監評人員簽名</td><td colspan="5">（請勿於測試結束前先行簽名）</td></tr>
</table>

辦理單位章戳：

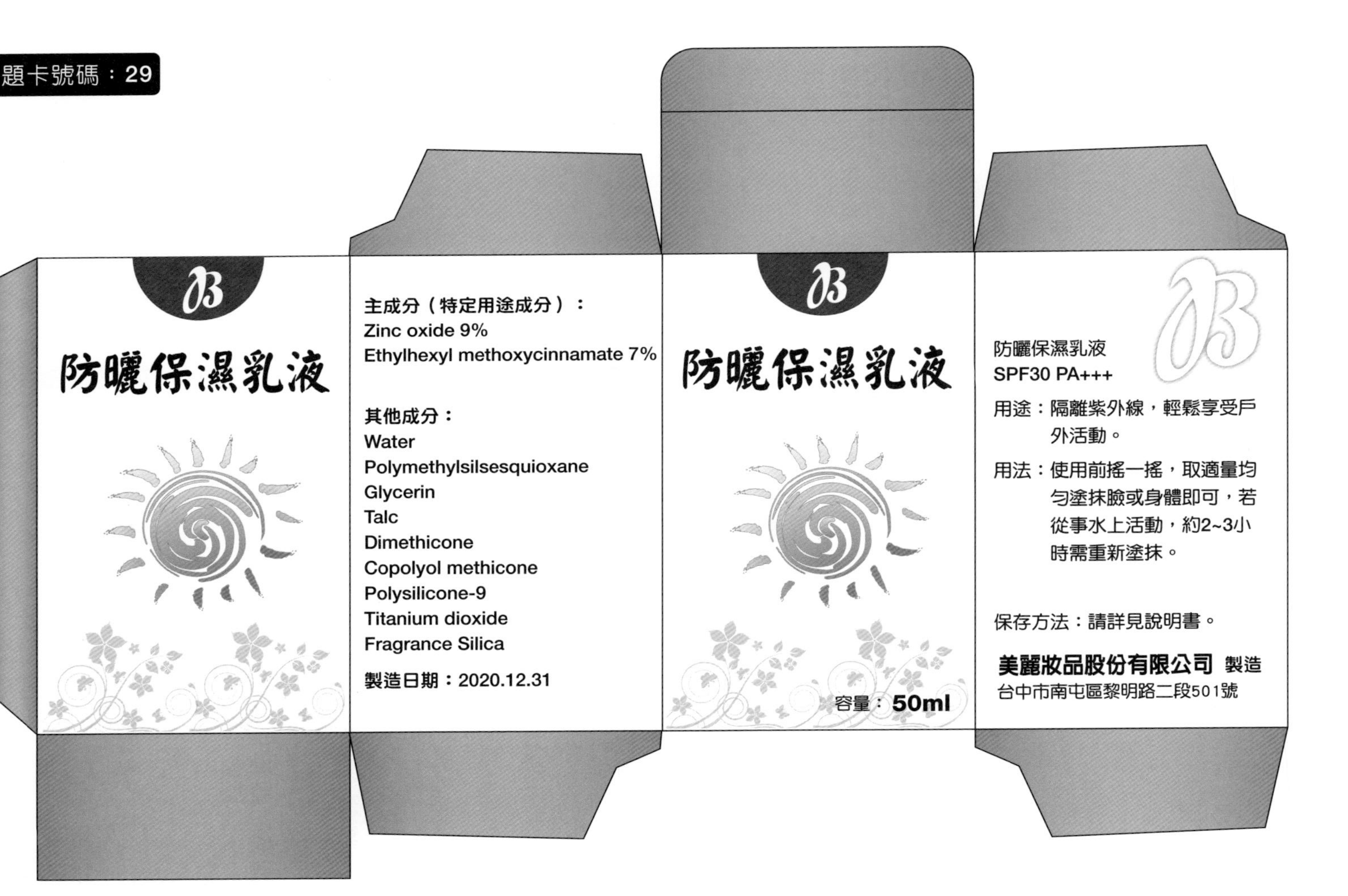
題卡號碼：29
防曬保濕乳液
主成分（特定用途成分）：
Zinc oxide 9%
Ethylhexyl methoxycinnamate 7%
其他成分：
Water
Polymethylsilsesquioxane
Glycerin
Talc
Dimethicone
Copolyol methicone
Polysilicone-9
Titanium dioxide
Fragrance Silica
製造日期：2020.12.31
防曬保濕乳液
容量：50ml
防曬保濕乳液
SPF30 PA+++
用途：隔離紫外線，輕鬆享受戶外活動。
用法：使用前搖一搖，取適量均勻塗抹臉或身體即可，若從事水上活動，約2~3小時需重新塗抹。
保存方法：請詳見說明書。
美麗妝品股份有限公司 製造
台中市南屯區黎明路二段501號

化粧品安全衛生之辨識評審表

化粧品安全衛生之辨識測試答案卷（總分40分）			測試日期：　年　月　日		
題卡號碼	*29*	姓名		術科測試編號	
測試時間：4分鐘					
說 明：由應檢人依據化粧品外包裝題卡，以書面勾選填答下列內容，作答完畢後，交由監評人員評定，標示不全或錯誤，均視同未標示（未依分發題卡填寫正確題卡號碼者，本答案卷以0分計）。					

（一）本化粧品標示內容（33分）

項目及配分				有標示	未標示
1.	中文品名（3分）			☑	☐
2.	用途（3分）			☑有標示 且未涉及誇大療效	☐未標示， 或有標示且涉及誇大療效
3.	用法（3分）			☑	☐
4.	保存方法（3分）			☐	☑
5.	淨重、容量或數量（3分）			☑	☐
6.	全成分（3分）			☑	☐
7.	特定用途之含量（3分）			☑有標示　☐免　標	☐
8.	使用注意事項（3分）			☐	☑
9.	國產品	(1)製造業者名稱	（3分）本項國產品請答(1)~(3)，輸入品請答(4)~(7)，須全對才給3分	☑	☐
		(2)製造業者地址		☑	☐
		(3)製造業者電話		☐	☑
	輸入品	(4)輸入業者名稱		☐	☐
		(5)輸入業者地址		☐	☐
		(6)輸入業者電話		☐	☐
		(7)原產地（國）		☐	☐
10.	製造日期及有效期間，或製造日期及保存期限，或有效期間及保存期限（3分）			☐有標示且未過期	☑未標示， 或標示不完全或已過期
11.	批號（3分）			☐	☑

（二）上述11項判定本化粧品是否合格（7分）
（若上述1.~11.項有任何一項答錯則本項不給分）

本化粧品判定結果	☐合格	☑不合格
得　分		
監評人員簽名	（請勿於測試結束前先行簽名）	

辦理單位章戳：

題卡號碼：30

美麗
超優精純霜
改善微血管循環、減緩肌膚老化、創造無齡美肌
使用方法：每日早晚洗臉及化粧水調理後，取出適量均勻塗抹全臉。
保存方法：請勿置於陽光直接照射處。
製造廠：Beauty Co., Ltd. 原產地（國）：日本
地址：2F., Asahiseimei Yokohama Bldg, NO.60 Nihonohdori, Naka-ku, Yokohama 231-0021, Japan
進口商：美麗動人有限公司
地址：台中市南屯區黎明路二段501號
容量：75ml
保存期限：2021.12

化粧品安全衛生之辨識評審表

化粧品安全衛生之辨識測試答案卷（總分40分）				測試日期： 年 月 日	
題卡號碼	30	姓名		術科測試編號	
測試時間：4分鐘					
說 明：由應檢人依據化粧品外包裝題卡，以書面勾選填答下列內容，作答完畢後，交由監評人員評定，標示不全或錯誤，均視同未標示（未依分發題卡填寫正確題卡號碼者，本答案卷以0分計）。					

（一）本化粧品標示內容（33分）

項目及配分				有標示	未標示
1.	中文品名（3分）			☑	□
2.	用途（3分）			□有標示 且未涉及誇大療效	☑未標示， 或有標示且涉及誇大療效
3.	用法（3分）			☑	□
4.	保存方法（3分）			☑	□
5.	淨重、容量或數量（3分）			☑	□
6.	全成分（3分）			□	☑
7.	特定用途之含量（3分）			□有標示 ☑免 標	□
8.	使用注意事項（3分）			□	☑
9.	國產品	(1)製造業者名稱	（3分）本項國產品請答(1)~(3)，輸入品請答(4)~(7)，須全對才給3分	□	□
		(2)製造業者地址		□	□
		(3)製造業者電話		□	□
	輸入品	(4)輸入業者名稱		☑	□
		(5)輸入業者地址		☑	□
		(6)輸入業者電話		□	☑
		(7)原產地（國）		☑	□
10.	製造日期及有效期間，或製造日期及保存期限，或有效期間及保存期限（3分）			□有標示且未過期	☑未標示， 或標示不完全或已過期
11.	批號（3分）			□	☑

（二）上述11項判定本化粧品是否合格（7分） （若上述1.~11.項有任何一項答錯則本項不給分）		
本化粧品判定結果	□合格	☑不合格
得 分		
監評人員簽名	（請勿於測試結束前先行簽名）	

辦理單位章戳：

3-3 消毒液與消毒方法之辨識實作解析

第二站

一、測試項目：化學物理消毒液和消毒方法之辨識（45 分）

二、測試時間：8 分鐘

三、測試說明

（一）化學消毒器材（10種）與物理消毒方法（3種），共組成30套題，由各組術科測試編號最小號之應檢人代表抽1套題應試，其餘應檢人依套題號碼順序測試（書面作答及實際操作）。

（二）應檢人依器材勾選出該器材既有適合化學消毒方法，未全部答對則本小題以0分計。

（三）應檢人依物理消毒法選出正確器材（填入評審表）進行物理消毒操作，器材選錯則本小題以0分計。

（四）化學及物理消毒之前處理、操作要領、消毒條件及後處理各單項之操作未完整，該單項以0分計。

化學消毒建議事項：

1. 酒精消毒法除毛巾以外，器具均可採用。
2. 毛巾建議以氯液消毒法。

物理消毒建議事項：

1. 除毛巾外，建議以紫外線消毒法。
2. 毛巾以蒸氣消毒法。

消毒方法操作—評審表1化學消毒法（10分）（發給監評人員）

測試項目	評審內容						編號		
							配分	姓名	
消毒方法之辨識及操作	器材＼消毒法			化學消毒法：1. 氯液消毒法	2. 陽性肥皂液消毒法	3. 酒精消毒法			
	器材與合適消毒法	金屬類	修眉刀			○			
			剪刀			○			
			挖杓			○			
			鑷子			○			
			髮夾			○			
		塑膠挖杓		○	○	○			
		含金屬塑膠髮夾				○			
		睫毛捲曲器				○			
		化粧用刷類				○			
		毛巾（白色）		○	○				
	前處理			清洗乾淨	清洗乾淨	清洗乾淨	1		
	操作要領			完全浸泡	完全浸泡	1. 金屬類用擦拭（或完全浸泡） 2. 塑膠及其他用完全浸泡	3		
	消毒條件			1. 餘氯量200ppm 2. 2 分鐘以上	1. 含0.5%陽性肥皂液 2. 20 分鐘以上	1. 75%酒精 2. 擦拭數次 3. 浸泡10 分鐘以上	4		
	後處理			1. 用水清洗 2. 瀝乾或烘乾 3. 置乾淨櫥櫃	1. 用水清洗 2. 瀝乾或烘乾 3. 置乾淨櫥櫃	1. 用水清洗（塑膠類） 2. 瀝乾 3. 置乾淨櫥櫃	2		
	合計						10		
	備註	※前處理、操作要領、消毒條件及後處理各單項之操作未完整，該單項以0分計。							

監評人員簽名：　　　　　　　　　　辦理單位章戳：

（請勿於測試結束前先行簽名）

消毒方法操作—評審表2物理消毒法（10分）（發給應檢人員）

測試項目	評審內容			物理消毒法			編號／姓名／配分				
	器材＼消毒法			1. 煮沸消毒法	2. 蒸氣消毒法	3. 紫外線消毒法					
消毒方法之辨識及操作	器材與合適消毒法	金屬類	修眉刀	○		○					
			剪刀	○		○					
			挖杓	○		○					
			鑷子	○		○					
			髮夾	○		○					
		塑膠挖杓									
		含金屬塑膠髮夾									
		睫毛捲曲器									
		化粧用刷類									
		毛巾（白色）		○	○						
	前處理			清洗乾淨	清洗乾淨	清洗乾淨	1				
	操作要領			1. 完全浸泡 2. 水量一次加足	1. 摺成弓字型直立置入 2. 切勿擁擠	1. 器材擦乾 2. 器材不可重疊 3. 刀剪類打開或拆開	4				
	消毒條件			1. 水溫100℃以上 2. 5分鐘以上	1. 蒸氣箱中心溫度達80℃以上 2. 10 分鐘以上	1. 光度強度每平方公分85微瓦特以上 2. 20 分鐘以上	4				
	後處理			1.瀝乾或烘乾 2.置乾淨櫥櫃	暫存蒸氣消毒箱	暫存紫外線消毒箱	1				
	合計						10				
	備註	※前處理、操作要領、消毒條件及後處理各單項之操作未完整，該單項以0分計。									

監評人員簽名：　　　　　　　　　　辦理單位章戳：

（請勿於測試結束前先行簽名）

消毒液與消毒方法衛生技能實作評審表

消毒液和消毒方法之辨識與操作答案卷（總分45 分）		測試日期： 年 月 日	
姓 名		術科測試編號	

測試時間：8 分鐘

說　　明：一、試場備有各種不同的美容器材及消毒設備，由應檢人當場抽出一種器材及消毒手法並進行下列程序。

二、化學及物理消毒之前處理、操作要領、消毒條件及後處理各單項之操作未完整，該單項以0分計。

一、化學消毒：（25 分）

（一）依抽籤器材寫出所有適用之化學消毒方法有哪些？（未全部答對扣15分）

答：化學消毒抽籤器材：________________

□1. 氯液消毒法 □2. 陽性肥皂液消毒法 □3. 酒精消毒法

（二）承上題請選擇一項適用化學消毒方法進行該項消毒操作（由監評人員評審，配合評審表1）（10 分）

分數：__________

二、物理消毒：（20 分）

（一）抽籤選出一種消毒方法並於下列勾選及正確找出適合該項消毒方法之器材（器材選錯扣 10 分）（10 分）

答：物理消毒方法：□1.煮沸消毒法 □2.蒸氣消毒法 □3.紫外線消毒法

應檢人請寫出所選物理消毒器材：________________

（二）應檢人依選出器材進行物理消毒操作（由監評人員評審，配合評審表2）（10 分）

分數：__________

得分	
監評人員簽名：	（請勿於測試結束前先行簽名）

辦理單位章戳：

範例　消毒液與消毒方法衛生技能實作評審表

消毒液和消毒方法之辨識與操作答案卷（總分45 分）		測試日期：　年　月　日	
姓名	王小美	術科測試編號	A001

測試時間：8 分鐘

說　　明：一、試場備有各種不同的美容器材及消毒設備，由應檢人當場抽出一種器材及消毒手法並進行下列程序。

二、化學及物理消毒之前處理、操作要領、消毒條件及後處理各單項之操作未完整，該單項以0分計。

一、化學消毒：（25 分）

（一）依抽籤器材寫出所有適用之化學消毒方法有哪些？（未全部答對扣15分）

答：化學消毒抽籤器材：金屬類剪刀

□1. 氯液消毒法 □2. 陽性肥皂液消毒法 ☑3. 酒精消毒法

（二）承上題請選擇一項適用化學消毒方法進行該項消毒操作（由監評人員評審，配合評審表1）（10 分）

分數：________

二、物理消毒：（20 分）

（一）抽籤選出一種消毒方法並於下列勾選及正確找出適合該項消毒方法之器材（器材選錯扣 10 分）（10 分）

答：物理消毒方法：□1.煮沸消毒法 ☑2.蒸氣消毒法 □3.紫外線消毒法

應檢人請寫出所選物理消毒器材：白色毛巾

（二）應檢人依選出器材進行物理消毒操作（由監評人員評審，配合評審表2）（10 分）

分數：________

得分	
監評人員簽名：	（請勿於測試結束前先行簽名）

辦理單位章戳：

化學消毒方法實作示範（須加口述）

一、酒精消毒法：適用金屬類、塑膠類器具。

Step 1

前處理：打開剪刀做清洗動作清洗乾淨

口述：清洗乾淨

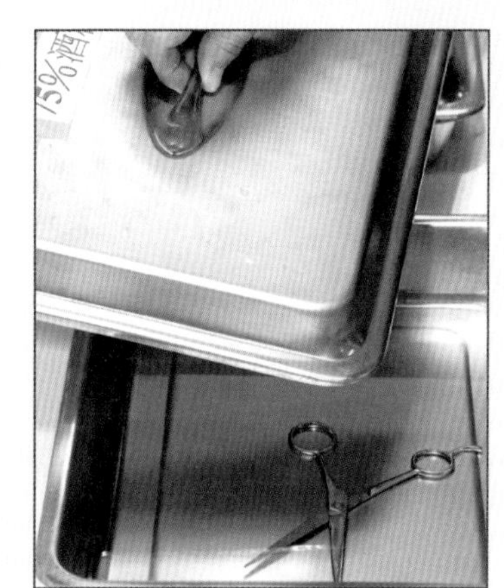

Step 2

操作要領：完全浸泡75%酒精消毒液

口述：完全浸泡

Step 3

消毒條件：置入器材後蓋上蓋子，時間10分鐘以上

口述：完全浸泡75%酒精消毒液10分鐘以上

Step 4

後處理：消毒完畢以夾子取出瀝乾

口述：取出瀝乾

Step 5

後處理：放入乾淨櫥櫃備用

口述：放進乾淨櫥櫃

Step 6

後處理：關閉櫥櫃

二、陽性肥皂液消毒法：適用各種毛巾類用品消毒。

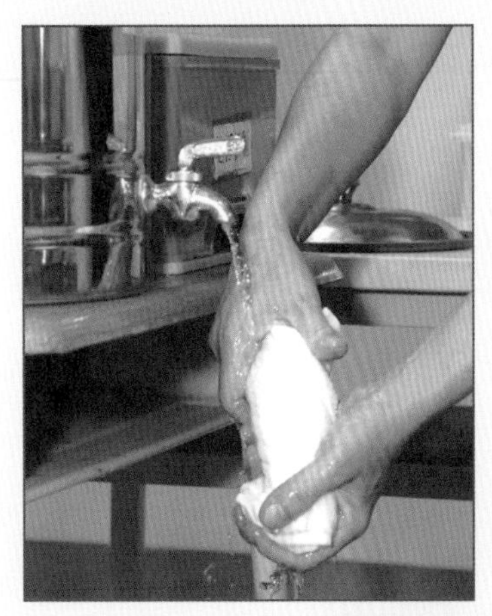

◀ *Step 1*

前處理：做清洗乾淨之動作並擰乾

口述：清洗乾淨

◀ *Step 2*

把毛巾放入肥皂液中完全浸泡後將容器蓋子蓋上

口述：完全浸泡0.5%陽性肥皂液中20分鐘以上

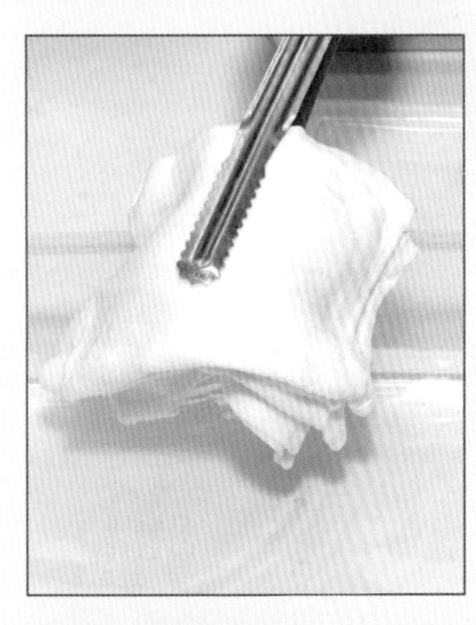

◀ *Step 3*

操作要領：時間到消毒結束用夾子取出毛巾

口述：用夾子取出毛巾

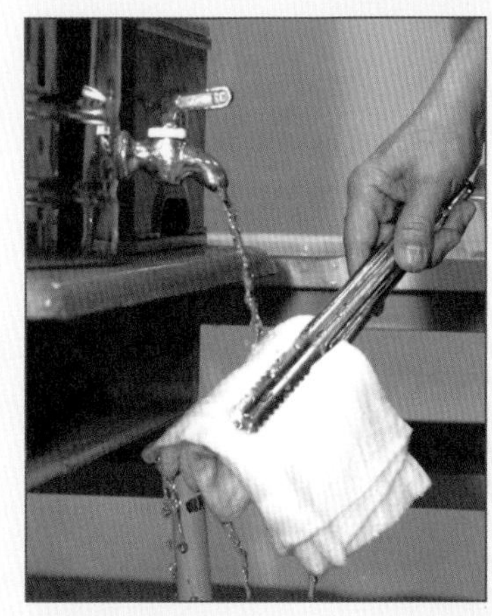

◀ *Step 4*

處理完畢後：到水龍頭上用水清洗毛巾並擰乾

口述：用水清洗

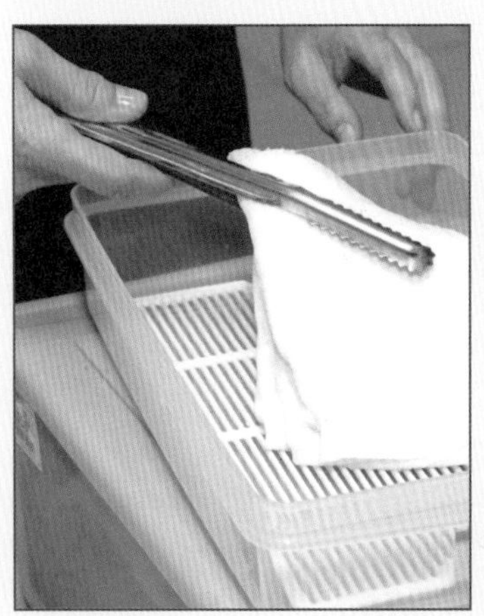

◀ *Step 5*

用夾子夾取毛巾放在瀝水籃瀝乾

口述：瀝乾

◀ *Step 6*

把毛巾放進乾淨櫥櫃後關上

口述：放進乾淨櫥櫃

物理消毒方法實作示範（須加口述）

一、蒸氣消毒法：宜選擇白色毛巾。

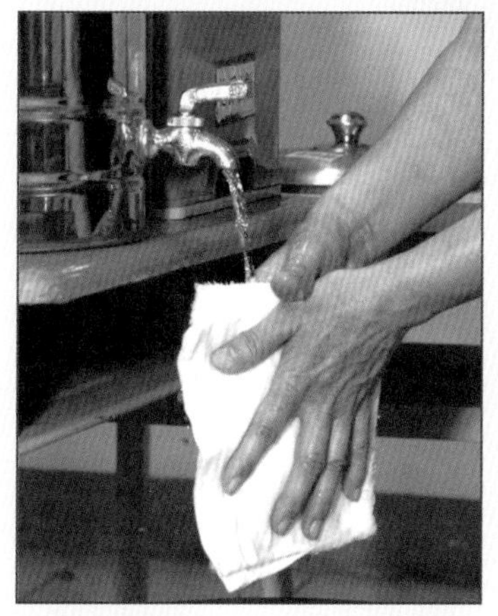

◀ *Step 1*

前處理：做清洗乾淨之動作

口述：清洗乾淨

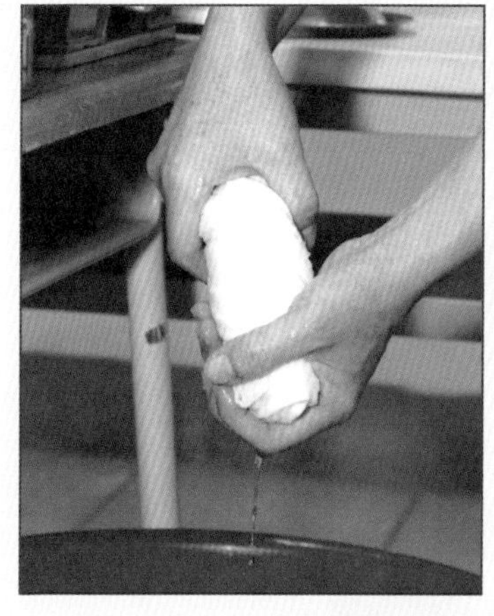

◀ *Step 2*

操作要領：擰乾毛巾

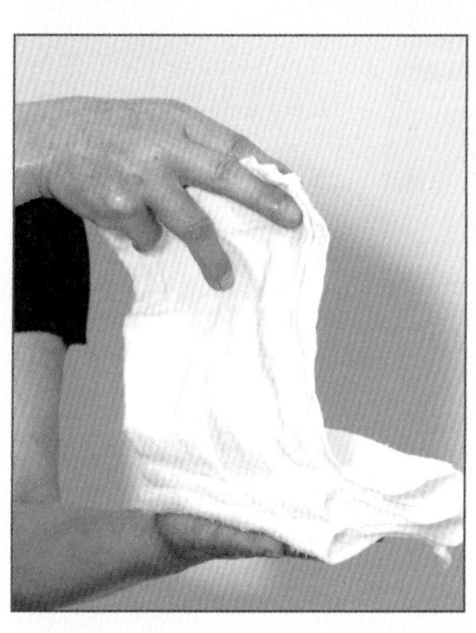

◀ *Step 3*

操作要領：把毛巾摺成弓字形

口述：摺成弓字形

◀ *Step 4*

操作要領：把毛巾直立放入蒸氣箱、切勿擁擠

口述：把毛巾直立放入蒸氣箱

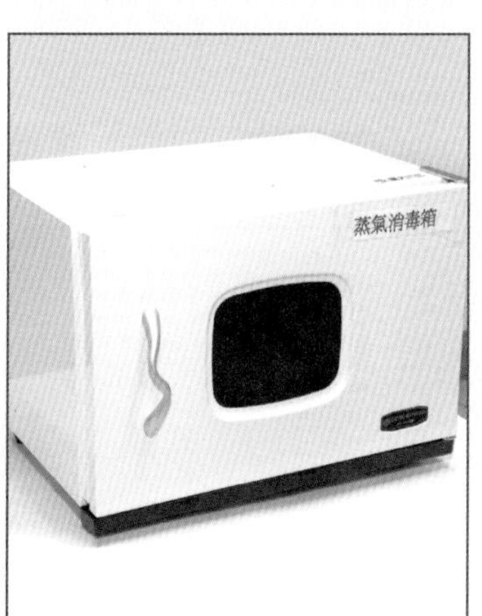

◀ *Step 5*

消毒條件：關上蒸氣箱門

口述：蒸氣箱中心溫度80℃以上，消毒時間10 分鐘以上

◀ *Step 6*

後處理：完畢後暫存蒸氣消毒箱

二、紫外線消毒法：適用刀類器具。

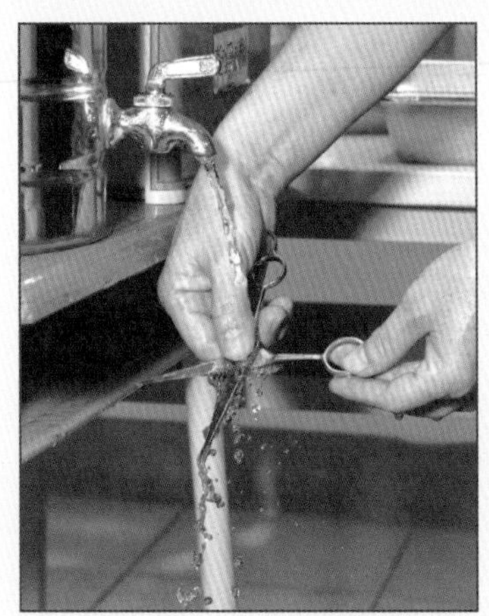

◀ *Step 1*

前處理：打開剪刀做清洗動作清洗乾淨

口述：清洗乾淨

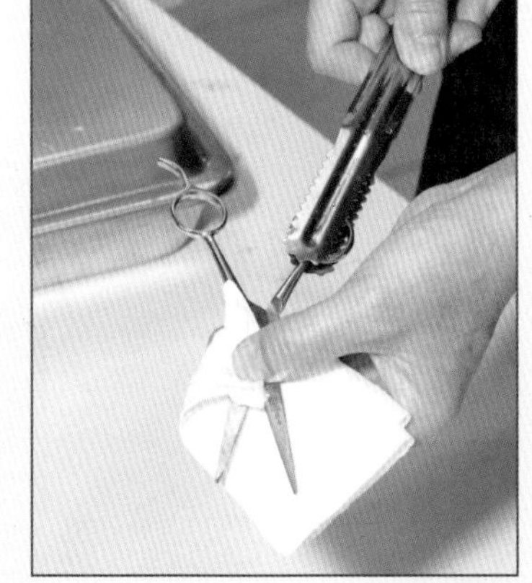

◀ *Step 2*

操作要領：用紙巾把剪刀擦乾

口述：擦乾

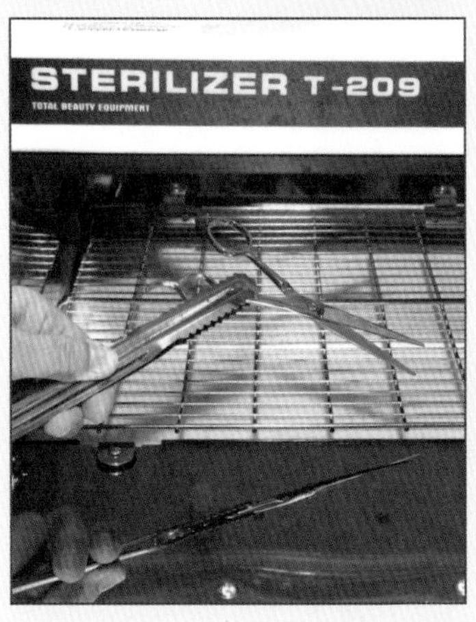

◀ *Step 3*

把剪刀打開，放進紫外線消毒箱

口述：把剪刀打開，器材不可重疊，放進紫外線消毒箱

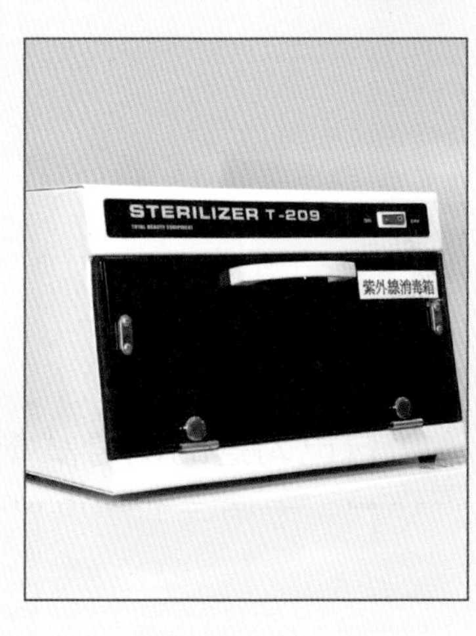

◀ *Step 4*

消毒條件：關上箱門，消毒箱設定光度強度每平方公分85微瓦特以上，消毒時間20分鐘以上

口述：光度強度每平方公分85微瓦特以上，消毒時間20分鐘以上，暫存紫外線消毒箱

◀ *Step 5*

後處理：完畢後暫存紫外線消毒箱

3-4 洗手與手部消毒實作解析

一、測試項目：洗手與手部消毒（15 分）

二、測試時間：4 分鐘

三、測試說明

（一）各組應檢人集中測試，寫出在工作中為維護顧客健康洗手時機及手部消毒時機並勾選出一種手部消毒試劑名稱及濃度，測試時間2分鐘，實際操作時間2分鐘。

（二）由應檢人以自己雙手作實際洗手操作，缺一步驟，則該單項以0分計算。若在規定時間內洗手操作及手部消毒未完成則本全項扣10分。

（三）應檢人以自己勾選的消毒試劑進行手部消毒操作，若未能選取適用消毒試劑，本項手部消毒以0分計。

注意事項：需口述。

洗手實作示範：5步驟 濕、搓、沖、捧、擦（須加口述）

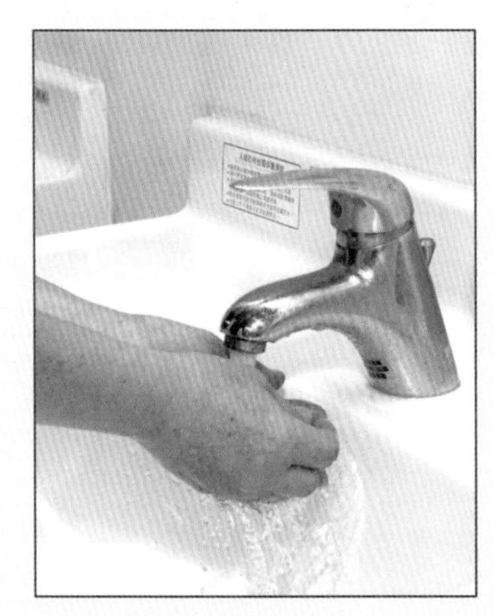

◀ *Step 1*

打開水龍頭沖濕雙手

口述：打開水龍頭沖濕雙手

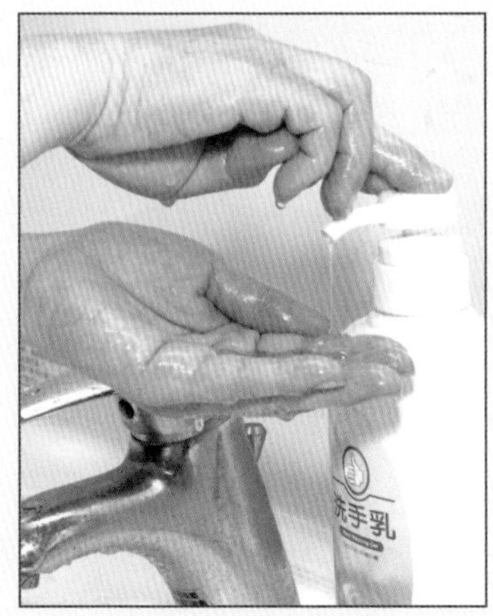

◀ *Step 2*

取適當清潔劑

口述：按壓洗手乳

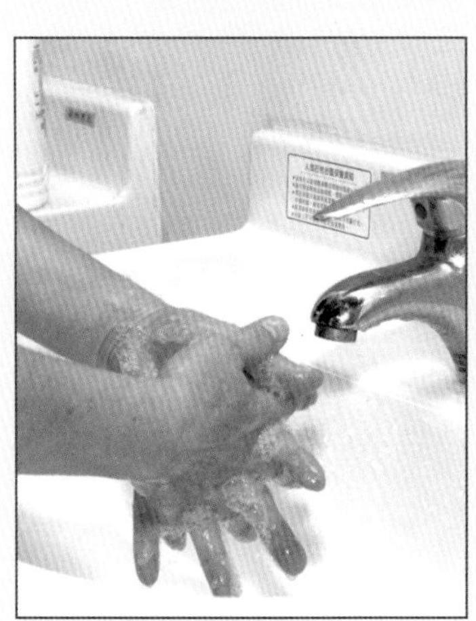

◀ *Step 3*

搓揉起泡，搓洗手心指縫

口述：洗手心指縫

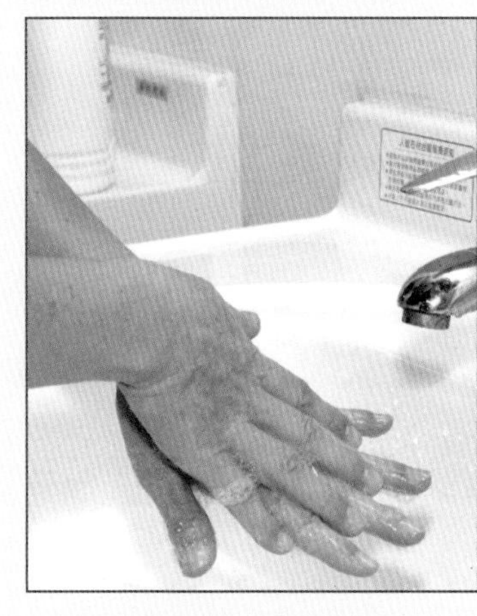

◀ *Step 4*

清洗手背

口述：沖洗手背

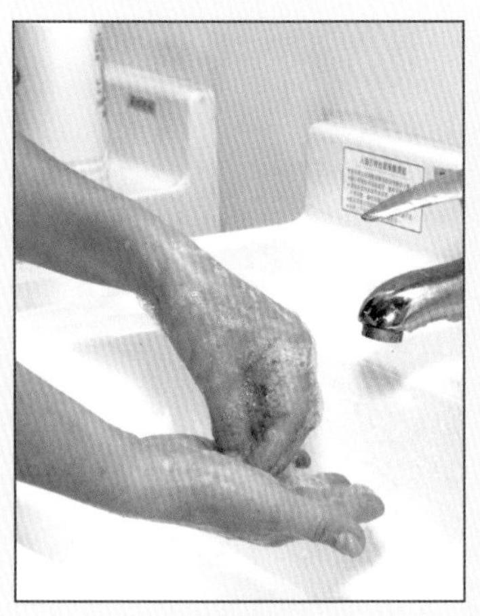

◀ *Step 5*

搓洗指尖

口述：洗指尖

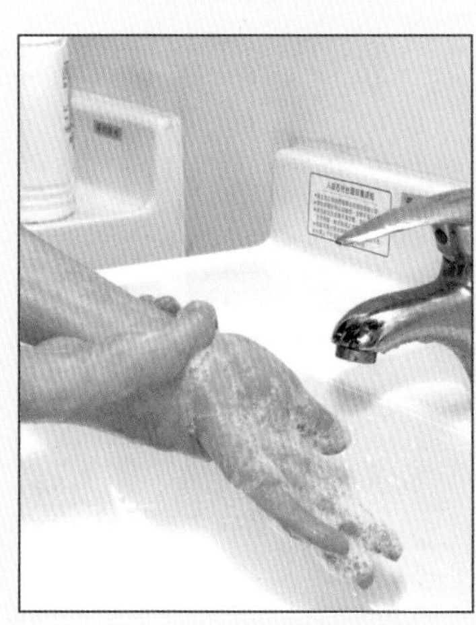

◀ *Step 6*

清洗手腕

口述：洗手腕

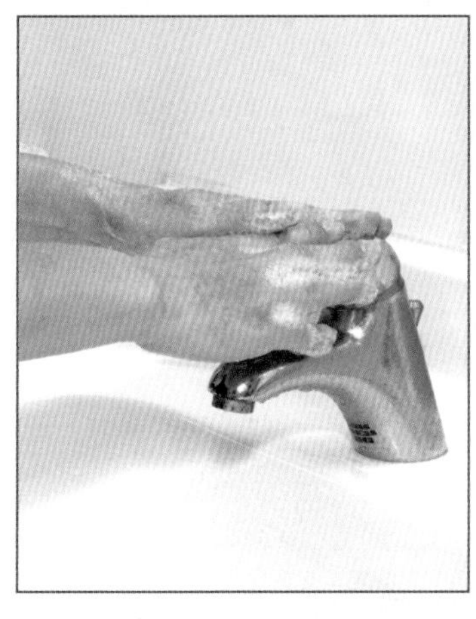

◀ *Step 7*

清洗水龍頭開關

口述：洗水龍頭開關

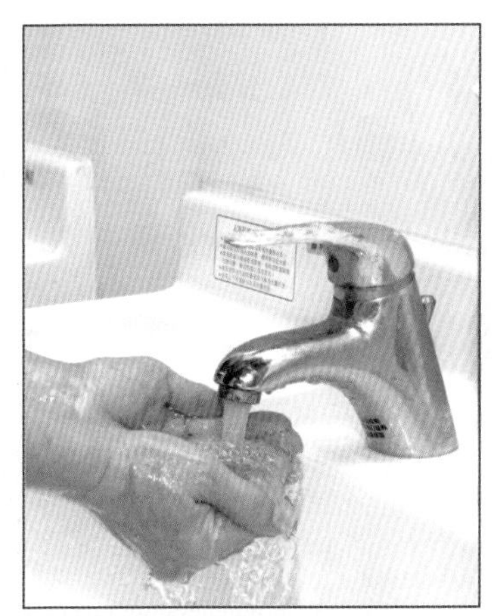

◀ *Step 8*

開水龍頭沖洗雙手

口述：沖洗雙手

◀ *Step 9*

㊑水把水龍頭開關沖洗乾淨

口述：沖洗水龍頭

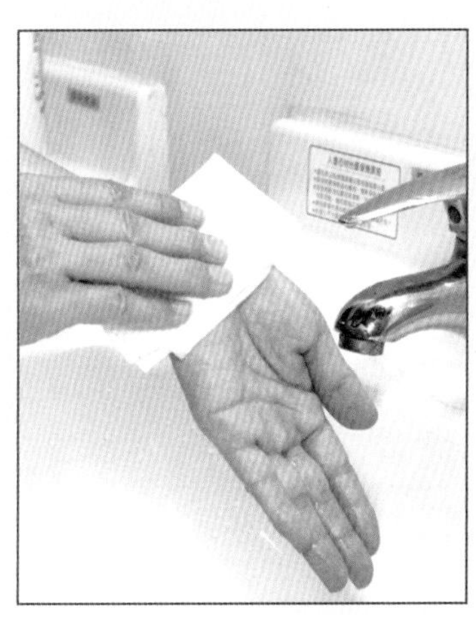

◀ *Step 10*

拿紙巾㊒乾雙手

口述：擦乾雙手

手部消毒示範（須加口述）

Step 1

四類手部消毒劑：正確選擇消毒劑（75%酒精消毒）

口述：選擇75%酒精消毒

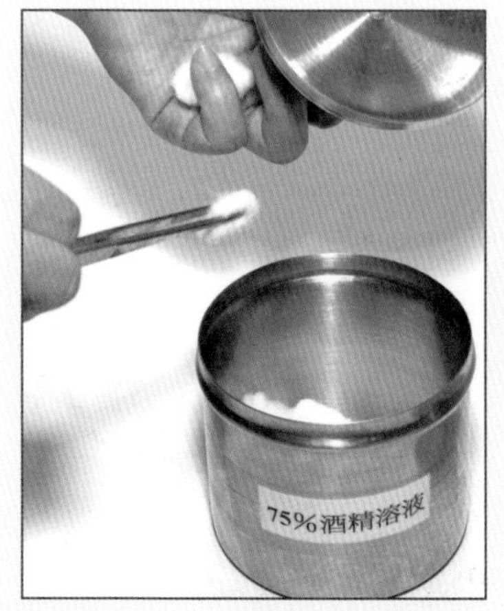

Step 2

用夾子取出2顆酒精棉球，再將蓋子蓋回

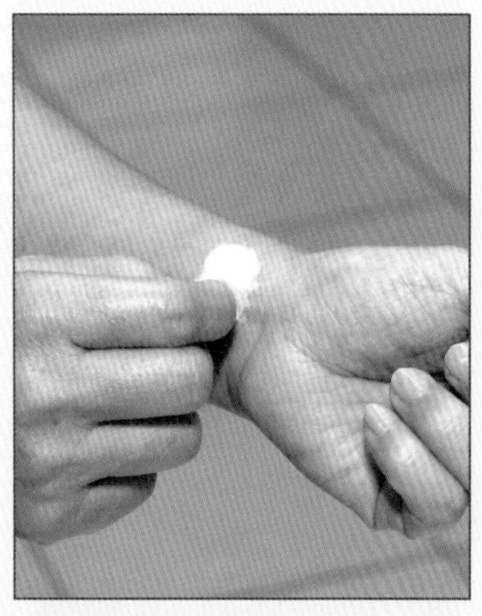

Step 3

用酒精棉球擦拭消毒手心（從手腕到指尖）

口述：手心

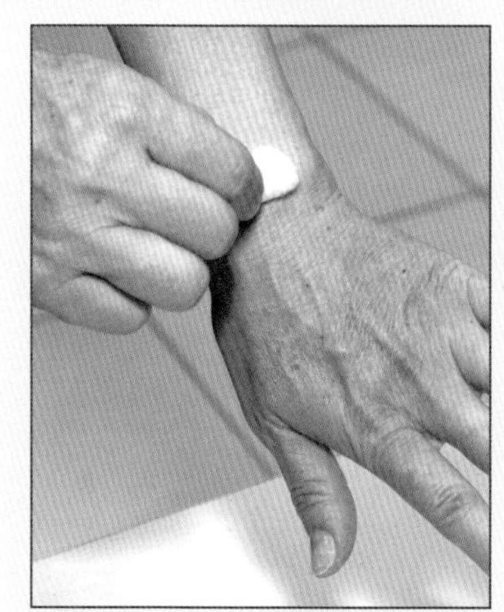

Step 4

擦拭消毒手背

口述：手背

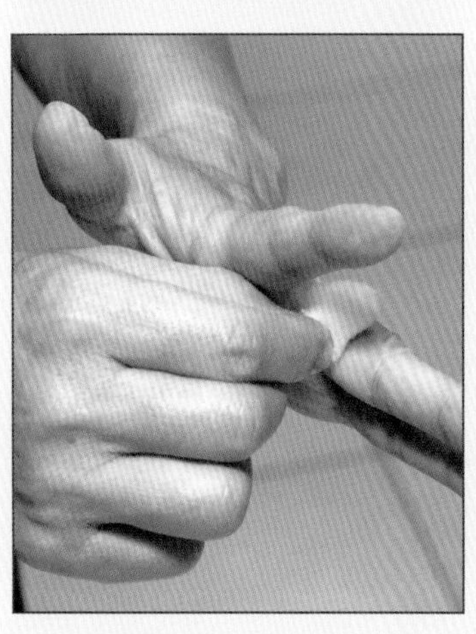

Step 5

擦拭消毒指縫

口述：

Step 6

擦拭消毒指尖

口述：指尖

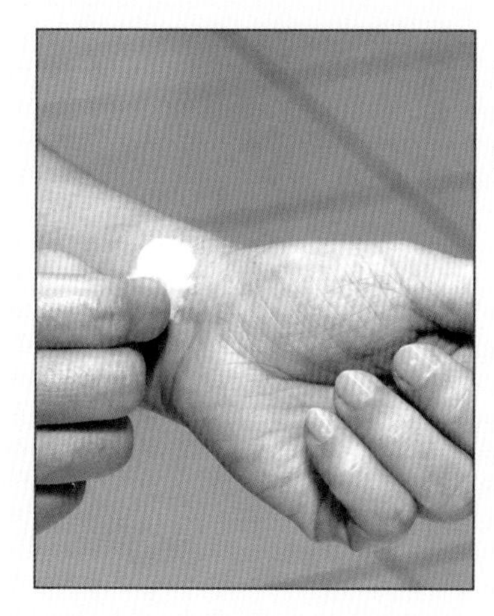

◀ *Step 7*

擦拭消毒手腕

洗手與手部消毒操作評審表（15 分）

洗手與手部消毒操作測試答案卷（總分15 分）		測試日期： 年 月 日	
姓名		術科測試編號	

測試時間：4 分鐘（書面作答 2 分鐘，洗手及消毒操作 2 分鐘）

說　明：一、由應檢人寫出在營業場所為顧客健康何時應洗手？何時應作手部消毒？

二、勾選出將使用消毒試劑名稱及濃度，進行洗手操作並選用消毒試劑進行消毒（未能選用適當消毒試劑，手部消毒操作以0分計）。

一、為維護顧客健康請寫出在營業場所中洗手的時機為何？

（至少二項，每項 1 分）（2 分）

答：1. ________________________________。

2. ________________________________。

二、進行洗手操作（8 分）（本項為實際操作）

三、為維護顧客健康請寫出在營業場所手部何時做消毒？（述明一項即可）（2 分）

答：____。

四、勾選出一種正確手部消毒試劑試劑名稱及濃度（1 分）

答：☐1. 75%酒精溶液　　☐2. 200ppm 氯液

☐3. 0.1%陽性肥皂液

五、進行手部消毒操作（2 分）（本項為實際操作）

得分：	
監評人員簽名：	（請勿於測試結束前先行簽名）

辦理單位章戳：

範例　洗手與手部消毒操作評審表

<table>
<tr><td colspan="2">洗手與手部消毒操作測試答案卷（總分15 分）</td><td colspan="2">測試日期：　年　月　日</td></tr>
<tr><td>姓 名</td><td>王小美</td><td>術科測試編號</td><td>C1</td></tr>
<tr><td colspan="4">測試時間：4 分鐘（書面作答 2 分鐘，洗手及消毒操作 2 分鐘）
說　　明：一、由應檢人寫出在營業場所為顧客健康何時應洗手？何時應作手部消毒？
二、勾選出將使用消毒試劑名稱及濃度，進行洗手操作並選用消毒試劑進行消毒（未能選用適當消毒試劑，手部消毒操作以0分計）。</td></tr>
<tr><td colspan="4">一、為維護顧客健康請寫出在營業場所中洗手的時機為何？
（至少二項，每項 1 分）（2 分）
答：1. 工作前後。
2. 如廁後。
二、進行洗手操作（8 分）（本項為實際操作）
答：洗手五步驟：①濕→②搓→③沖→④捧→⑤擦。
三、為維護顧客健康請寫出在營業場所手部何時做消毒？（述明一項即可）（2 分）
答：服務顧客後發現顧客疑似有傳染性皮膚病，手部要消毒。
四、勾選出一種正確手部消毒試劑試劑名稱及濃度（1 分）
答：☑1. 75%酒精溶液　☐2. 200ppm 氯液
☐3. 0.1%陽性肥皂液
五、進行手部消毒操作（2 分）（本項為實際操作）
答：消毒手部五部位：①手心→②手背→③指縫→④指尖→⑤手腕。</td></tr>
<tr><td>得分：</td><td colspan="3"></td></tr>
<tr><td>監評人員簽名：</td><td colspan="3">（請勿於測試結束前先行簽名）</td></tr>
</table>

辦理單位章戳：

洗手與手部消毒操作評審表（發給監評人員）

說明：以自己的雙手進行洗手或手部消毒之實際操作

時間：2 分鐘　　　　測試日期：　年　月　日

評審內容		一、進行洗手操作	（一）沖手	（二）塗抹清潔劑並搓手	（三）清潔劑清洗水龍頭	（四）沖水手部及水龍頭	二、以自己的手做消毒操作（未能選擇適用消毒試劑本項以0分計）	合計	未計分原因說明
配分			2	2	2	2	2	10	
術科測試編號	姓名								
監評人員簽名	（請勿於測試結束前先行簽名）								

辦理單位章戳：

Cosmetology

學科試題總複習

CHAPTER 04

本章重點

- 工作項目01　皮膚認識
- 工作項目02　護膚
- 工作項目03　彩粧
- 工作項目04　化粧設計
- 工作項目05　化粧品的認識
- 工作項目06　公共衛生
- 工作項目07　職業安全衛生
- 工作項目08　工作倫理與職業道德
- 工作項目09　環境保護
- 工作項目10　節能減碳

工作項目 01 皮膚認識

1. (3) 顧客臉上黑斑有異常變化應如何處理？ (1)幫顧客「做臉」 (2)介紹他（她）使用漂白霜 (3)告知找皮膚科醫師診治 (4)依顧客之方便選擇處理方法。

2. (4) 以下何者不是造成黑斑的原因？ (1)服用某些藥物 (2)使用不當的化粧品 (3)紫外線照射 (4)肝功能不良。

3. (4) 發現顧客臉上有一出血及結痂的小黑痣，應如何處理？ (1)與自己的工作無關，可不予理會 (2)予以塗抹消炎藥膏 (3)想辦法點掉該痣 (4)請顧客找皮膚科醫師診治。

4. (3) 不屬於含藥化粧品的是 (1)染髮劑 (2)青春痘乳膏 (3)清潔霜 (4)漂白霜。

5. (3) 下列何者敘述錯誤？ (1)皮脂腺與青春痘有關 (2)美容師不應該為顧客換膚 (3)正常皮膚的pH值是7 (4)每日落髮的數目是50~100根左右。

6. (3) 選出正確的敘述？ (1)蛋白敷臉可以消除黑斑 (2)每一種化粧品都有益於皮膚，所以用越多種，用越多的量，對皮膚越有幫助 (3)化粧品所含香料，易導致過敏 (4)買化粧品不必在乎製造日期。

7. (3) 大氣中臭氧層有破洞會造成的症狀是 (1)皮脂漏 (2)肝炎 (3)皮膚癌 (4)腸胃炎。

8. (1) 身體沒有皮脂腺的部位是 (1)手掌 (2)背部 (3)臉部 (4)腰部。

9. (3) 皮膚所須之營養素由 (1)神經 (2)肌肉 (3)血液 (4)脂肪 供應。

10. (1) 皮膚最外層為 (1)表皮層 (2)乳頭層 (3)真皮層 (4)皮下組織。

11. (2) 角質層的細胞為 (1)圓形 (2)扁平狀 (3)柱狀 (4)纖維狀。

12. (1) 皮膚不具有的功能是？ (1)消化作用 (2)吸收作用 (3)排汗作用 (4)分泌作用。

13. (3) 皮膚經日光照射可以合成 (1)葡萄糖 (2)胺基酸 (3)維生素D (4)脂肪。

14. (2) 粗糙無光澤且易呈小皺紋的是 (1)油性肌膚 (2)乾性肌膚 (3)乾燥型油性肌膚 (4)正常肌膚。

15. (4) 臉部保養時，顧客臉上有化膿性的痤瘡，應該 (1)擠掉 (2)塗外用藥 (3)口服藥 (4)請顧客看皮膚科醫師。

16. (2) 下列何者不易引起過敏性接觸皮膚炎？ (1)染髮劑、燙髮劑、整髮劑 (2)不含香料的肥皂 (3)指甲油、去光水 (4)含香料或色素的化粧品。

17. (4) 皮膚新陳代謝的週期約 (1)15天 (2)35天 (3)180天 (4)28天。

18. (4) 基底層亦稱為 (1)角質層 (2)顆粒層 (3)有棘層 (4)生發層。

19. (4) 下列何者不存在真皮的網狀層中？ (1)小神經末梢 (2)血管 (3)淋巴管 (4)黑色素。

20. (3) 表皮的最內層是 (1)有棘層 (2)顆粒層 (3)基底層 (4)角質層。

21. (4) 黑色素可以保護皮膚對抗有害的 (1)細菌 (2)壓力 (3)電流 (4)紫外線。

22. (2) 汗腺可排洩身體的 (1)氧氣 (2)廢物 (3)油 (4)皮脂。

23. (4) 皮膚中的血液及汗腺可調節體溫，使體溫保持在正常的 (1)攝氏10° (2)攝氏23.8° (3)攝氏65.5° (4)攝氏37°。

24. (1) 手掌、腳底、前額、腋下均含有大量的 (1)汗腺 (2)皮脂腺 (3)腎上腺 (4)唾液腺。

25. (3) 皮下組織的位置是在 (1)角質層之上 (2)表皮之上 (3)真皮之下 (4)脂肪組織之下。

26. (4) 皮膚的衍生構造有毛髮及 (1)血管 (2)感覺神經纖維 (3)運動神經纖維 (4)指甲。

27. (3) 顆粒層細胞中的顆粒是 (1)黑色素 (2)脂質 (3)角質素 (4)氣泡。

28. (4) 表皮中最年輕的細胞是在 (1)角質層 (2)透明層 (3)有棘層 (4)基底層。

29. (2) 下列何處沒有毛髮？ (1)皮膚 (2)嘴唇 (3)頭皮 (4)下巴。

30. (3) 皮脂漏的皮膚，其外觀是 (1)乾而緊繃 (2)脫皮 (3)油膩而閃光 (4)紅腫。

31. (2) 人體的血液是 (1)弱酸性 (2)弱鹼性 (3)中性 (4)不一定。

32. (3) 「T」字部位是指額頭，鼻子及 (1)臉頰 (2)太陽穴 (3)下巴 (4)眼眶。

33. (1) 油性皮膚臉上最不油的部位是 (1)眼眶 (2)鼻頭 (3)臉頰 (4)額頭。

34. (3) 最理想的皮膚類型是 (1)混合性皮膚 (2)乾性皮膚 (3)中性皮膚 (4)油性皮膚。

35. (1) 下列哪一層與皮膚表面柔軟，光滑有關？ (1)角質層 (2)透明層 (3)顆粒層 (4)基底層。

36. (4) 黑色素細胞只分布在下列哪一層？ (1)角質層 (2)顆粒層 (3)透明層 (4)基底層。

37. (3) 膠原纖維在下列哪一層中存在？ (1)表皮層 (2)基底層 (3)網狀層 (4)乳頭層。

38. (1) 汗腺是存在於下列哪一層中？ (1)真皮層 (2)表皮層 (3)皮下組織 (4)基底層。

39. (1) 含有許多脂肪與人體的曲線美有密切關係的是 (1)皮下組織 (2)皮脂腺 (3)真皮 (4)表皮。

40. (1) 皮膚的pH值在4~6時，皮膚屬於 (1)弱酸性 (2)弱鹼性 (3)酸性 (4)鹼性。

41. (1) 表皮中能進行細胞分裂，產生新細胞的是 (1)基底層、有棘層 (2)角質層、透明層 (3)有棘層、透明層 (4)基底層、角質層。

42. (2) 乾性肌膚的主要特徵之一是 (1)油分多 (2)水分少 (3)肌紋深 (4)毛孔大。

43. (2) 敏感皮膚的特徵 (1)易長黑斑、面皰 (2)易呈現小紅點、發癢 (3)油分多、水分少 (4)油分少、水分多。

44. (1) 表皮內有 (1)基底層 (2)彈性纖維 (3)豎毛肌 (4)脂肪層。

45. (3) 表皮的最外層是 (1)透明層 (2)顆粒層 (3)角質層 (4)基底層。

46. (2) 皮膚的顏色主要決定於 (1)角質素 (2)黑色素 (3)脂肪 (4)水分。

47. (2) 表皮層中其細胞會不斷剝落、遞補為 (1)透明層 (2)角質層 (3)顆粒層 (4)有棘層。

48. (2) 皮膚獲得養分的管道為 (1)皮脂腺 (2)血液及淋巴液 (3)汗腺 (4)皮下脂肪。

49. (3) 人體之最大器官是 (1)心臟 (2)肺臟 (3)皮膚 (4)胃。

50. (3) 下列何項不是皮膚的功能？ (1)分泌 (2)知覺 (3)造血 (4)呼吸。

51. (1) 全臉油膩，毛孔粗大、易生面皰是 (1)油性 (2)乾性 (3)中性 (4)敏感性 皮膚的特徵。

52. (2) 皮膚所以有冷、熱、痛等知覺，主要是因為其內含有 (1)毛細血管 (2)神經 (3)皮脂腺 (4)淋巴液 之故。

53. (3) 粉刺之形成係 (1)汗腺 (2)胃腺 (3)皮脂腺 (4)胰島腺 分泌失調所引起。

54. (2) 內部含有血管、神經、汗腺、皮脂腺等構造的是 (1)表皮層 (2)真皮層 (3)皮下組織 (4)基底層。

55. (4) 急速減肥，皮膚易形成 (1)油性 (2)面皰 (3)過敏性 (4)皺紋。

56. (1) 皮脂之作用，下列何者錯誤？ (1)供給皮膚養分 (2)具有抑菌作用 (3)潤滑作用 (4)防止皮膚乾燥。

57. (3) 人體熱量有80%靠 (1)肺 (2)鼻子 (3)皮膚 (4)唇 來發散，以調節體溫。

58. (2) 皮膚老化產生皺紋，主要是由於 (1)表皮層 (2)真皮層 (3)皮下組織 (4)骨骼 內部組織衰退，失去彈性之故。

59. (2) 對紫外線具有防禦能力的是 (1)脂肪層 (2)角質層 (3)網狀層 (4)透明層。

60. (4) 表皮層中最新的細胞是產生在 (1)角質層 (2)顆粒層 (3)有棘層 (4)基底層。

61. (3) 與狐臭有關的是 (1)小汗腺 (2)皮脂腺 (3)大汗腺 (4)微血管。

62. (3) 體溫經常保持恆定，是因皮膚的哪一項功能？ (1)保護作用 (2)分泌作用 (3)調節體溫作用 (4)吸收作用。

63. (4) 皮膚可藉由汗腺將汗排出體外的是下列哪種功能？ (1)分泌作用 (2)呼吸作用 (3)保護作用 (4)排泄作用。

64. (2) 皮膚易出油，表面看起來油膩感的是 (1)乾性皮膚 (2)油性皮膚 (3)敏感性皮膚 (4)中性皮膚。

65. (3) T型區域易出油、毛孔粗大，但雙頰呈乾燥現象的是 (1)乾性皮膚 (2)油性皮膚 (3)混合性皮膚 (4)敏感性皮膚。

66. (2) 皮膚健康有光澤，紋理細緻的是 (1)油性皮膚 (2)中性皮膚 (3)乾性皮膚 (4)混合性皮膚。

67. (3) 角質層中水分的含量在 (1)50%~60% (2)5%~10% (3)10%~20% (4)70%~80% 最理想。

68. (1) 健康的指甲呈現 (1)粉紅色 (2)紫色 (3)乳白色 (4)黃色。

69. (3) 以下何者不是皮脂膜的功用？ (1)潤滑皮膚 (2)防止皮膚乾燥 (3)漂白皮膚 (4)抑菌。

70. (2) 多汗症是由於 (1)大汗腺 (2)小汗腺 (3)皮脂腺 (4)頂漿腺 分泌過量所致。

71. (2) 小汗腺開口於 (1)毛囊 (2)皮膚表面 (3)豎毛肌 (4)毛幹。

72. (3) 表皮層中，由裡向外第二層是 (1)角質層 (2)透明層 (3)有棘層 (4)基底層。

73. (3) 正常皮膚表面之皮脂膜為 (1)鹼性 (2)中性 (3)弱酸性 (4)強酸性。

74. (1) 皮膚能將外界刺激傳遞到大腦，是因皮膚有 (1)神經 (2)血管 (3)肌肉 (4)脂肪。

75. (2) 黑斑是 (1)血紅素 (2)黑色素 (3)胡蘿蔔素 (4)角質素 聚集在一起所造成。

76. (4) 皮膚能行呼吸作用，其呼吸量與肺相較約為肺之 (1)80% (2)50% (3)10% (4)1%。

77. (3) 大汗腺分泌異常會引起 (1)痱子 (2)濕疹 (3)狐臭 (4)香港腳。

78. (2) 毛髮突出於皮膚表面的部分稱為 (1)毛囊 (2)毛幹 (3)毛根 (4)毛球。

79. (1) 皮膚表面呈現許多細而凹凸不平的紋路，其凹處稱為 (1)皮溝 (2)皮丘 (3)汗孔 (4)毛囊。

80. (2) 健康皮膚的pH值約為 (1)7 (2)5~6 (3)3~4 (4)9~10。

81. (4) 汗腺廣布於全身，唯一不存在於下列哪一部分？ (1)手掌 (2)腳底 (3)腋下 (4)唇部。

82. (2) 面皰、粉刺最容易形成的時期是在下列哪一個階段？ (1)壯年期 (2)青春期 (3)幼年期 (4)老年期。

83. (3) 下列部位中，何者的皮脂腺分泌最豐富？ (1)手掌 (2)腳掌 (3)額頭 (4)臉頰。

84. (3) 膠原纖維失去了柔軟及溶水性時，皮膚呈何種現象？ (1)細緻 (2)柔潤 (3)皺紋與鬆弛 (4)健康。

85. (3) 表皮細胞在哪一層開始蛻變出角質物質？ (1)基底層 (2)有棘層 (3)顆粒層 (4)角質層。

86. (3) 賦予皮膚彈力和張力的是 (1)平滑肌纖維 (2)乳頭層纖維 (3)彈性纖維 (4)皮下組織。

87. (1) 藉著水分分泌及蒸發來散發身體熱量的構造是 (1)小汗腺 (2)皮脂腺 (3)大汗腺 (4)胸腺。

88. (3) 皮膚的感覺接受器位於 (1)角質層 (2)表皮層 (3)真皮層 (4)皮下組織。

89. (2) 角質層是表皮的最外層，它是一種 (1)有核的細胞 (2)無核的死細胞 (3)新生的細胞 (4)健康的細胞。

90. (3) 由彈性纖維及膠原纖維所構成的是 (1)角質層 (2)表皮層 (3)真皮層 (4)皮下組織。

91. (3) 青春痘通常與青春期的 (1)汗腺 (2)淋巴液 (3)性荷爾蒙 (4)血液 分泌量變化有關。

92. (3) 與皮膚硬度及伸張度有關的是 (1)大汗腺 (2)汗腺 (3)彈力及膠原纖維 (4)皮脂腺。

93. (2) 大汗腺是附在毛囊旁邊的汗腺，通常在何時期功能最為旺盛？ (1)幼兒期 (2)青春期 (3)中年期 (4)老年期。

94. (2) 透明層是由何種細胞構成？ (1)有核細胞 (2)無核細胞 (3)半核細胞 (4)核心細胞。

95. (1) 皮脂腺分泌油脂最多的部位是 (1)鼻頭 (2)下肢 (3)手掌 (4)腳底。

96. (3) 皮膚由外而內依次分為哪三大部分？ (1)真皮→皮下組織→表皮 (2)皮下組織→表皮→真皮 (3)表皮→真皮→皮下組織 (4)真皮→表皮→皮下組織。

97. (2) 皮膚基底層是位於下列何者的最下方？ (1)肌肉 (2)表皮 (3)皮下組織 (4)真皮。

98. (2) 表皮本身沒有血管，故其營養依靠 (1)細胞 (2)真皮的血液 (3)肌肉 (4)皮脂腺 供給。

99. (1) 負責表皮新陳代謝，可不斷分裂產生新細胞者為 (1)基底細胞 (2)黑色素細胞 (3)有棘細胞 (4)核細胞。

100. (3) 表皮最厚的部位在 (1)頰部 (2)眼瞼 (3)手掌與腳底 (4)額頭。

101. (2) 影響皮膚性質的主要因素是 (1)胸腺 (2)皮脂腺 (3)毛細血管 (4)淋巴腺。

102. (1) 開口於毛囊，存在腋下及陰部處，分泌物含蛋白質，經氧化易產生體臭的是 (1)大汗腺 (2)小汗腺 (3)皮脂腺 (4)淋巴腺。

103. (2) 皮脂分泌最旺盛的年齡約 (1)10~12歲 (2)15~20歲 (3)20~25歲 (4)25~30歲。

104. (1) 下列何者是皮膚老化的現象之一？ (1)皮膚乾燥 (2)有光澤 (3)油脂分泌多 (4)有彈性。

105. (1) 皮膚之所以能調節體溫，主要是因為 (1)汗腺 (2)皮脂腺 (3)血液 (4)淋巴腺 的排泄作用。

106. (1) 天然保濕因子(N.M.F)係皮膚哪一層的產物？ (1)角質層 (2)顆粒層 (3)有棘層 (4)基底層。

107. (2) 皮脂的功用在使皮膚保持 (1)清潔 (2)滋潤 (3)乾燥 (4)角化。

108. (4) 表皮中最厚的一層，且有淋巴液流通者為 (1)角質層 (2)透明層 (3)基底層 (4)有棘層。

109. (4) 真皮層的功用有 (1)製造荷爾蒙 (2)形成障壁以防止水分和電解質流失 (3)包覆皮膚與指甲 (4)供給表皮營養。

110. (2) (1)有棘層 (2)透明層 (3)顆粒層 (4)基底層 是一種無核細胞分布在手掌、足蹠。

111. (3) 皮脂腺的分布，哪個部位最少？ (1)額部 (2)兩頰 (3)四肢 (4)鼻。

112. (3) 汗腺及皮脂腺為 (1)無導管腺體 (2)內分泌腺 (3)有導管腺體 (4)消化腺。

113. (4) 下列何者控制皮膚排出汗液？ (1)肌肉系統 (2)循環系統 (3)呼吸系統 (4)神經系統。

114. (4) 皮膚藉排汗來調節體溫，使體溫保持在攝氏 (1)34度 (2)30度 (3)45度 (4)37度。

115. (2) 皮膚對於冷、熱、碰觸有反應，因為它有 (1)血液 (2)神經 (3)淋巴液 (4)汗腺及皮脂腺。

116. (3) 皮膚最外面的保護層稱為 (1)真皮 (2)脂肪組織 (3)表皮 (4)皮下組織。

117. (1) 皮膚有體溫調節的作用，受熱時血管會 (1)擴張 (2)收縮 (3)散發 (4)分泌。

118. (3) 判別皮膚的性質，應以下列何者為考量？ (1)油分 (2)水分 (3)油分及水分並重 (4)酸鹼度。

119. (3) 由成群相似的細胞所組成的構造稱為 (1)器官 (2)系統 (3)組織 (4)細胞。

120. (4) 血管、淋巴管分布於 (1)角質層 (2)表皮層 (3)基底層 (4)真皮層。

121. (3) 皮膚最薄的部位是 (1)手掌 (2)腳底 (3)眼瞼 (4)額頭。

122. (1) 皮膚的表面覆蓋著一層膜，稱為皮脂膜，它是由 (1)汗液、皮脂 (2)真皮、表皮 (3)汗水、汙垢 (4)纖維、皮脂 混合而成。

123. (1) 小汗腺分布於 (1)全身 (2)外耳道、腋窩 (3)乳暈 (4)臍部。

124. (1) 下列何者沒有血管的分布？ (1)表皮層 (2)真皮層 (3)皮下組織 (4)脂肪組織。

125. (3) 在大氣中被臭氧層吸收，未達地面而對皮膚影響不大的光線是 (1)紫外線A (2)紫外線B (3)紫外線C (4)紅外線。

126. (4) 正常皮膚由表皮基底層不斷上推，呈角質化後剝離，需費時 (1)七天 (2)十四天 (3)二十一天 (4)二十八天。

127. (2) 表皮可分為五層，由外至內依次可分為 (1)角質層、顆粒層、透明層、有棘層、基底層 (2)角質層、透明層、顆粒層、有棘層、基底層 (3)角質層、透明層、有棘層、顆粒層、基底層 (4)角質層、顆粒層、有棘層、透明層、基底層。

128. (4) 可行有絲分裂產生新細胞取代老死細胞為 (1)角質細胞 (2)棘狀細胞 (3)顆粒細胞 (4)基底細胞。

129. (2) 皮膚的光澤度，與下列何者有關？ (1)顆粒層所含的油脂 (2)角質層所含的水分 (3)有棘層所含的水分 (4)基底層所含的油脂。

130. (2) 物質在下列何種情況下較易穿透皮膚？ (1)皮膚溫度降低時 (2)物質溶解在脂溶性溶劑時 (3)真皮的含水量較少時 (4)物質溶解在水溶性溶劑時。

131. (1) 每蒸發一公升的汗所散發的體熱約為 (1)540 (2)640 (3)740 (4)840仟卡路里(Kcal)。

132. (1) 指甲平均每天長出 (1)0.1mm (2)0.01mm (3)0.1cm (4)1mm。

133. (4) 真皮的功用為 (1)產生黑色素 (2)防止電解質流失 (3)調節體溫 (4)供給表皮營養。

134. (2) 構成真皮中最大的一部分是 (1)脂肪 (2)纖維蛋白質 (3)碳水化合物 (4)礦物質。

135. (1) 癢覺的皮膚接受器是 (1)神經末端 (2)毛囊 (3)皮脂腺 (4)小汗腺。

136. (4) 皮膚中所謂的「生發層」是指 (1)顆粒層 (2)角質層 (3)有棘層 (4)基底層。

137. (1) 正常皮膚中黑色素細胞和基底細胞的比率大約為 (1)1：10 (2)1：20 (3)1：30 (4)1：40。

138. (3) 一般成年人全身的皮膚重量約占體重的 (1)5% (2)10% (3)15% (4)20%。

139. (1) 表皮中能進行細胞分裂，產生新細胞的為 (1)基底層 (2)角質層 (3)顆粒層 (4)透明層。

140. (3) 真皮的厚度約為 (1)0.1~1毫米 (2)0.2~2毫米 (3)0.3~3毫米 (4)0.4~4毫米。

141. (4) 傷口的癒合，需依賴下列何種細胞的增殖來達成？ (1)組織球 (2)單核球 (3)脂肪細胞 (4)纖維母細胞。

142. (2) 汗水屬 (1)中性 (2)弱酸性 (3)弱鹼性 (4)強鹼性。

143. (2) 正常的皮脂膜呈 (1)中性 (2)弱酸性 (3)弱鹼性 (4)強酸性。

144. (3) 乳腺是一種變型的 (1)皮脂腺 (2)小汗腺 (3)頂漿腺 (4)腎上腺。

145. (3) 支配豎毛肌機能的是 (1)感覺神經 (2)中樞神經 (3)自主神經 (4)腦幹。

146. (1) 皮膚主要的化學屏障為 (1)角質層的游離脂肪 (2)基底層和汗液 (3)顆粒層和皮脂膜 (4)有棘層和黑色素。

147. (3) 描述有關皮膚的完整性，下列何者不正確？ (1)皮膚上有一群正常生態的微生物 (2)皮膚間隙處有較多的微生物 (3)細菌在乾燥地區生長較快 (4)皮膚的完整性受破壞時，易導致微生物增殖 。

148. (1) 就滲透性而言，下列何種動物皮膚與人類皮膚較相似？ (1)豬 (2)牛 (3)馬 (4)羊。

149. (1) 下列何種維生素缺乏時，皮脂和汗水的分泌也會衰退？ (1)維生素A (2)維生素B (3)維生素C (4)維生素D。

150. (3) 與皮膚的氧化還原有密切關係的是 (1)維生素A (2)維生素B (3)維生素C (4)維生素D。

151. (4) 皮膚經紫外線照射，皮脂的成分會製造出 (1)維生素A (2)維生素B (3)維生素C (4)維生素D_3。

152. (1) 存在於腋下大汗腺上，使其產生特殊氣味的大多是 (1)革蘭氏陽性菌 (2)革蘭氏陰性菌 (3)皮黴菌 (4)寄生蟲。

153. (1) 下列何處皮脂腺較發達？ (1)鼻子 (2)手掌 (3)腳底 (4)臉頰。

154. (2) 表皮內新陳代謝最旺盛的細胞是 (1)黑色素細胞 (2)基底層細胞 (3)角質層細胞 (4)有棘層細胞。

155. (3) 下列何者不是保持皮膚年輕健康的法則？ (1)均衡的營養 (2)保持清潔，避免物理化學刺激 (3)經常做日光浴 (4)充足的睡眠。

156. (3) 防止「青春痘」之發生或症狀惡化，最好的方法是用不含香料的肥皂洗臉 (1)每天早上洗臉1次 (2)每天晚上洗臉1次 (3)每天早、晚各洗臉1次 (4)每天洗臉5次以上。

157. (4) 下列何者不是睫毛的生理功用？ (1)防止塵土吹入眼睛 (2)防止刺目的強光刺激眼睛 (3)防止昆蟲侵入眼睛 (4)增加眼部美麗。

158. (4) 人類毛髮的生長週期約為 (1)2~6週 (2)2~6天 (3)2~6月 (4)2~6年。

159. (3) 人的手掌與腳底比身體其他部位的皮膚看起來更厚、更結實、更白，是因為多了 (1)角質層 (2)基底層 (3)透明層 (4)有棘層。

160. (3) 下列何者不是構成真皮的細胞？ (1)纖維母細胞 (2)組織球、單核球 (3)角化細胞 (4)脂肪細胞。

161. (1) 構成真皮的最大部分是 (1)膠原纖維 (2)血管 (3)組織球 (4)脂肪細胞。

162. (4) 下列何者不是皮下脂肪的功用？ (1)防止體溫的發散 (2)緩和外界的刺激 (3)貯存體內過剩的能量 (4)使皮膚有光澤。

163. (4) 下列何者不是皮脂膜的功用？ (1)潤滑皮膚 (2)潤滑毛髮 (3)防止微生物繁殖 (4)防止長「青春痘」。

164. (4) 皮膚所需的養分是藉由下列何者供應的？ (1)角質層 (2)透明層 (3)基底層 (4)基底膜。

165. (2) 在身體與外界環境之間有角質層充當保護屏障，下列敘述何者正確？ (1)角質層是死皮，需要經常磨皮去掉它 (2)角質層會自然地更新，不必去除它 (3)角質層是無核的死細胞，要設法去掉它 (4)角質層必須靠換膚術才能去除乾淨死皮。

166. (3) 下列何者不是小汗腺分布的部位？ (1)手掌、腳底 (2)腋下、軀幹 (3)甲床、唇緣 (4)臉、頸。

167. (4) 人體的小汗腺約有 (1)20~50萬個 (2)2~5萬個 (3)2000~5000個 (4)200~500萬個。

168. (3) 狐臭是下列哪種腺體的分泌物在細菌的分解下所產生的異臭？ (1)皮脂腺 (2)小汗腺 (3)頂漿腺 (4)淋巴腺。

169. (2) 下列何者經紫外線照射後會增加黑色素的分泌，以吸收紫外線、防止其侵入深層組織以保護皮膚？ (1)顆粒層細胞 (2)黑色素細胞 (3)纖維母細胞 (4)脂肪細胞。

工作項目 02 護膚

1. (2) 皮脂分泌過少的皮膚是 (1)油性皮膚 (2)乾性皮膚 (3)中性皮膚 (4)混合性皮膚。

2. (1) T字部位是指 (1)額頭、鼻子、下巴 (2)額頭、臉頰 (3)臉頰、下巴 (4)臉頰、鼻子、下巴。

3. (4) 臉部按摩的方向是順著 (1)骨骼 (2)血液流動的方向 (3)毛孔 (4)肌肉紋理。

4. (4) 下列何者與臉部按摩手技最無關連性？ (1)肌肉紋理 (2)臉部神經叢所在位置 (3)血液循環系統 (4)皮膚酸鹼度。

5. (3) 卸粧時，應由下列哪個部位先行卸粧？ (1)雙頰 (2)額頭 (3)眼、唇 (4)下顎。

6. (4) 敏感性肌膚按摩之力量與時間應該如何？ (1)輕、長 (2)重、短 (3)重、長 (4)輕、短。

7. (4) 專業皮膚保養，應多久做一次？ (1)每天 (2)每月 (3)每年 (4)視肌膚狀況而定。

8. (3) 為了紓解客人的緊張，按摩動作宜採用 (1)搓 (2)揉 (3)輕撫 (4)捏。

9. (2) 高油度的營養霜適合 (1)面皰皮膚 (2)乾性皮膚 (3)油性皮膚 (4)皮脂溢漏皮膚。

10. (2) 按摩時常用的手指是 (1)食指、中指 (2)中指、無名指 (3)中指、小指 (4)小指、無名指 的第一、二節指腹。

11. (3)　乾性肌膚保養時宜　(1)多蒸臉、多按摩　(2)少蒸臉、少按摩　(3)少蒸臉、多按摩　(4)多蒸臉、少按摩。

12. (3)　維生素　(1)A　(2)B群　(3)C　(4)D　具有還原已形成之黑色素的作用。

13. (4)　防曬製品中，防曬係數以　(1)2　(2)4　(3)8　(4)15 的防曬效果最佳。

14. (2)　護理青春痘時，應著重　(1)按摩　(2)清潔、消炎　(3)擠壓　(4)去角質。

15. (1)　清潔皮膚的程序，應優先使用　(1)清潔乳／霜　(2)化粧水　(3)營養乳／霜　(4)敷面劑。

16. (1)　面皰肌膚者飲食上宜多吃　(1)鹼性　(2)中性　(3)酸性　(4)刺激性 的食品。

17. (4)　嚴重面皰的肌膚按摩宜　(1)每週一次　(2)每週二次　(3)每天做　(4)不做。

18. (2)　皺紋出現在與肌肉紋理　(1)平行之處　(2)垂直之處　(3)重疊之處　(4)毫無關係。

19. (3)　下列哪個部位的肌肉紋理是斜向的？　(1)眼部　(2)額部　(3)頰部　(4)唇部。

20. (1)　(1)輕緩　(2)強力　(3)快速　(4)長時間 而有節奏的按摩動作，是按摩必備的條件。

21. (4)　肌膚新陳代謝最旺盛的時刻是　(1)工作時　(2)沐浴時　(3)進餐時　(4)睡眠時。

22. (2)　卸粧最適宜的用品是　(1)香皂　(2)清潔乳／霜　(3)洗面皂　(4)磨砂膏。

23. (2)　洗臉宜使用　(1)冷水　(2)溫水　(3)熱水　(4)硬水。

24. (4)　臉上有化粧，洗臉時宜　(1)僅用溫水即可　(2)直接用洗面皂洗　(3)使用蒸氣洗臉　(4)先卸粧再洗臉。

25. (2)　皮膚吸收養分最佳時刻為　(1)白天　(2)夜間　(3)冬季　(4)季節變化時。

26. (3)　晚間保養最後一個步驟是　(1)去角質　(2)蒸臉　(3)營養　(4)敷面。

27. (4) 下列何者不是保持皮膚美麗健康的法則？ (1)保持皮膚清潔 (2)均衡的營養 (3)充足的睡眠 (4)暴飲暴食。

28. (4) 長「青春痘」時，洗臉宜選用 (1)含香料的肥皂 (2)油性洗面劑 (3)磨砂膏 (4)刺激性小的肥皂。

29. (3) 若臉上有嚴重「青春痘」時，下列行為何者不適宜？ (1)保持皮膚清潔 (2)去看皮膚科醫生 (3)化濃粧掩飾 (4)注意飲食作息。

30. (4) 下列何者不是健康皮膚要件？ (1)皮脂膜機能正常 (2)血液循環順暢 (3)角化功能順暢 (4)黑色素細胞含量較少。

31. (1) 皮膚乾燥大多是因為缺乏 (1)水分、油分 (2)汗液 (3)碘 (4)鐵。

32. (3) 為了避免面皰的惡化，化粧品不宜選用 (1)親水性之化粧品 (2)無刺激性之化粧品 (3)高油度之化粧品 (4)消炎作用之化粧品。

33. (2) 按摩時應該使用 (1)清潔霜 (2)按摩霜 (3)隔離霜 (4)潔膚乳。

34. (2) 敏感性肌膚的保養品，宜選用 (1)高油度 (2)不含色素、香料及酒精 (3)高養分 (4)治療性藥劑。

35. (1) 皮下組織中脂肪急遽減少時，皮膚表面會呈現 (1)皺紋 (2)緊繃 (3)平滑 (4)粗糙。

36. (4) 敏感性皮膚保養時宜 (1)多蒸臉、多按摩 (2)多蒸臉、少按摩 (3)少蒸臉、多按摩 (4)少蒸臉、少按摩。

37. (2) 油性皮膚保養時宜 (1)多蒸臉、多按摩 (2)多蒸臉、少按摩 (3)少蒸臉、多按摩 (4)少蒸臉、少按摩。

38. (4) 面皰皮膚保養時宜 (1)多蒸臉、多按摩 (2)多蒸臉、少按摩 (3)少蒸臉、多按摩 (4)少蒸臉、少按摩。

39. (2) 美容從業人員工作前，應以 (1)自來水 (2)肥皂水 (3)酒精 (4)蒸餾水 洗淨雙手。

40. (3) 按摩的手技是以 (1)指尖 (2)指節 (3)指腹 (4)掌根 為主。

41. (1) 洗臉的水質以下列哪項最理想？ (1)軟水 (2)硬水 (3)井水 (4)自來水。

42. (2) 無刺激性、具安撫鎮靜作用的保養品較適用於 (1)乾性 (2)敏感性 (3)中性 (4)油性 皮膚。

43. (1) 皮膚保養時，美容從業人員正確坐姿應 (1)背脊伸直 (2)上半身緊靠顧客的臉 (3)手肘靠緊身體 (4)兩腿交疊。

44. (3) 按摩時要順著肌肉紋理 (1)由上往下，由內往外 (2)由下往上，由外往內 (3)由下往上，由內往外 (4)由上往下，由外往內 的原則。

45. (3) 暫時隔絕空氣使毛孔收斂，以達到保養效果的是 (1)清潔 (2)乳液 (3)敷面 (4)蒸臉。

46. (1) 皮膚保養程序，何者為先？ (1)卸粧 (2)洗臉 (3)按摩 (4)敷臉。

47. (2) 專業皮膚保養時應讓顧客採 (1)蹲著 (2)躺著 (3)站著 (4)坐著 的姿勢。

48. (2) 下列何者不是按摩的功效？ (1)促進血液循環 (2)降低皮膚溫度 (3)促進皮膚張力和彈力 (4)延緩皮膚老化。

49. (2) 蒸臉器中，水的添加應 (1)高於最大容量刻度 (2)低於最大容量刻度 (3)低於最小容量刻度 (4)無所謂。

50. (1) 當蒸臉器中，水面低於最小容量刻度時，應 (1)先關電源再加水 (2)先加水再關電源 (3)使用中加水 (4)繼續使用。

51. (1) 敏感皮膚較中性皮膚蒸臉時間宜 (1)縮短 (2)延長 (3)不變 (4)無所謂。

52. (1) 面皰皮膚較中性皮膚蒸臉時間宜 (1)縮短 (2)延長 (3)不變 (4)無所謂。

53. (1) 乾性皮膚比油性皮膚蒸臉時間 (1)較短 (2)較長 (3)一樣 (4)無所謂。

54. (2) 蒸臉器使用時噴霧口距離顧客臉部約 (1)20公分 (2)40公分 (3)60公分 (4)10公分。

55. (3) 蒸臉噴霧有殺菌、消炎作用，是因噴霧中含有 (1)雙氧 (2)過氧 (3)臭氧 (4)酸氧。

56. (4) 蒸臉器電熱管上有水垢沉澱時，應以何種液體處理浸泡2小時即可？ (1)鹼水 (2)汽油 (3)酒精 (4)醋。

57. (2) 蒸臉器使用第一步驟是插上插頭，第二步驟是 (1)打開臭氧燈 (2)打開開關 (3)打開照明燈 (4)打開放大鏡。

58. (2) 蒸臉器的用水，必須使用 (1)自來水 (2)蒸餾水 (3)礦泉水 (4)碳酸水。

59. (4) 顧客皮膚保養時，其隨身的貴重首飾是 (1)替顧客取下 (2)戴著無妨 (3)戴首飾部位勿去碰它 (4)請顧客自行取下並置放顧客專用櫃裡。

60. (1) 引導顧客上樓梯時，應請女士與長者 (1)走在前面 (2)走在後面 (3)走在中間 (4)前後隨意。

61. (3) 接待顧客，奉茶水時 (1)請其自行取用 (2)茶水倒滿 (3)茶水七~八分滿 (4)茶水五分滿。

62. (4) 優良的工作護膚環境應是 (1)豪華亮麗 (2)熱鬧吵雜 (3)髒亂昏暗 (4)整潔舒適。

工作項目 03 彩 粧

1. (2) 粉底霜塗抹均勻後，宜再使用 (1)腮紅 (2)蜜粉 (3)粉條 (4)粉霜 按勻。

2. (4) 使臉色紅潤並具修飾臉型效果的是 (1)蜜粉 (2)眼影 (3)眼線 (4)腮紅。

3. (2) 理想的眉型，其眉頭應在 (1)嘴角 (2)眼頭 (3)鼻頭 (4)眼尾 的正上方。

4. (3) 使臉頰顯得豐滿的粉底是 (1)暗色粉底 (2)膚色粉底 (3)明色粉底 (4)基本色粉底。

5. (1) 金黃色系的化粧，不包含 (1)紫色 (2)黃色 (3)棕色 (4)金色。

6. (4) 適合修飾黑斑、黑眼圈、痘疤等瑕疵的化粧品是 (1)蜜粉 (2)兩用粉餅 (3)修容餅 (4)蓋斑膏。

7. (4) 要表現出鳳眼的眼型，則假睫毛宜選用 (1)稀長型 (2)濃密型 (3)自然交叉型 (4)前短後長型。

8. (2) 卸粧時，避免用力擦拭的部位是 (1)上額 (2)眼睛四周 (3)下顎 (4)雙頰。

9. (4) 純色是指色彩裡沒有 (1)青色 (2)紅色 (3)綠色 (4)白或黑色 的成分。

10. (4) 為顧客裝戴假睫毛時，顧客眼睛宜 (1)緊閉 (2)往上看 (3)平視 (4)往下看 會較容易裝戴。

11. (3) 化粧前宜做 (1)敷臉 (2)按摩 (3)基礎保養 (4)去角質。

12. (3) 不適合修飾鼻型，產生陰影的是 (1)灰色 (2)咖啡色 (3)黃色 (4)褐色。

13. (2) 何者不是修眉的用具？ (1)安全刀片 (2)尖頭的剪刀 (3)圓頭的剪刀 (4)眉夾。

14. (2) 紅色的補色是 (1)黃色 (2)綠色 (3)藍色 (4)紫色。

15. (3) 紅色與橙色的關係是 (1)對比色 (2)補色 (3)類似色 (4)原色。

16. (2) 長型臉腮紅修飾宜採用 (1)三角形 (2)橫向 (3)圓形 (4)狹長形。

17. (4) 修眉時，以眉夾拔除多餘眉毛應 (1)大於45° (2)逆 (3)垂直 (4)低於45° 毛髮方向。

18. (3) 明亮的色彩，會給人何種感覺？ (1)遠而狹小 (2)近而狹窄 (3)近而寬大 (4)遠而寬大。

19. (3) 濃眉給人的感覺是 (1)溫柔的 (2)純真的 (3)剛毅的 (4)嫵媚的。

20. (2) 圓型臉的腮紅宜刷何種形狀？ (1)橢圓形 (2)狹長形 (3)水平線 (4)圓形。

21. (3) 任何臉型、年齡都適合的眉型是 (1)弓型眉 (2)短型眉 (3)標準眉 (4)箭型眉。

22. (3) 基本腮紅刷法，由眼睛下方到耳中，刷成何種形狀？ (1)長形 (2)圓形 (3)三角形 (4)水平線。

23. (1) 能表現高雅、神秘、女性美的眼影是何種顏色？ (1)紫色 (2)咖啡色 (3)綠色 (4)橘色。

24. (3) 簡易的補粧法宜採用 (1)粉條 (2)水粉餅 (3)粉餅 (4)粉霜。

25. (1) 上、下眼線在眼尾處拉長的畫法、適合何種眼睛？ (1)圓眼睛 (2)細小眼睛 (3)下垂眼睛 (4)狹長眼睛。

26. (1) 黃色的補色為 (1)紫色 (2)綠色 (3)藍色 (4)橙色。

27. (3) 為加強眼部立體感，可在眉骨處抹上何種眼影？ (1)暗色 (2)灰色 (3)明亮色 (4)褐色。

28. (1) 使唇型輪廓更明顯，修飾唇型，最適宜的化粧品是 (1)唇線筆 (2)唇膏 (3)油質唇膏 (4)眼線筆。

29. (2) 畫眉之前應使用何種化粧用具，清除附著在眉毛上的粉底？ (1)眉筆 (2)眉刷 (3)眉夾 (4)眉刀。

30. (2) 適合角度眉眉型設計的臉型是 (1)倒三角形臉 (2)圓形臉 (3)方形臉 (4)菱形臉。

31. (2) 為防止眼影暈開，化眼影之前可先在眼睛周圍按壓 (1)修容餅 (2)蜜粉 (3)粉膏 (4)蓋斑膏。

32. (2) 拔眉毛時，眉夾要靠近下列哪個部位才能減輕疼痛感？ (1)眉頭 (2)毛根 (3)眉尾 (4)毛端。

33. (1) 在粉底的色調中，使用後可使臉頰顯得豐滿的顏色是 (1)明色 (2)暗色 (3)基本色 (4)綠色。

34. (2) 圓型臉兩頰應以何種色調粉底修飾？ (1)明色 (2)暗色 (3)基本色 (4)綠色。

35. (1) 圓型臉上額及下巴處宜以何種色調的粉底修飾？ (1)明色 (2)暗色 (3)基本色 (4)綠色。

36. (1) 正三角型臉上額部兩側宜以下列何種色調粉底修飾？ (1)明色 (2)暗色 (3)基本色 (4)綠色。

37. (2) 正三角型臉兩頰及下顎部宜以何種色調粉底修飾？ (1)明色 (2)暗色 (3)基本色 (4)綠色。

38. (2) 方型臉上額、下顎角宜以何種色調粉底修飾？ (1)明色 (2)暗色 (3)基本色 (4)綠色。

39. (1) 倒三角型臉下顎處宜使用何種色調粉底修飾？ (1)明色 (2)暗色 (3)基本色 (4)綠色。

40. (1) 菱型臉下顎處宜使用何種色調粉底修飾？ (1)明色 (2)暗色 (3)基本色 (4)綠色。

41. (2) 在色相環中，屬於暖色是 (1)青紫、青、青綠 (2)紅、橙、黃 (3)黑、白、灰 (4)黃綠、青紫、紫 色等。

42. (2) 無彩色就是指 (1)紅、橙、黑 (2)黑、白、灰 (3)青紫、青、青綠 (4)黃、綠、紫 色。

43. (2) 刷腮紅時宜順顴骨刷帶圓形的臉型是 (1)正三角型臉 (2)菱型臉 (3)圓型臉 (4)倒三角型臉。

44. (1) 可產生嬌美、溫柔感覺的色彩是 (1)粉紅色 (2)紅色 (3)褐色 (4)綠色。

45. (4) 可掩蓋臉上斑點瑕疵之粉底是 (1)隔離霜 (2)粉霜 (3)蜜粉 (4)蓋斑膏。

46. (2) 塗抹粉底的化粧用具是 (1)粉撲 (2)海棉 (3)化粧紙 (4)化粧棉。

47. (3) 能使眼睛輪廓更加清晰的是 (1)眼影 (2)睫毛膏 (3)眼線 (4)眉型。

48. (1) 可增添眼部色彩、修飾眼型的是 (1)眼影 (2)眼線 (3)眉型 (4)鼻影。

49. (4) 適合圓眼睛的眼線化法是 (1)眼睛中央描粗 (2)眼頭包住 (3)上眼尾的眼線向下畫 (4)上、下眼線在眼尾處要拉長。

50. (3) 不分季節全臉都可使用的粉底是 (1)水粉餅 (2)粉條 (3)粉底霜 (4)蓋斑膏。

51. (2) 亮光唇膏和一般唇膏類似，只是含較多 (1)水分 (2)油脂 (3)蠟 (4)粉末。

52. (2) 色彩中具警惕作用的是 (1)紅色 (2)黃色 (3)黑色 (4)綠色。

53. (3) 上、下眼線在眼尾處拉長，可使眼睛顯得 (1)較大 (2)較小 (3)較細長 (4)較圓。

54. (1) 從眉頭至鼻翼的鼻影修飾適合 (1)短鼻 (2)長鼻 (3)大鼻 (4)小鼻。

55. (3) 兩眼距離較近，眼影的修飾應強調 (1)眼頭 (2)眼中 (3)眼尾 (4)眼窩。

56. (2) 表現理智、穩重的眼影色彩是 (1)藍色 (2)褐色 (3)紅色 (4)粉紅色。

57. (3) 下列何種粉底其使用感較油、較厚而不透明？ (1)水粉餅 (2)粉霜 (3)粉條 (4)粉餅。

58. (4) 化粧使用明色粉底的目的是 (1)縮小臉部範圍 (2)產生陰影效果 (3)隱藏缺點 (4)強調臉部範圍。

59. (4) 冬季化粧，粉底選擇首應注意哪些特性？ (1)耐水 (2)耐汗 (3)防曬 (4)滋潤成分高。

60. (1) 可直接用手指塗抹的化粧品是 (1)日霜 (2)蜜粉 (3)唇膏 (4)化粧水。

61. (4) 下列何者與使用劣質指甲油無關？ (1)指甲脆裂 (2)指甲無光澤 (3)指甲變黃 (4)嵌甲。

62. (3) 芳香品中，香味較持久的是 (1)花露水 (2)古龍水 (3)香精 (4)香水。

63. (2) 乳霜狀粉底其取用法是 (1)以海棉沾取 (2)以挖杓取用 (3)用手指挖取 (4)倒於臉上塗抹。

64. (2) 卸粧時，重點卸粧的部位是 (1)額頭 (2)眼、唇 (3)雙頰 (4)頸部。

65. (3) 色相環中，深藍色是屬於 (1)暖色 (2)中間色 (3)寒色 (4)無彩色。

66. (1) 選擇粉底時，應考慮皮膚狀態、季節及 (1)膚色 (2)眉型 (3)眼型 (4)唇型。

67. (2) 色光的三原色，是指 (1)紅、黃、藍 (2)紅、綠、藍 (3)紅、黃、綠 (4)橙、綠、紫。

68. (3) 要表現深遂的眼部化粧，眼影色彩宜採用 (1)明色 (2)鮮豔色 (3)暗色 (4)含亮粉的顏色。

69. (4) 要表現鼻樑的高挺，鼻樑中央部位宜採用 (1)灰色 (2)褐色 (3)膚色 (4)明色。

工作項目 04 化粧設計

1. (2) 指甲美化之色彩應配合 (1)鼻影 (2)唇膏 (3)眼線 (4)睫毛 的顏色。
2. (2) 塗指甲油時，宜從指甲的 (1)左邊 (2)中間 (3)右邊 (4)無所謂 開始塗起。
3. (2) 塗抹指甲油的方向是 (1)來回 (2)由甲根向甲尖 (3)由甲尖往甲根 (4)左右橫向 塗抹。
4. (4) 選擇粉底的顏色時，是將粉底與何部位膚色比對？ (1)額頭 (2)眼皮 (3)手心 (4)下顎。
5. (4) 唇峰不宜太尖，下唇略呈船型底的唇型適合何種臉型？ (1)長形臉 (2)倒三角形臉 (3)菱形臉 (4)方形臉。
6. (2) 下列何種顏色明度最高？ (1)紅色 (2)紅色＋白色 (3)紅色＋黑色 (4)紅色＋灰色。
7. (1) 下列何種顏色彩度最高？ (1)紅色 (2)紅色＋白色 (3)紅色＋黑色 (4)紅色＋灰色。
8. (1) 強調唇型的立體感時，宜採用比唇膏略 (1)深色調 (2)淡色調 (3)亮色調 (4)淺色調 的顏色。
9. (4) 美容從業人員為顧客做化粧設計，最好的工作原則是 (1)依技術者個人喜好 (2)依顧客個人喜好 (3)模仿流行 (4)與顧客充分溝通。
10. (4) 職業婦女粧最適宜的整體表現是 (1)神秘 (2)豔麗 (3)浪漫 (4)知性。
11. (3) 表現明亮、冷豔的化粧效果，眼部化粧色彩宜採用 (1)粉紅色 (2)咖啡色 (3)寶藍色 (4)黃色。
12. (2) 綜合髮型、服飾、化粧、配飾做設計稱之為 (1)工業設計 (2)造形設計 (3)服裝設計 (4)材料設計。
13. (1) 長型臉適合的眉型是 (1)平直的眉型 (2)有角度的眉型 (3)下垂的眉型 (4)上揚的眉型。
14. (1) 能表現年輕，活潑的眉型是 (1)短而平穩的眉型 (2)有角度眉 (3)細而彎的眉型 (4)下垂眉。

15. (4) 粉紅色系的服飾適合下列何種色系的唇膏？ (1)橘紅色系 (2)褐色系 (3)咖啡色系 (4)玫瑰色系。

16. (3) 鼻頭過大時，鼻影修飾重點部位為 (1)眉頭 (2)眼窩 (3)鼻翼 (4)眼頭。

17. (1) 藍色加上白色之後，下列何者不會產生變化？ (1)色相 (2)明度 (3)彩度 (4)純度。

18. (1) 最理想的臉型是 (1)鵝蛋臉 (2)長型臉 (3)方型臉 (4)圓型臉。

19. (2) 圓型臉的眉型應畫成 (1)直線眉 (2)角度眉 (3)短眉 (4)下垂眉 為宜。

20. (4) 穿著黃色或黃綠色的服裝時，唇膏宜選用 (1)桃紅色 (2)粉紅色 (3)玫瑰色 (4)橘色。

21. (2) 穿著紅色或橙黃色的服裝時，眼影宜選用 (1)紫色 (2)褐色 (3)桃紅色 (4)藍色。

22. (1) 針對短鼻的修飾技巧，是由眉頭順者鼻樑兩側刷上陰影，並在鼻樑中央以 (1)米白色系 (2)鐵灰色系 (3)棕色系 (4)深咖啡色系 之色彩刷至鼻頭。

23. (1) 能表現出自然、年輕、健康膚色的粉底是 (1)褐色系 (2)粉紅色系 (3)杏仁色系 (4)象牙白色系。

24. (1) 有關假睫毛的裝戴技巧，下列何者錯誤？ (1)宜先將真睫毛刷妥睫毛膏後，再裝戴假睫毛 (2)假睫毛的寬幅宜比眼長稍短些 (3)睫毛短的一邊裝在眼頭而長的一邊裝在眼尾 (4)裝戴假睫毛時，宜先將中央部分固定後，再將眼頭眼尾服貼黏妥。

25. (2) 淡粧者其唇膏最適合的色彩是 (1)鮮紅色 (2)粉紅色 (3)深玫瑰色 (4)暗褐色。

26. (1) 將眉峰畫高可使臉型看來較 (1)長 (2)圓 (3)寬 (4)扁。

27. (4) 欲表現剛強個性的眉型，化粧設計時最好採用 (1)標準眉 (2)直線眉 (3)下垂眉 (4)角度眉。

28. (2) 能給人可愛感印象的眉型是 (1)眉毛較長 (2)眉毛較短 (3)眉弓較高 (4)兩眉較近。

29. (2) 橫向的腮紅可使臉型看來較為 (1)長 (2)短 (3)窄 (4)瘦。

30. (2) 黑眼圈、眼袋的修飾可在眼圈週圍按壓 (1)粉紅色 (2)象牙白 (3)咖啡色 (4)巧克力色 之粉底。

31. (4) 淡粧粉底的顏色宜選擇 (1)象牙白 (2)深棕色 (3)比膚色紅一點 (4)與膚色近似者。

32. (2) 無彩色除了白與黑之外，還包括了 (1)綠 (2)灰 (3)黃 (4)紅。

33. (2) 化粧時，光源最好採 (1)背面光 (2)正面光 (3)右側光 (4)左側光。

34. (1) 選用粉底應依 (1)膚色 (2)唇型 (3)臉型 (4)鼻型 來選擇。

35. (1) 皮膚白晰者可選用 (1)粉紅色 (2)深膚色 (3)咖啡色 (4)綠色 的粉底。

36. (4) 欲使圓形臉稍拉長，服裝衣領宜選用 (1)圓形領 (2)船形領 (3)高領荷葉邊 (4)V型領。

37. (2) 自然且近於膚色的粉底是 (1)明色 (2)基本色 (3)暗色 (4)白色 粉底。

38. (2) 職業婦女的造型不應有 (1)秀麗端莊的裝扮 (2)妖豔華麗的化粧 (3)知性沉穩的形象 (4)整齊大方的儀容。

39. (1) 宴會化粧時，為使膚色顯得白晰可選擇 (1)粉紅色系 (2)褐色系 (3)黃色系 (4)咖啡色系 的粉底。

40. (1) 夏天外出化粧，其粉底的選用，下列何者為最適宜？ (1)粉底霜 (2)粉條 (3)修容餅 (4)蓋斑膏。

41. (3) 夏季化粧欲表現出健美的膚色，粉底可選擇 (1)象牙白 (2)粉紅色系 (3)褐色系 (4)綠色系。

42. (2) 黃色給人的色彩印象是 (1)緊張、歡喜 (2)興奮、爽朗 (3)穩重、清爽 (4)高貴、神秘。

43. (3) 給人可愛柔和感覺的臉型是 (1)方型臉 (2)長型臉 (3)圓型臉 (4)菱型臉。

44. (1) 濃粧的假睫毛宜選擇 (1)濃密型 (2)稀長型 (3)自然型 (4)稀短型。

45. (3) 為使裝戴的假睫毛看起來較自然，假睫毛的寬幅修剪，最好是眼睛長度的 (1)1/3 (2)1/2 (3)稍短 (4)一樣長 為宜。

46. (1) 欲使唇型輪廓緊縮，描畫時宜採用 (1)深色調 (2)淡色調 (3)亮色調 (4)淺色調。

47. (3) 化粧時用來改變膚色，修飾臉型的是 (1)化粧水 (2)冷霜 (3)粉底 (4)粉餅。

48. (3) 長型臉在畫眉毛時眉峰應 (1)畫高 (2)畫低 (3)以平直為準 (4)畫圓型。

49. (4) 標準型態美的眼長，應是臉寬的幾分之幾 (1)1/3 (2)1/2 (3)1/4 (4)1/5。

50. (3) 方型臉者其服裝應選擇 (1)方型領口 (2)平口領 (3)U型領 (4)高領。

51. (2) 化粧色彩中，表現華麗或樸素的主要因素是色彩的 (1)明度 (2)彩度 (3)色相 (4)色溫。

52. (4) 關於香水的使用，下列敘述何者正確？ (1)香水應擦在體溫較低或脈搏跳動的地方 (2)為使香味持久，香水應一次大量使用 (3)可同時使用不同香味之香水 (4)香水的使用應配合T.P.O.來選擇香味濃度。

53. (3) 粉底色調中，可使臉部看起來較削瘦，有收縮感的是 (1)基本色 (2)明色 (3)暗色 (4)白色。

54. (1) 表現青春活潑，色彩宜採用 (1)明朗、自然的色彩 (2)較暗淡的色彩 (3)較濃豔的色彩 (4)華麗的色彩。

55. (2) 有明顯角度的眉毛會予人下列何種印象？ (1)柔和 (2)剛毅 (3)憂鬱 (4)可愛。

56. (4) 下列哪一種臉型者其服裝宜採船型領？ (1)方形臉 (2)圓形臉 (3)三角形臉 (4)長形臉。

57. (2) 有關化粧品的取用，下列敘述何者正確？ (1)過量取出之化粧品，倒回瓶中以避免浪費 (2)化粧棉取用，且避免接觸瓶口 (3)可分裝或更換容器，方便出遊時使用 (4)若發生油水分離之現象屬正常情形，仍可照常繼續使用。

58. (3) 取用乳霜類化粧品，宜 (1)直接以手指挖取 (2)直接倒在顧客臉上 (3)利用挖杓挖取 (4)用棉球沾取。

59. (1) 標準型態美中，將臉長區分為三等分的部位是 (1)眉毛、鼻子 (2)眉毛、嘴唇 (3)眼睛、嘴唇 (4)眼睛、鼻子。

60. (2) 一般粧通常不使用 (1)粉底面霜 (2)假睫毛 (3)眼影 (4)眼線。

61. (3) 化粧要表現華麗感時，唇膏可採用 (1)褐色系 (2)橘色系 (3)玫瑰色系 (4)粉紅色系。

62. (2) 取下假睫毛時，應從下列何處取下？ (1)眼頭 (2)眼尾 (3)眼中 (4)均可。

63. (1) 色彩的三屬性是 (1)色相、明度、彩度 (2)色相、色彩、明度 (3)彩度、明度、純度 (4)色相、純度、明度。

64. (4) 粉條的取用，下列何者為宜？ (1)直接塗在臉上 (2)以手指沾取 (3)以海棉沾取 (4)用挖杓取用。

65. (1) 取用蜜粉，下列何者不宜？ (1)直接以粉撲沾取 (2)倒在盒蓋後沾取 (3)倒在紙上後沾取 (4)倒在手心後沾取。

66. (2) 為確保顧客安全，筆狀色彩化粧品應 (1)當天消毒 (2)使用前、後消毒 (3)使用前消毒 (4)使用後消毒。

67. (3) 化粧時如遇割傷，緊急處理的第一步驟是 (1)擦上皮膚消毒劑 (2)以面紙止血 (3)以清水清洗傷口 (4)擦消炎劑。

68. (2) 修眉後使用化粧水的目的是 (1)鬆弛毛孔 (2)收縮毛孔 (3)擴張毛孔 (4)刺激毛孔。

69. (1) 描畫厚唇型輪廓時，宜採用何種色調？ (1)深色調 (2)淡色調 (3)淺色調 (4)亮色調。

工作項目 05 化粧品的認識

1. (4) 化粧品中不得含有 (1)香料 (2)色料 (3)維生素 (4)類固醇。
2. (3) 化粧品使用後，如有皮膚發炎、紅腫等現象，其處理方式為 (1)用溫水濕布 (2)用收斂化粧水濕布 (3)應立即停止使用 (4)立刻擦皮膚藥膏。
3. (3) 化粧品的成分中，能夠使油溶性與水溶性成分密切結合的物質稱之為 (1)維他命 (2)荷爾蒙 (3)界面活性劑 (4)防腐劑。
4. (3) 化粧品成分中具有防止老化兼有防止變質為 (1)基劑 (2)香料 (3)維他命E (4)界面活性劑。
5. (1) 一般保養性乳液中，不得含有何種成分？ (1)類固醇 (2)香料 (3)水 (4)界面活性劑。
6. (2) 按摩霜中除水以外，含量最多的成分是 (1)綿羊油 (2)白蠟油 (3)防腐劑 (4)維他命。
7. (1) 下列何者屬於水溶性成分？ (1)維他命C (2)維他命A (3)綿羊油 (4)蠟。
8. (2) 化粧品衛生安全管理法所稱化粧品業者： (1)指以製造化粧品為營業者 (2)指以製造、輸入或販賣化粧品為營業者 (3)指以輸入化粧品為營業者 (4)指以販賣化粧品為營業者。
9. (4) 化粧品之用途不得宣稱，具有何種效果？ (1)改善體味 (2)修飾容貌 (3)潤澤肌膚 (4)平撫肌膚疤痕。
10. (3) 彩粧系列產品其可能加入之色素，得載明下列何種字樣而為標示 (1)X/Y (2)O/X (3)+\– (4)≤。
11. (2) pH值為表示物質酸鹼度之方法，其值從最小到最大為 (1)1~14 (2)0~14 (3)1~20 (4)0~20。
12. (1) 混合兩種互不相溶之液體，使一液體均勻分散在另一液體中，此狀態稱為 (1)乳化 (2)硬化 (3)軟化 (4)液化。
13. (2) 蒸餾水是常壓下加溫至幾度時所蒸餾而得的水？ (1)70°C (2)100°C (3)150°C (4)200°C。

14. (1) 取用化粧品的正確方法是 (1)用挖杓 (2)用棉花棒 (3)用手指 (4)用刀片。

15. (1) 保護消費者權益，負責化粧品查驗工作的政府機構是 (1)衛生福利部 (2)環保署 (3)消費者文教基金會 (4)公平交易委員會。

16. (3) pH值酸鹼平衡之中性點為 (1)pH＝0 (2)pH＝5 (3)pH＝7 (4)pH＝14。

17. (1) 下列何者是磨砂膏的功用 (1)移除老舊角質層 (2)控制流汗 (3)遮蓋體臭 (4)防曬。

18. (2) 為使乳液易被皮膚吸收，擦乳液前應使用 (1)清潔霜 (2)化粧水 (3)按摩霜 (4)敷面劑。

19. (4) 擦拭香水後，依香味出現的時間分為前調、中調、後調，下列何者不是前調香味？ (1)花香調 (2)綠草調 (3)水果調 (4)動物香精。

20. (4) 香水、古龍水是屬於 (1)清潔用品 (2)保養用品 (3)美化用品 (4)芳香品。

21. (2) 無色透明，具有特殊異味，揮發性強的液體是 (1)軟水 (2)酒精 (3)硬水 (4)蒸餾水。

22. (1) 果酸化學名為 (1) α -氫氧基酸 (2) α -氫氟酸 (3) α -菸鹼酸 (4) α -水楊酸。

23. (1) 液體的酸鹼度pH值越低其 (1)酸性越強 (2)酸性不變 (3)鹼性越強 (4)鹼性不變。

24. (4) 化粧品中所含不純物重金屬鉛之殘留量，不得超過多少ppm？ (1)1 (2)3 (3)5 (4)10 ppm 。

25. (4) 短期內使皮膚變白，其毒性會侵襲腎臟的化粧品是含有 (1)荷爾蒙 (2)光敏感劑劑 (3)苯甲酸 (4)汞。

26. (3) 有關防曬用品其防曬係數(S.P.F)之敘述，何者為非？其數值越大，表示 (1)可阻擋較多紫外線 (2)皮膚在太陽下的安全時間較長 (3)在陽光下，不需再次塗抹 (4)宜適合於戶外活動使用。

27. (1) 違規之化粧品不得有下列何種情事？A.供應、販賣；B.贈送、公開陳列；C.或提供消費者試用 (1)A+B+C (2)B+C (3)A+C (4)A+B。

28. (1) 具有抑制細菌作用的化粧品其酸鹼度為 (1)弱酸性 (2)強酸性 (3)弱鹼性 (4)強鹼性。

29. (4) 美化膚色的化粧品為 (1)眼影 (2)眉筆 (3)唇線筆 (4)粉底。

30. (2) 酒精做為消毒劑時，其濃度為 (1)90% (2)75% (3)50% (4)30%。

31. (3) 修飾臉形輪廓的產品是 (1)眉筆 (2)睫毛膏 (3)腮紅 (4)蜜粉。

32. (1) 弱鹼性的化粧水也稱為 (1)柔軟性化粧水 (2)收斂性化粧水 (3)營養化粧水 (4)面皰化粧水。

33. (1) 酸性液體之pH值 (1)小於7 (2)等於7 (3)大於7 (4)等於14。

34. (3) 液體的酸鹼度(pH)值越高其 (1)酸性越強 (2)酸性不變 (3)鹼性越強 (4)鹼性不變。

35. (2) 富含油質的清潔霜適用於何種皮膚 (1)油性皮膚 (2)乾性皮膚 (3)敏感皮膚 (4)青春痘皮膚。

36. (3) 使用化粧品產生過敏症狀時，應 (1)用蛋白敷臉 (2)用儀器治療 (3)請醫師治療 (4)以化粧水輕拍皮膚。

37. (2) 化粧品存放應注意勿置於陽光直接照射或何種場所？ (1)室溫場所 (2)高溫場所 (3)臥室抽屜內 (4)辦公室抽屜內。

38. (3) 使用洗面皂最主要的目的是 (1)營養皮膚 (2)美化皮膚 (3)清潔皮膚 (4)潤澤皮膚。

39. (3) 物質在下列何種情況下較易穿透皮膚？ (1)皮膚的溫度降低時 (2)真皮的含水量較低時 (3)物質溶解在脂性溶劑時 (4)物質溶解在水性溶劑時。

40. (3) 化粧品中產生主要作用的成分，就是 (1)基劑 (2)保濕劑 (3)活性成分 (4)乳化劑。

41. (4) 酒精在化粧品中是具有何種功能？ (1)營養、滋潤 (2)潤澤、護理 (3)潤滑、美白 (4)殺菌、收斂。

42. (3) 能掩蓋皮膚瑕疵，美化膚色的化粧製品是 (1)防曬霜 (2)化粧水 (3)粉底 (4)營養面霜。

43. (3) 能描畫出自然柔和的線條，對於初學者最理想的描畫眼線用品是 (1)眼線液 (2)眼線餅 (3)眼線筆 (4)卡式眼線筆。

44. (4) 下列哪一項可為一般化粧品之用途詞句？ (1)改善海綿組織 (2)塑身 (3)瓦解脂肪 (4)滋潤肌膚。

45. (1) 水與油要藉由下列何種物質才能均勻混合？ (1)乳化劑 (2)防腐劑 (3)消炎劑 (4)黏接劑。

46. (1) 防止嘴唇乾裂脫皮最有效的是 (1)護唇膏 (2)亮光唇膏 (3)有色唇膏 (4)淡色唇膏。

47. (2) 硬水的軟化法為 (1)冷凍 (2)蒸餾 (3)靜置 (4)攪拌。

48. (1) 化粧品的仿單係指化粧品的 (1)說明書 (2)容器 (3)包裝盒 (4)標籤。

49. (2) 理想的化粧品應是 (1)中性 (2)弱酸性 (3)弱鹼性 (4)強酸性。

50. (1) 貼鼻皮膚清潔膠布每次使用時間不得超過 (1)15分鐘 (2)20分鐘 (3)25分鐘 (4)30分鐘。

51. (4) 化粧品中 (1)可以使用0.5%以下 (2)可以使用0.1%以下 (3)可以使用1%以下 (4)禁止使用 硼酸(Boric Acid)。

52. (2) 防曬劑係屬 (1)藥品 (2)含藥化粧品 (3)一般化粧品 (4)日用品。

53. (2) 化粧品廣告管理，何者敘述正確？ (1)應事前經縣市衛生主管機關核准 (2)應事前經中央或直轄市衛生主管機關核准 (3)事後追懲 (4)無須管理。

54. (1) 國內製造的化粧品，其品名、標籤、仿單及包裝等刊載之文字，應以 (1)中 (2)英 (3)法 (4)日 文為主。

55. (3) 化粧品工廠設廠標準，係由何機關訂定？ (1)衛生福利部 (2)經濟部 (3)經濟部會同衛生福利部 (4)法務部。

56. (1) 一般化粧品，其包裝可以無須標示 (1)備查字號 (2)品名 (3)用途 (4)注意事項。

57. (2) 含Thioglycolate Sodium成分之脫毛軟膏，屬 (1)特定用途化粧品 (2)成藥 (3)醫師處方藥 (4)一般化粧品。

58. (1) 化粧品衛生安全管理法第七條第一項第七款所稱輸入產品之原產地（國），係指 (1)依進口貨物原產地認定標準認定，製造或加工製成終

產品之國家或地區　(2)依進口商指定，加工製成終產品之國家　(3)依進出口商業同業公會全國聯合會認定標準認定，製造產品之國家　(4)依進出口商業同業公會認定，製造或加工製成終產品之國家或地區。

59. (4)　下列哪些情況下不宜染髮：A.懷孕婦女；B.頭頸部有紅腫、受傷或皮膚疾病；C.皮膚測試後，發紅或起水泡？　(1)A+B　(2)A+C　(3)B+C　(4)A+B+C。

60. (1)　化粧品中禁止使用氯氟碳化物(Freon)，係因它在大氣層中會消耗　(1)臭氧　(2)氧氣　(3)二氧化碳　(4)一氧化碳 使皮膚受到紫外線的傷害。

61. (2)　化粧品衛生安全管理係由衛生福利部納入　(1)國民健康署　(2)食品藥物管理署　(3)疾病管制署　(4)社會及家庭署 業務的一環。

62. (3)　依化粧品衛生管理條例規定，化粧品包裝必須刊載　(1)商標　(2)規格　(3)成分　(4)售價。

63. (4)　化粧品包裝上可無須刊載的有　(1)品名　(2)全成分　(3)用法　(4)售價。

64. (1)　用途為保濕、滋潤肌膚或促進表皮更新之化粧品，含果酸(alpha hydroxy acids)及其相關成分者，其pH值不得低於　(1)3.5　(2)2.5　(3)1.5　(4)0.5。

65. (3)　含對苯二酚(Hydroquinone)成分之產品係以下列何種管理？　(1)一般化粧品　(2)特定用途化粧品　(3)藥品　(4)醫療器材。

66. (2)　依化粧品衛生管理條例之規定，化粧品分為　(1)美容用與醫療用　(2)一般化粧品與含藥化粧品　(3)水性與油性　(4)化粧用與保養用。

67. (1)　下列何者應依法負擔辦理化粧品產品登錄與產品資訊檔案建立及回收作業　(1)化粧品製造或輸入業者　(2)受託製造業者　(3)物流配送業者　(4)零售業者。

68. (1)　擦於皮膚上用以驅避蚊蟲之產品，係屬　(1)藥品　(2)含藥化粧品　(3)一般化粧品　(4)環境衛生用藥管理。

69. (3)　脫毛臘係屬　(1)藥品　(2)含藥化粧品　(3)一般化粧品　(4)日用品。

70. (2)　依法規定義，化粧品係指施於人體外部、牙齒或口腔黏膜，用以潤澤髮膚，刺激嗅覺，改善體味或　(1)促進代謝　(2)修飾容貌　(3)增進健康　(4)保持身材 之製劑。

71. (4) 應標示全成分的化粧品是 (1)特定用途化粧品 (2)進口化粧品 (3)大陸化粧品 (4)任何化粧品。

72. (3) 依據化粧品色素成分使用限制表，試問哪一類色素限用於非接觸黏膜之化粧品？ (1)第一類 (2)第二類 (3)第三類 (4)第四類。

73. (2) 化粧品有異狀時，應 (1)趕快用完 (2)立刻停用 (3)降價出售 (4)當贈品。

74. (3) 化粧品應置於 (1)高溫 (2)低溫 (3)適溫 (4)強光 的地方，以防變質。

75. (4) 敷面劑中的二氧化鈦(TiO_2)，其作用是 (1)美白 (2)滋潤 (3)乳化 (4)基劑。

76. (1) 下列特定用途化粧品廣告內容何者是違法的？ (1)治療濕疹 (2)撫平皺紋 (3)保養皮膚 (4)使皮膚白嫩。

77. (3) 隔離霜中的二氧化鈦(TiO_2)，其作用是 (1)美白 (2)滋潤 (3)隔離紫外線 (4)基劑。

78. (1) 因檢舉而查獲違反化粧品衛生安全管理法規定情事者，直轄市、縣（市）主管機關得發給檢舉人獎金，至少罰鍰實收金額百分之 (1)5 (2)4 (3)3 (4)2。

79. (2) 眉筆在化粧品種類表中，係歸屬 (1)護膚用化粧品類 (2)眼部用化粧品 (3)香粉類 (4)彩粧用化粧品類。

80. (1) 化粧品衛生安全管理法所稱來源不明之化粧品，指下列何者情形？A.無法提出來源證明；B.提出之來源或其證明經查證不實；C.外包裝或容器未刊載製造或輸入業者之名稱或地址，且無產品登錄資料可資查證 (1)A+B+C (2)B+C (3)A+C (4)A+B。

81. (1) 腋臭防止劑在化粧品種類表中，係歸屬 (1)香氛用化粧品類 (2)面霜乳液類 (3)化粧水類 (4)覆敷用化粧品類。

82. (1) 屬於特定用途化粧品的是 (1)化學防曬劑 (2)眼影 (3)非藥用牙膏 (4)敷臉劑。

83. (3) 香氛用化粧品類中，違規使用甲醇代替乙醇（酒精）易導致 (1)肝癌 (2)腎臟衰竭 (3)視神經變化 (4)肺炎。

84. (3) 長期使用添加副腎皮質荷爾蒙的化粧品後，皮膚會 (1)變褐 (2)變紅 (3)萎縮 (4)變黑。

85. (1) 指甲油的溶劑及去光水，易使指甲 (1)脆弱 (2)更有光澤 (3)鮮豔 (4)更修長。

86. (3) 下列沐浴用化粧品廣告合法的為 (1)消除關節痛 (2)治療皮膚炎 (3)清潔肌膚 (4)減肥。

87. (3) 下列成分中何者不具有安撫、鎮靜的效果？ (1)洋甘菊 (2)金盞花 (3)檸檬 (4)甘草 萃取液。

88. (3) 下列何種成分禁用於化粧品？ (1)氨水 (2)雙氧水 (3)A酸 (4)醋酸鉛。

89. (1) 衛生主管機關得派員進入化粧品販賣處所，抽樣檢驗化粧品，無故拒絕受檢者，依化粧品衛生安全管理法可處新臺幣 (1)1~100 (2)2~500 (3)4~20 (4)60~500 萬元罰緩。

90. (1) 特定用途化粧品未依規定標示全成分名稱及所含特定用途成分之含量，依化粧品衛生安全管理法可處新臺幣 (1)1~100 (2)2~500 (3)4~20 (4)60~500 萬元罰緩。

91. (1) 化粧品外包裝或容器須明顯標示使用注意事項，違者依法可處新臺幣 (1)1~100 (2)2~500 (3)4~20 (4)60~500 萬元罰鍰。

92. (3) 化粧品標示不得有虛偽或誇大之情事，違者依法可處新臺幣 (1)1~100 (2)2~500 (3)4~20 (4)60~500 萬元罰緩。

93. (2) 化粧品製造場所應符合化粧品製造工廠設廠標準；除經中央主管機關會同中央工業主管機關公告者外，應完成工廠登記。違反者依法可處新臺幣 (1)1~100 (2)2~500 (3)4~20 (4)60~500 萬元罰緩，並得按次處罰。

94. (1) 化粧品之外包裝上未依規定標示產品所含之全部成分名稱，依化粧品衛生安全管理法可處新臺幣 (1)1~100 (2)2~500 (3)4~20 (4)60~500 萬元罰緩。

工作項目 06 公共衛生

1. (4) 使用氯液消毒美容機具時，其自由有效餘氯應為 (1)500PPM (2)100PPM (3)150PPM (4)200PPM。

2. (2) 殺滅致病微生物（病原體）之繁殖型或活動型稱為 (1)防腐 (2)消毒 (3)滅菌 (4)感染。

3. (4) 器具、毛巾之消毒時機為 (1)每三天一次 (2)每二天一次 (3)每天一次 (4)每一顧客使用之後。

4. (1) 煮沸消毒法是於沸騰的開水中煮至少幾分鐘以上？ (1)五分鐘 (2)四分鐘 (3)三分鐘 (4)二分鐘 即可達到殺滅病菌的目的。

5. (3) 下列何種物品不適合用煮沸消毒法消毒？ (1)剪刀 (2)玻璃杯 (3)塑膠夾子 (4)毛巾。

6. (2) 下列哪一種消毒法是屬物理消毒法？ (1)陽性肥皂液消毒法 (2)蒸氣消毒法 (3)酒精消毒法 (4)氯液消毒法。

7. (2) 毛巾使用蒸氣消毒，時間不得少於 (1)五分鐘 (2)十分鐘 (3)十五分鐘 (4)二十分鐘 以上。

8. (3) 酒精消毒之有效殺菌濃度為 (1)25~35% (2)55~65% (3)70~75% (4)85~95%。

9. (3) 稀釋消毒劑以量筒取藥劑時，視線應該 (1)在刻度上緣位置 (2)在刻度下緣位置 (3)與刻度成水平位置 (2)在量筒注入口位置。

10. (1) 紫外線消毒法為一種 (1)物理消毒法 (2)化學消毒法 (3)超音波消毒法 (4)原子能消毒法。

11. (3) 手指、皮膚適用下列哪種消毒法？ (1)氯液消毒法 (2)複方煤餾油酚溶液消毒法 (3)酒精消毒法 (4)紫外線消毒法。

12. (2) 一般而言病原體之生長過程在何種溫度最適宜？ (1)10℃~20℃ (2)20℃~38℃ (3)38℃~40℃ (4)40℃以上。

13. (2) 對大多數病原體而言在多少pH值間最適宜生長活動？ (1)8~9 (2)6.5~7.5 (3)5~6.5 (4)3.5~5。

14. (1) 金屬製品的剪刀、剃刀、剪髮機等切忌浸泡於 (1)氯液 (2)熱水 (3)酒精 (4)複方煤餾油酚肥皂液 中，以免刀鋒變鈍。

15. (3) 200PPM即 (1)一萬分之二百 (2)十萬分之二百 (3)百萬分之二百 (4)千萬分之二百。

16. (4) 下列哪一種消毒法是屬於化學消毒法？ (1)蒸氣消毒法 (2)紫外線消毒法 (3)煮沸消毒法 (4)陽性肥皂液消毒法。

17. (4) 紫外線消毒箱內其照射強度至少要達到每平方公分85微瓦特的有效光量，照射時間至少要 (1)5 (2)10 (3)15 (4)20 分鐘以上。

18. (1) 日光具有殺菌力，因其中含 (1)紫外線 (2)紅外線 (3)遠紅外線 (4)微波。

19. (1) 使用陽性肥皂液消毒器械或雙手，其消毒液中之苯基氯卡銨最適有效殺菌濃度為 (1)0.1~0.5% (2)0.5~1% (3)1~3% (4)3~6%。

20. (4) 盥洗設備適用下列哪種消毒法？ (1)紫外線消毒法 (2)酒精消毒法 (3)煮沸消毒法 (4)氯液消毒法。

21. (3) 下列哪一種不是化學消毒法？ (1)漂白水 (2)酒精 (3)紫外線 (4)陽性肥皂液。

22. (1) 陽性肥皂液不可與何物質並用？ (1)肥皂 (2)水 (3)酒精 (4)苯基氯卡銨。

23. (1) 使用氯液消毒法，機具須完全浸泡至少多少時間？ (1)二分鐘 (2)五分鐘 (3)十分鐘 (4)二十分鐘 以上。

24. (2) 使用陽性肥皂液消毒時，機具須完全浸泡至少多少時間？ (1)十分鐘 (2)二十分鐘 (3)二十五分鐘 (4)三十分鐘 以上。

25. (1) 使用酒精消毒時，機具完全浸泡至少需多少時間？ (1)10分鐘 (2)15分鐘 (3)20分鐘 (4)25分鐘 以上。

26. (1) 使用複方煤餾油酚溶液消毒時，機具須完全浸泡至少需多少時間以上？ (1)10分鐘 (2)15分鐘 (3)20分鐘 (4)25分鐘。

27. (4) 登革熱之病原體有 (1)一型 (2)二型 (3)三型 (4)四型。

28. (1) 登革熱是由哪一類病原體所引起的疾病？ (1)病毒 (2)細菌 (3)黴菌 (4)寄生蟲。

29. (1) 流行性感冒是由哪一種病原體所引起的疾病？ (1)病毒 (2)細菌 (3)黴菌 (4)寄生蟲。

30. (2) 肺結核是由哪一類病原體所引起的疾病？ (1)病毒 (2)細菌 (3)黴菌 (4)寄生蟲。

31. (1) 梅毒傳染途徑為 (1)接觸傳染 (2)空氣傳染 (3)經口傳染 (4)病媒傳染。

32. (3) 梅毒不會經由下列何種途徑傳染？ (1)性行為 (2)血液傳染 (3)空氣傳染 (4)母子垂直傳染。

33. (2) 工作時帶口罩，主要係阻斷哪一種傳染途徑？ (1)接觸傳染 (2)飛沫或空氣傳染 (3)經口傳染 (4)病媒傳染。

34. (3) 登革熱之傳染源為 (1)三斑家蚊 (2)環蚊 (3)埃及斑蚊或白線斑蚊 (4)鼠蚤。

35. (3) 愛滋病的病原體為 (1)葡萄球菌 (2)鏈球菌 (3)人類免疫缺乏病毒 (4)披衣菌。

36. (2) 愛滋病的敘述，下列何者錯誤？ (1)是1981年才發現的傳染病 (2)被感染的人免疫力不會降低 (3)避免與帶原者發生性行為 (4)帶原者不可捐血、捐器官以免傳染給他人。

37. (2) 肺結核的預防接種為 (1)沙賓疫苗 (2)卡介苗 (3)免疫球蛋白 (4)三合一混合疫苗。

38. (1) 預防登革熱的方法，營業場所插花容器及冰箱底盤應 (1)一週 (2)三週 (3)一個月 (4)二週 洗刷一次。

39. (1) 病人常出現黃疸的疾病為 (1)A型肝炎 (2)愛滋病 (3)肺結核 (4)梅毒。

40. (2) 預防B型肝炎，下列敘述何者錯誤？ (1)孕婦接受B型肝炎檢查 (2)感染B型肝炎後應注射疫苗 (3)受血液汙染的器具如剃刀等可能為傳染的媒介 (4)母親為帶原者，新生兒出生後應即注射B型肝炎免疫球蛋白及疫苗。

41. (1) 流行性感冒是一種 (1)上呼吸道急性傳染病 (2)上呼吸道慢性傳染病 (3)下呼吸道急性傳染病 (4)下呼吸道慢性傳染病。

42. (4) 流行性感冒的預防方法，下列敘述何者錯誤？ (1)將病人與易受感染的健康人隔開 (2)注意個人衛生 (3)不隨便吐痰或擤鼻涕 (4)預防注射卡介苗。

43. (4) 下列何者可為A型肝炎之傳染途徑？ (1)性行為 (2)血液傳染 (3)空氣傳染 (4)吃入未經煮熟的食物。

44. (4) 從業人員維持良好的衛生行為可阻斷病原體在不同顧客間的傳染，下列何者為非？ (1)凡接觸顧客皮膚的器物均應消毒 (2)工作前、後洗手可保護自己 (3)工作前、後洗手可保護顧客 (4)一次同時服務兩名顧客，不增加傳染的危險。

45. (3) 關於工作場所的整潔，下列何者錯誤？ (1)可減少蒼蠅、蚊子孳生 (2)應包括空氣品質維護 (3)整潔與衛生無關 (4)可增進從業人員及顧客健康。

46. (4) B型肝炎感染，下列敘述何者錯誤？ (1)輸血 (2)共用針筒、針頭 (3)外傷接觸病原體 (4)病人的糞便汙染 而傳染。

47. (2) 開放性肺結核最好的治療為 (1)預防接種 (2)確實服藥 (3)避免性接觸 (4)接種卡介苗。

48. (1) 從業人員肺結核X光檢查 (1)一年一次 (2)二年一次 (3)三年一次 (4)半年一次。

49. (2) 可經由性行為傳染的疾病何者為非？ (1)愛滋病 (2)登革熱 (3)淋病 (4)梅毒。

50. (4) 梅毒的傳染途徑，下列敘述何者錯誤？ (1)與梅毒的帶原者發生性行為 (2)輸血傳染 (3)經由患有梅毒者潰瘍之分泌物接觸黏膜傷口傳染 (4)由患者的痰或飛沫傳染。

51. (4) 下列傳染病何者非為性接觸傳染病？ (1)梅毒 (2)淋病 (3)非淋菌性尿道炎 (4)肺結核。

52. (2) 下列何者為外傷感染之傳染病？ (1)肺結核 (2)破傷風 (3)流行性感冒 (4)百日咳。

53. (1) 若發現顧客有化膿性傳染性皮膚病時，下列敘述何者錯誤？ (1)可繼續服務 (2)拒絕服務 (3)事後發現應用溫水及肥皂洗淨雙手 (4)事後發現時應徹底消毒。

54. (1) 以不潔未經有效消毒的毛巾供顧客使用，可能使顧客感染何種傳染病？ (1)砂眼 (2)狂犬病 (3)日本腦炎 (4)登革熱。

55. (1) 下列何者係由黴菌所引起的傳染病？ (1)白癬 (2)痳瘋 (3)阿米巴痢疾 (4)恙蟲病。

56. (1) 依「傳染病防治」條例規定公共場所之負責人或管理人發現疑似傳染病之病人應於多少小時內報告衛生主管機關？ (1)24小時 (2)48小時 (3)72小時 (4)84小時。

57. (4) 理燙髮美容業從業人員患有傳染病時 (1)可一方面治療一方面從業 (2)保護得當，應可繼續從業 (3)覺得舒服時，可繼續從業 (4)停止從業。

58. (3) 病原體進入人體後並不顯現病症，但仍可傳染給別人使其生病，這種人稱為 (1)病媒 (2)病原體 (3)帶原者 (4)中間寄主。

59. (3) 健康的人與病人或感染者經由直接接觸或間接接觸而發生傳染病稱為 (1)飛沫傳染 (2)經口傳染 (3)接觸傳染 (4)病媒傳染。

60. (3) 登革熱係屬 (1)接觸傳染 (2)經口傳染 (3)病媒傳染 (4)飛沫傳染。

61. (2) 接觸病人或感染者所汙染之物品而傳染係屬 (1)直接接觸傳染 (2)間接接觸傳染 (3)飛沫傳染 (4)經口傳染。

62. (1) 下列何者最容易接觸病原體的地方？ (1)手 (2)腳 (3)頭部 (4)身體。

63. (1) 砂眼的傳染途徑最主要為 (1)毛巾 (2)食物 (3)空氣 (4)嘔吐物。

64. (2) 防止砂眼的傳染應注意 (1)空氣流通 (2)毛巾器械之消毒 (3)光線充足 (4)食物煮熟。

65. (3) 細菌可經由下列何者進入體內？ (1)乾燥的皮膚 (2)濕潤的皮膚 (3)外傷的皮膚 (4)油質皮膚。

66. (3) 第二次感染不同型之登革熱病毒 (1)不會有症狀 (2)症狀較第一次輕微 (3)會有嚴重性出血或休克症狀 (4)已有免疫力故不會再感染。

67. (1) 從業人員如皮膚有傷口，下列敘述何者錯誤？ (1)不會增加本身被傳染的危險 (2)應停止工作 (3)避免傷口接觸顧客皮膚 (4)傷口應消毒及包紮。

68. (4) 愛滋病傳染途徑，下列敘述何者錯誤？ (1)性行為傳染 (2)母子垂直傳染 (3)血液傳染 (4)昆蟲叮咬。

69. (3) 預防登革熱，下列敘述何者錯誤？ (1)清潔屋內外積水容器 (2)疑似患者如發燒、骨頭痛、頭痛等應儘速送醫、隔離治療 (3)接種疫苗 (4)定期更換花瓶內之水，避免蚊子孳生。

70. (2) 為顧客服務應有無菌操作觀念，下列何者錯誤？ (1)工作前應洗手 (2)只要顧客外表健康，就可為其提供服務 (3)避免將其皮膚表面刮破或擠面皰 (4)器具應更換及消毒。

71. (1) 香港腳是由下列何者所引起？ (1)黴菌 (2)細菌 (3)球菌 (4)病毒。

72. (1) 下列何種情況可能會傳染愛滋病？ (1)性行為 (2)蚊蟲叮咬 (3)空氣傳染 (4)游泳。

73. (3) 下列何者是預防D型肝炎的方法？ (1)注意飲食衛生 (2)服用藥物 (3)施打B型肝炎疫苗 (4)避免蚊蟲叮咬。

74. (1) E型肝炎主要感染途徑是 (1)腸道感染 (2)血液感染 (3)接觸感染 (4)昆蟲叮咬感染。

75. (3) 育齡婦女最需要的預防接種是 (1) A 型肝炎疫苗 (2)麻疹疫苗 (3)德國麻疹疫苗 (4)腮腺炎疫苗。

76. (1) 同時得到B型肝炎和D型肝炎病毒 (1)病情可能更嚴重甚或造成猛爆性肝炎 (2)急性肝炎後自癒 (3)肝癌 (4)肝硬化。

77. (2) 營業場所之瓦斯熱水器應安裝在 (1)室內 (2)室外 (3)洗臉臺上方 (4)牆角。

78. (3) 急救箱內應備有 (1)氨水 (2)白花油 (3)優碘 (4)面速立達母軟膏 來消毒傷口。

79. (1) 營業場所內顧客有大傷口受傷應 (1)給予緊急處理後協助送醫 (2)立刻請他離開 (3)報警 (4)簡單處理後隨便他。

80. (2) 可用來固定傷肢，包紮傷口，亦可充當止血帶者為 (1)膠布 (2)三角巾 (3)棉花棒 (4)安全別針。

81. (4) 來蘇水消毒劑其有效濃度為 (1)3% (2)4% (3)5% (4)6% 之煤餾油酚。

82. (1) 複方煤餾油酚溶液消毒劑其有效殺菌濃度，對病原體的殺菌機轉是造成蛋白質 (1)變性 (2)溶解 (3)凝固 (4)氧化。

83. (1) 蒸氣消毒箱內之中心溫度需多少度以上殺菌效果最好？ (1)80℃ (2)70℃ (3)60℃ (4)50℃。

84. (1) 最簡易的消毒方法為 (1)煮沸消毒法 (2)蒸氣消毒法 (3)紫外線消毒法 (4)化學消毒法。

85. (2) 紫外線消毒法是運用 (1)加熱原理 (2)釋出高能量的光線 (3)陽離子活性劑 (4)氧化原理 使病原體的DNA引起變化，使病原體不生長。

86. (4) 玻璃杯適用下列哪種消毒法？ (1)蒸氣消毒法 (2)酒精消毒法 (3)紫外線消毒法 (4)煮沸消毒法。

87. (3) 消毒液鑑別法，複方煤餾油酚溶液在色澤上為 (1)無色 (2)淡乳色 (3)淡黃褐色 (4)淡紅色。

88. (2) 消毒液鑑別法，複方煤餾油酚溶液在味道上為 (1)無味 (2)特異臭味 (3)刺鼻味 (4)無臭。

89. (1) 煮沸消毒法常用於消毒 (1)毛巾、枕套 (2)塑膠髮卷 (3)磨刀皮條 (4)洗頭刷。

90. (3) 氯漂白水含 (1)酸性 (2)中性 (3)鹼性 (4)強酸性 物質。

91. (2) 利用日光消毒，是因為日光中含 (1)紅外光線 (2)紫外光線 (3)X光線 (4)雷射光線。

92. (3) 化學藥劑應使用 (1)礦泉水 (2)自來水 (3)蒸餾水 (4)食鹽水 稀釋。

93. (1) 異物梗塞時不適用腹部壓擠法者為 (1)肥胖者及孕婦 (2)成年人 (3)青年人 (4)兒童。

94. (4) 腹部壓擠法的施力點為 (1)胸骨中央 (2)胸骨下段 (3)胸骨劍突 (4)胸骨劍突與肚臍間之腹部。

95. (4) 依據衛生福利部公告之2015 民眾版心肺復甦術參考指引成人胸部按壓每分鐘多少次 (1)10~30 (2)30~50 (3)60~80 (4)100~120。

96. (4) 檢查有無脈搏，成人應摸 (1)肱動脈 (2)靜脈 (3)股動脈 (4)頸動脈。

97. (1) 依據衛生福利部公告之2015 民眾版心肺復甦術參考指引成人胸部按壓之位置 (1)胸部兩乳頭連線中央 (2)胸骨中段 (3)胸骨劍突 (4)肚臍。

98. (3) 依據衛生福利部公告之2015 民眾版心肺復甦術參考指引成人胸部按壓與人工呼吸吹氣比率 (1)3:2 (2)10:2 (3)30:2 (4)50:2。

99. (3) 依據衛生福利部公告之2015 民眾版心肺復甦術參考指引成人胸部按壓 (1)12~15公分 (2)10~12公分 (3)5~6公分 (4)1~2公分。

100. (2) 直接在傷口上面或周圍施以壓力而止血的方法為 (1)止血點止血法 (2)直接加壓止血法 (3)升高止血法 (4)冷敷止血法。

101. (3) 挫傷或扭傷時應施以 (1)止血點止血法 (2)止血帶止血法 (3)冷敷止血法 (4)升高止血法。

102. (4) 當四肢動脈大出血，使用其他方法不能止血時才用 (1)直接加壓止血法 (2)止血點止血法 (3)升高止血法 (4)止血帶止血法。

103. (1) 可用肥皂及清水或優碘洗滌傷口及周圍皮膚者為 (1)輕傷少量出血之傷口 (2)嚴重出血的傷口 (3)頭皮創傷 (4)大動脈出血。

104. (3) 對受傷部位較大，且肢體粗細不等時，應用 (1)托臂法 (2)八字形包紮法 (3)螺旋形包紮法 (4)環狀包紮法 來包紮。

105. (4) 用三角巾托臂法，其手部應比肘部高出 (1)1~2公分 (2)3~4公分 (3)7~8公分 (4)10~20公分。

106. (1) 無菌敷料的大小為 (1)超過傷口四周2.5公分 (2)與傷口一樣大 (3)小於傷口 (4)大小均可。

107. (2) 對輕微灼燙傷的處理為 (1)塗敷清涼劑 (2)用冷水沖至不痛 (3)刺破水泡 (4)塗醬油或牙膏。

108. (4) 清潔劑或消毒劑灼傷身體時，應用大量水沖洗灼傷部位 (1)1分鐘 (2)5分鐘 (3)10分鐘 (4)15分鐘 以上。

109. (4) 化學藥劑灼傷眼睛在沖洗時應該 (1)健側眼睛在下 (2)緊閉眼瞼 (3)兩眼一起沖洗 (4)傷側眼睛在下。

110. (3) 頭部外傷的患者應該採 (1)仰臥姿勢 (2)復甦姿勢 (3)抬高頭部 (4)抬高下肢。

111. (4) 急救箱內藥品 (1)可以用多久就用多久 (2)等要用時再去買 (3)用完就算了 (4)應有標籤並注意使用期限隨時補換。

112. (2) 對中風患者的處理是 (1)給予流質食物 (2)患者平臥，頭肩部墊高10~15公分 (3)腳部抬高10~15公分 (4)馬上做人工呼吸。

113. (3) 急性心臟病的典型症狀為 (1)頭痛眩暈 (2)知覺喪失，身體一側肢體麻痺 (3)呼吸急促和胸痛 (4)臉色蒼白，皮膚濕冷。

114. (4) 急救箱要放在 (1)高高的地方 (2)上鎖的櫃子 (3)隨便 (4)固定且方便取用的地方。

115. (3) 如有異物如珠子或硬物入耳應立即 (1)滴入95%酒精 (2)滴入沙拉油或橄欖油 (3)送醫取出 (4)用燈光照射。

116. (1) 會立即引起生命危險的是 (1)呼吸或心跳停止、大出血、不省人事 (2)口渴 (3)飢餓 (4)營養不良。

117. (1) 病患突然失去知覺倒地，數分鐘內呈強直狀態，然後抽搐這是 (1)癲癇發作 (2)休克 (3)暈倒 (4)中暑的症狀。

118. (3) 對癲癇患者的處理是 (1)制止其抽搐 (2)將硬物塞入嘴內 (3)移開周圍危險物品保護病人，避免危險，儘快送醫 (4)不要理他。

119. (4) 病人在毫無徵兆下，由於腦部短時間內血液不足而意識消失倒下者為 (1)中風 (2)心臟病 (3)糖尿病 (4)暈倒。

120. (1) 對暈倒患者的處理是 (1)讓患者平躺於陰涼處，抬高下肢 (2)用濕冷毛巾包裹身體 (3)立即催吐 (4)給予心肺復甦術。

121. (2) 患者抱怨頭痛，暈眩皮膚乾而紅，體溫高達攝氏41度者為 (1)暈倒 (2)中暑 (3)中毒 (4)癲癇。

122. (4) 對中暑患者的處理是 (1)讓患者平躺，抬高下肢 (2)立即催吐 (3)做人工呼吸 (4)離開熱源，患者平躺，抬高頭肩部，用濕冷毛巾包裹身體以降溫，並送醫。

123. (1) 對食物中毒之急救是 (1)供給水或牛奶立即催吐 (2)將患者移至陰涼地，並除去其上衣 (3)做人工呼吸 (4)做胸外按壓。

124. (2) 對腐蝕性化學品中毒的急救是 (1)給喝蛋白或牛奶後催吐 (2)給喝水或牛奶但勿催吐，立刻送醫 (3)給予腹部壓擠 (4)給予胸外按壓。

125. (3) 一氧化碳中毒之處理是 (1)給喝蛋白或牛奶 (2)給喝食鹽水 (3)將患者救出通風處並檢查呼吸脈搏，給予必要之急救並送醫 (4)採半坐臥姿勢。

126. (2) 營業場所預防意外災害，最重要的是 (1)學會急救技術 (2)建立正確的安全觀念養成良好習慣 (3)維持患者生命 (4)減少用電量。

127. (3) 急救的定義 (1)對有病的患者給予治療 (2)預防一氧化碳中毒 (3)在醫師未到達前對急症患者的有效處理措施 (4)確定患者無進一步的危險。

128. (4) 下列情況何者最為急迫？ (1)休克 (2)大腿骨折 (3)肘骨骨折 (4)大動脈出血。

129. (2) 急救時應先確定 (1)自己沒有受傷 (2)患者及自己沒有進一步的危險 (3)患者沒有受傷 (4)患者有無恐懼。

130. (3) 營業衛生管理之中央主管機關為 (1)省（市）政府衛生處（局） (2)行政院環保署 (3)衛生福利部 (4)內政部警政署。

131. (4) 美容業營業場所的光度應在 (1)50 (2)100 (3)150 (4)200 米燭光以上。

132. (2) 美容營業場所內溫度與室外溫度不要相差 (1)5℃ (2)10℃ (3)15℃ (4)20℃ 以上。

133. (2) 理燙髮美容從業人員至少應年滿 (1)13歲 (2)15歲 (3)17歲 (4)無年齡限制。

134. (2) 美容業營業場所外四周 (1)一公尺 (2)二公尺 (3)三公尺 (4)四公尺內及連接之騎樓人行道要每天打掃乾淨。

135. (1) 美容營業場所應 (1)通風換氣良好 (2)燈光越暗越好 (3)有隔間設備 (4)音響音量夠大。

136. (1) 雙手的哪個部位最容易藏納汙垢？ (1)指甲縫 (2)手掌 (3)手腕 (4)手心。

137. (3) 雙手最容易帶菌，從業人員要經常洗手，尤其是 (1)工作前，大小便後 (2)工作前，大小便前 (3)工作前後，大小便後 (4)工作後，大小便後。

138. (2) 美容從業人員應接受定期健康檢查 (1)每半年一次 (2)每年一次 (3)每二年一次 (4)就業時檢查一次就可以。

139. (2) 每一位美容從業人員應至少有白色或（素色）工作服 (1)一套 (2)二套以上 (3)三套以上 (4)不需要。

140. (4) 咳嗽或打噴嚏時，應該 (1)順其自然 (2)面對顧客 (3)以手遮住口鼻 (4)以手帕或衛生紙遮住口鼻。

141. (1) 顧客要求挖耳時應 (1)拒絕服務 (2)偷偷服務 (3)可以服務 (4)收費服務。

142. (1) 每年一次胸部X光檢查，可發現有無 (1)肺結核病 (2)癩病 (3)精神病 (4)愛滋病。

143. (3) 從業人員和顧客，若發現有異味，並感到頭暈或呼吸困難時，首要檢查的是 (1)用電過量 (2)通風不良 (3)瓦斯漏氣 (4)感冒。

144. (4) 改善美容營業環境衛生是 (1)衛生機關 (2)環保機關 (3)清潔隊員 (4)美容工作者 的基本責任。

145. (1) 美容從業人員經健康檢查發現有 (1)開放性肺結核病 (2)胃潰瘍 (3)蛀牙 (4)高血壓 者應立即停止執業。

146. (3) 美容從業人員發現顧客患有 (1)心臟病 (2)精神病 (3)傳染性皮膚病 (4)胃腸病 時應予拒絕服務。

147. (2) 理燙髮美容業者應備有完整的 (1)工具箱 (2)急救箱 (3)意見箱 (4)小費箱 以便發生意外時，隨時可運用。

148. (4) 消滅老鼠、蟑螂、蚊、蠅等害蟲，主要是為了 (1)維護觀瞻 (2)維持秩序 (3)減輕精神困擾 (4)預防傳染病。

149. (4) 下列哪一種水是最好的飲用水？ (1)泉水 (2)河水 (3)雨水 (4)自來水。

150. (3) 室內空氣要改善，以下列哪種方法效益最佳？ (1)整體換氣 (2)機械通風 (3)局部換氣 (4)風扇通風。

151. (1) 國內化粧品係於民國 (1)六十一 (2)六十五 (3)七十一 (4)七十四 年開始納入管理。

工作項目 07 職業安全衛生

1. (2) 對於核計勞工所得有無低於基本工資，下列敘述何者有誤？ (1)僅計入在正常工時內之報酬 (2)應計入加班費 (3)不計入休假日出勤加給之工資 (4)不計入競賽獎金。

2. (3) 下列何者之工資日數得列入計算平均工資？ (1)請事假期間 (2)職災醫療期間 (3)發生計算事由之前6個月 (4)放無薪假期間。

3. (1) 下列何者，非屬法定之勞工？ (1)委任之經理人 (2)被派遣之工作者 (3)部分工時之工作者 (4)受薪之工讀生。

4. (4) 以下對於「例假」之敘述，何者有誤？ (1)每7日應休息1日 (2)工資照給 (3)出勤時，工資加倍及補休 (4)須給假，不必給工資。

5. (4) 勞動基準法第84條之1規定之工作者，因工作性質特殊，就其工作時間，下列何者正確？ (1)完全不受限制 (2)無例假與休假 (3)不另給予延時工資 (4)勞雇間應有合理協商彈性。

6. (3) 依勞動基準法規定，雇主應置備勞工工資清冊並應保存幾年？ (1)1年 (2)2年 (3)5年 (4)10年。

7. (4) 事業單位僱用勞工多少人以上者，應依勞動基準法規定訂立工作規則？ (1)200人 (2)100人 (3)50人 (4)30人。

8. (3) 依勞動基準法規定，雇主延長勞工之工作時間連同正常工作時間，每日不得超過多少小時？ (1)10 (2)11 (3)12 (4)15。

9. (4) 依勞動基準法規定，下列何者屬不定期契約？ (1)臨時性或短期性的工作 (2)季節性的工作 (3)特定性的工作 (4)有繼續性的工作。

10. (1) 依職業安全衛生法規定，事業單位勞動場所發生死亡職業災害時，雇主應於多少小時內通報勞動檢查機構？ (1)8 (2)12 (3)24 (4)48。

11. (1) 事業單位之勞工代表如何產生？ (1)由企業工會推派之 (2)由產業工會推派之 (3)由勞資雙方協議推派之 (4)由勞工輪流擔任之。

12. (4) 職業安全衛生法所稱有母性健康危害之虞之工作，不包括下列何種工作型態？ (1)長時間站立姿勢作業 (2)人力提舉、搬運及推拉重物 (3)輪班及夜間工作 (4)駕駛運輸車輛。

13. (1) 職業安全衛生法之立法意旨為保障工作者安全與健康，防止下列何種災害？ (1)職業災害 (2)交通災害 (3)公共災害 (4)天然災害。

14. (3) 依職業安全衛生法施行細則規定，下列何者非屬特別危害健康之作業？ (1)噪音作業 (2)游離輻射作業 (3)會計作業 (4)粉塵作業。

15. (3) 從事於易踏穿材料構築之屋頂修繕作業時，應有何種作業主管在場執行主管業務？ (1)施工架組配 (2)擋土支撐組配 (3)屋頂 (4)模板支撐。

16. (1) 對於職業災害之受領補償規定，下列敘述何者正確？ (1)受領補償權，自得受領之日起，因2年間不行使而消滅 (2)勞工若離職將喪失受領補償 (3)勞工得將受領補償權讓與、抵銷、扣押或擔保 (4)須視雇主確有過失責任，勞工方具有受領補償權。

17. (4) 以下對於「工讀生」之敘述，何者正確？ (1)工資不得低於基本工資之80% (2)屬短期工作者，加班只能補休 (3)每日正常工作時間得超過8小時 (4)國定假日出勤，工資加倍發給。

18. (3) 經勞動部核定公告為勞動基準法第84條之1規定之工作者，得由勞雇雙方另行約定之勞動條件，事業單位仍應報請下列哪個機關核備？ (1)勞動檢查機構 (2)勞動部 (3)當地主管機關 (4)法院公證處。

19. (3) 勞工工作時手部嚴重受傷，住院醫療期間公司應按下列何者給予職業災害補償？ (1)前6個月平均工資 (2)前1年平均工資 (3)原領工資 (4)基本工資。

20. (2) 勞工在何種情況下，雇主得不經預告終止勞動契約？ (1)確定被法院判刑6個月以內並諭知緩刑超過1年以上者 (2)不服指揮對雇主暴力相向者 (3)經常遲到早退者 (4)非連續曠工但1個月內累計達3日以上者。

21. (3) 對於吹哨者保護規定，下列敘述何者有誤？ (1)事業單位不得對勞工申訴人終止勞動契約 (2)勞動檢查機構受理勞工申訴必須保密 (3)為實施勞動檢查，必要時得告知事業單位有關勞工申訴人身分 (4)任何情況下，事業單位都不得有不利勞工申訴人之行為。

22. (4) 勞工發生死亡職業災害時，雇主應經以下何單位之許可，方得移動或破壞現場？ (1)保險公司 (2)調解委員會 (3)法律輔助機構 (4)勞動檢查機構。

23. (4) 職業安全衛生法所稱有母性健康危害之虞之工作，係指對於具生育能力之女性勞工從事工作，可能會導致的一些影響。下列何者除外？ (1)胚胎發育 (2)妊娠期間之母體健康 (3)哺乳期間之幼兒健康 (4)經期紊亂。

24. (3) 下列何者非屬職業安全衛生法規定之勞工法定義務？ (1)定期接受健康檢查 (2)參加安全衛生教育訓練 (3)實施自動檢查 (4)遵守安全衛生工作守則。

25. (2) 下列何者非屬應對在職勞工施行之健康檢查？ (1)一般健康檢查 (2)體格檢查 (3)特殊健康檢查 (4)特定對象及特定項目之檢查。

26. (4) 下列何者非為防範有害物食入之方法？ (1)有害物與食物隔離 (2)不在工作場所進食或飲水 (3)常洗手、漱口 (4)穿工作服。

27. (1) 有關承攬管理責任，下列敘述何者正確？ (1)原事業單位交付廠商承攬，如不幸發生承攬廠商所僱勞工墜落致死職業災害，原事業單位應與承攬廠商負連帶補償及賠償責任 (2)原事業單位交付承攬，不需負連帶補償責任 (3)承攬廠商應自負職業災害之賠償責任 (4)勞工投保單位即為職業災害之賠償單位。

28. (4) 依勞動基準法規定，主管機關或檢查機構於接獲勞工申訴事業單位違反本法及其他勞工法令規定後，應為必要之調查，並於幾日內將處理情形，以書面通知勞工？ (1)14 (2)20 (3)30 (4)60。

29. (4) 依職業安全衛生教育訓練規則規定，新僱勞工所接受之一般安全衛生教育訓練，不得少於幾小時？ (1)0.5 (2)1 (3)2 (4)3。

30. (3) 我國中央勞工行政主管機關為下列何者？ (1)內政部 (2)勞工保險局 (3)勞動部 (4)經濟部。

31. (4) 對於勞動部公告列入應實施型式驗證之機械、設備或器具，下列何種情形不得免驗證？ (1)依其他法律規定實施驗證者 (2)供國防軍事用途使用者 (3)輸入僅供科技研發之專用機 (4)輸入僅供收藏使用之限量品。

32. (4) 對於墜落危險之預防設施，下列敘述何者較為妥適？ (1)在外牆施工架等高處作業應盡量使用繫腰式安全帶 (2)安全帶應確實配掛在低於足下之堅固點 (3)高度2m以上之邊緣開口部分處應圍起警示帶 (4)高度2m以上之開口處應設護欄或安全網。

33. (3) 下列對於感電電流流過人體的現象之敘述何者有誤？ (1)痛覺 (2)強烈痙攣 (3)血壓降低、呼吸急促、精神亢奮 (4)顏面、手腳燒傷。

34. (2) 下列何者非屬於容易發生墜落災害的作業場所？ (1)施工架 (2)廚房 (3)屋頂 (4)梯子、合梯。

35. (1) 下列何者非屬危險物儲存場所應採取之火災爆炸預防措施？ (1)使用工業用電風扇 (2)裝設可燃性氣體偵測裝置 (3)使用防爆電氣設備 (4)標示「嚴禁煙火」。

36. (3) 雇主於臨時用電設備加裝漏電斷路器，可減少下列何種災害發生？ (1)墜落 (2)物體倒塌、崩塌 (3)感電 (4)被撞。

37. (3) 雇主要求確實管制人員不得進入吊舉物下方，可避免下列何種災害發生？ (1)感電 (2)墜落 (3)物體飛落 (4)缺氧。

38. (1) 職業上危害因子所引起的勞工疾病，稱為何種疾病？ (1)職業疾病 (2)法定傳染病 (3)流行性疾病 (4)遺傳性疾病。

39. (4) 事業招人承攬時，其承攬人就承攬部分負雇主之責任，原事業單位就職業災害補償部分之責任為何？ (1)視職業災害原因判定是否補償 (2)依工程性質決定責任 (3)依承攬契約決定責任 (4)仍應與承攬人負連帶責任。

40. (2) 預防職業病最根本的措施為何？ (1)實施特殊健康檢查 (2)實施作業環境改善 (3)實施定期健康檢查 (4)實施僱用前體格檢查。

41. (1) 以下為假設性情境：「在地下室作業，當通風換氣充分時，則不易發生一氧化碳中毒或缺氧危害」，請問「通風換氣充分」係指「一氧化碳中毒或缺氧危害」之何種描述？ (1)風險控制方法 (2)發生機率 (3)危害源 (4)風險。

42. (1) 勞工為節省時間，在未斷電情況下清理機臺，易發生危害為何？ (1)捲夾感電 (2)缺氧 (3)墜落 (4)崩塌。

43. (2) 工作場所化學性有害物進入人體最常見路徑為下列何者？ (1)口腔 (2)呼吸道 (3)皮膚 (4)眼睛。

44. (3) 於營造工地潮濕場所中使用電動機具，為防止漏電危害，應於該電路設置何種安全裝置？ (1)閉關箱 (2)自動電擊防止裝置 (3)高感度高速型漏電斷路器 (4)高容量保險絲。

45. (3) 活線作業勞工應佩戴何種防護手套？ (1)棉紗手套 (2)耐熱手套 (3)絕緣手套 (4)防振手套。

46. (4) 下列何者非屬電氣災害類型？ (1)電弧灼傷 (2)電氣火災 (3)靜電危害 (4)雷電閃爍。

47. (3) 下列何者非屬電氣之絕緣材料？ (1)空氣 (2)氟氯烷 (3)漂白水 (4)絕緣油。

48. (3) 下列何者非屬於工作場所作業會發生墜落災害的潛在危害因子？ (1)開口未設置護欄 (2)未設置安全之上下設備 (3)未確實配戴耳罩 (4)屋頂開口下方未張掛安全網。

49. (2) 在噪音防治之對策中，從下列哪一方面著手最為有效？ (1)偵測儀器 (2)噪音源 (3)傳播途徑 (4)個人防護具。

50. (4) 勞工於室外高氣溫作業環境工作，可能對身體產生之熱危害，以下何者非屬熱危害之症狀？ (1)熱衰竭 (2)中暑 (3)熱痙攣 (4)痛風。

51. (2) 勞動場所發生職業災害，災害搶救中第一要務為何？ (1)搶救材料減少損失 (2)搶救罹災勞工迅速送醫 (3)災害場所持續工作減少損失 (4)24小時內通報勞動檢查機構。

52. (3) 以下何者是消除職業病發生率之源頭管理對策？ (1)使用個人防護具 (2)健康檢查 (3)改善作業環境 (4)多運動。

53. (1) 下列何者非為職業病預防之危害因子？ (1)遺傳性疾病 (2)物理性危害 (3)人因工程危害 (4)化學性危害。

54. (3) 對於染有油污之破布、紙屑等應如何處置？ (1)與一般廢棄物一起處置 (2)應分類置於回收桶內 (3)應蓋藏於不燃性之容器內 (4)無特別規定，以方便丟棄即可。

55. (3) 下列何者非屬使用合梯，應符合之規定？ (1)合梯應具有堅固之構造 (2)合梯材質不得有顯著之損傷、腐蝕等 (3)梯腳與地面之角度應在80度以上 (4)有安全之防滑梯面。

56. (4) 下列何者非屬勞工從事電氣工作，應符合之規定？ (1)使其使用電工安全帽 (2)穿戴絕緣防護具 (3)停電作業應檢電掛接地 (4)穿戴棉質手套絕緣。

57. (3) 為防止勞工感電，下列何者為非？ (1)使用防水插頭 (2)避免不當延長接線 (3)設備有金屬外殼保護即可免裝漏電斷路器 (4)電線架高或加以防護。

58. (3) 電氣設備接地之目的為何？ (1)防止電弧產生 (2)防止短路發生 (3)防止人員感電 (4)防止電阻增加。

59. (2) 不當抬舉導致肌肉骨骼傷害或肌肉疲勞之現象，可稱之為下列何者？ (1)感電事件 (2)不當動作 (3)不安全環境 (4)被撞事件。

60. (3) 使用鑽孔機時，不應使用下列何護具？ (1)耳塞 (2)防塵口罩 (3)棉紗手套 (4)護目鏡。

61. (1) 腕道症候群常發生於下列何種作業？ (1)電腦鍵盤作業 (2)潛水作業 (3)堆高機作業 (4)第一種壓力容器作業。

62. (3) 若廢機油引起火災，最不應以下列何者滅火？ (1)厚棉被 (2)砂土 (3)水 (4)乾粉滅火器。

63. (1) 對於化學燒傷傷患的一般處理原則，下列何者正確？ (1)立即用大量清水沖洗 (2)傷患必須臥下，而且頭、胸部須高於身體其他部位 (3)於燒傷處塗抹油膏、油脂或發酵粉 (4)使用酸鹼中和。

64. (2) 下列何者屬安全的行為？ (1)不適當之支撐或防護 (2)使用防護具 (3)不適當之警告裝置 (4)有缺陷的設備。

65. (4) 下列何者非屬防止搬運事故之一般原則？ (1)以機械代替人力 (2)以機動車輛搬運 (3)採取適當之搬運方法 (4)儘量增加搬運距離。

66. (3) 對於脊柱或頸部受傷患者，下列何者不是適當的處理原則？ (1)不輕易移動傷患 (2)速請醫師 (3)如無合用的器材，需2人作徒手搬運 (4)向急救中心聯絡。

67. (3) 防止噪音危害之治本對策為 (1)使用耳塞、耳罩 (2)實施職業安全衛生教育訓練 (3)消除發生源 (4)實施特殊健康檢查。

68. (1) 進出電梯時應以下列何者為宜？ (1)裡面的人先出，外面的人再進入 (2)外面的人先進去，裡面的人才出來 (3)可同時進出 (4)爭先恐後無妨。

69. (1) 安全帽承受巨大外力衝擊後，雖外觀良好，應採下列何種處理方式？ (1)廢棄 (2)繼續使用 (3)送修 (4)油漆保護。

70. (4) 下列何者可做為電氣線路過電流保護之用？ (1)變壓器 (2)電阻器 (3)避雷器 (4)熔絲斷路器。

71. (2) 因舉重而扭腰係由於身體動作不自然姿勢，動作之反彈，引起扭筋、扭腰及形成類似狀態造成職業災害，其災害類型為下列何者？ (1)不當狀態 (2)不當動作 (3)不當方針 (4)不當設備。

72. (3) 下列有關工作場所安全衛生之敘述何者有誤？ (1)對於勞工從事其身體或衣著有被汙染之虞之特殊作業時，應備置該勞工洗眼、洗澡、漱口、衣、洗濯等設備 (2)事業單位應備置足夠急救藥品及器材 (3)事業單位應備置足夠的零食自動販賣機 (4)勞工應定期接受健康檢查。

73. (2) 毒性物質進入人體的途徑，經由哪個途徑影響人體健康最快且中毒效應最高？ (1)吸入 (2)食入 (3)皮膚接觸 (4)手指觸摸。

74. (3) 安全門或緊急出口平時應維持何狀態？ (1)門可上鎖但不可封死 (2)保持開門狀態以保持逃生路徑暢通 (3)門應關上但不可上鎖 (4)與一般進出門相同，視各樓層規定可開可關。

75. (3) 下列何種防護具較能消減噪音對聽力的危害？ (1)棉花球 (2)耳塞 (3)耳罩 (4)碎布球。

76. (3) 流行病學實證研究顯示，輪班、夜間及長時間工作與心肌梗塞、高血壓、睡眠障礙、憂鬱等的罹病風險之關係一般為何？ (1)無相關性 (2)呈負相關 (3)呈正相關 (4)部分為正相關，部分為負相關。

77. (2) 勞工若面臨長期工作負荷壓力及工作疲勞累積，沒有獲得適當休息及充足睡眠，便可能影響體能及精神狀態，甚而較易促發下列何種疾病？ (1)皮膚癌 (2)腦心血管疾病 (3)多發性神經病變 (4)肺水腫。

78. (2) 「勞工腦心血管疾病發病的風險與年齡、吸菸、總膽固醇數值、家族病史、生活型態、心臟方面疾病」之相關性為何？ (1)無 (2)正 (3)負 (4)可正可負。

79. (2) 勞工常處於高溫及低溫間交替暴露的情況、或常在有明顯溫差之場所間出入，對勞工的生（心）理工作負荷之影響一般為何？ (1)無 (2)增加 (3)減少 (4)不一定。

80. (3) 「感覺心力交瘁，感覺挫折，而且上班時都很難熬」此現象與下列何者較不相關？ (1)可能已經快被工作累垮了 (2)工作相關過勞程度可能嚴重 (3)工作相關過勞程度輕微 (4)可能需要尋找專業人員諮詢。

81. (3) 下列何者不屬於職場暴力？ (1)肢體暴力 (2)語言暴力 (3)家庭暴力 (4)性騷擾。

82. (4) 職場內部常見之身體或精神不法侵害不包含下列何者？ (1)脅迫、名譽損毀、侮辱、嚴重辱罵勞工 (2)強求勞工執行業務上明顯不必要或不可能之工作 (3)過度介入勞工私人事宜 (4)使勞工執行與能力、經驗相符的工作。

83. (1) 勞工服務對象若屬特殊高風險族群，如酗酒、藥癮、心理疾患或家暴者，則此勞工較易遭受下列何種危害？ (1)身體或心理不法侵害 (2)中樞神經系統退化 (3)聽力損失 (4)白指症。

84. (3) 下列何種措施較可避免工作單調重複或負荷過重？ (1)連續夜班 (2)工時過長 (3)排班保有規律性 (4)經常性加班。

85. (3) 一般而言下列何者不屬對孕婦有危害之作業或場所？ (1)經常搬抬物件上下階梯或梯架 (2)暴露游離輻射 (3)工作區域地面平坦、未濕滑且無未固定之線路 (4)經常變換高低位之工作姿勢。

86. (3) 長時間電腦終端機作業較不易產生下列何狀況？ (1)眼睛乾澀 (2)頸肩部僵硬不適 (3)體溫、心跳和血壓之變化幅 比較大 (4)腕道症候群。

87. (1) 減輕皮膚燒傷程度之最重要步驟為何？ (1)儘速用清水沖洗 (2)立即刺破水泡 (3)立即在燒傷處塗抹油脂 (4)在燒傷處塗抹麵粉。

88. (3) 眼內噴入化學物或其他異物，應立即使用下列何者沖洗眼睛？ (1)牛奶 (2)蘇打水 (3)清水 (4)稀釋的醋。

89. (3) 石綿最可能引起下列何種疾病？ (1)白指症 (2)心臟病 (3)間皮細胞瘤 (4)巴金森氏症。

90. (2) 作業場所高頻率噪音較易導致下列何種症狀？ (1)失眠 (2)聽力損失 (3)肺部疾病 (4)腕道症候群。

91. (2) 下列何種患者不宜從事高溫作業？ (1)近視 (2)心臟病 (3)遠視 (4)重聽。

92. (2) 廚房設置之排油煙機為下列何者？ (1)整體換氣裝置 (2)局部排氣裝置 (3)吹吸型換氣裝置 (4)排氣煙囪。

93. (3) 消除靜電的有效方法為下列何者？ (1)隔離 (2)摩擦 (3)接地 (4)絕緣。

94. (4) 防塵口罩選用原則，下列敘述何者有誤？ (1)捕集效率愈高愈好 (2)吸氣阻抗愈低愈好 (3)重量愈輕愈好 (4)視野愈小愈好。

95. (3) 「勞工於職場上遭受主管或同事利用職務或地位上的優勢予以不當之對待，及遭受顧客、服務對象或其他相關人士之肢體攻擊、言語侮辱、恐嚇、威脅等霸凌或暴力事件，致發生精神或身體上的傷害」此等危害可歸類於下列何種職業危害？ (1)物理性 (2)化學性 (3)社會心理性 (4)生物性。

96. (1) 有關高風險或高負荷、夜間工作之安排或防護措施，下列何者不恰當？ (1)若受威脅或加害時，在加害人離開前觸動警報系統，激怒加害人，使對方抓狂 (2)參照醫師之適性配工建議 (3)考量人力或性別之適任性 (4)獨自作業，宜考量潛在危害，如性暴力。

97. (2) 若勞工工作性質需與陌生人接觸、工作中需處理不可預期的突發事件或工作場所治安狀況較差，較容易遭遇下列何種危害？ (1)組織內部不法侵害 (2)組織外部不法侵害 (3)多發性神經病變 (4)潛涵症。

98. (3) 以下何者不是發生電氣火災的主要原因？ (1)電器接點短路 (2)電氣火花 (3)電纜線置於地上 (4)漏電。

工作項目 08 工作倫理與職業道德

1. (3) 請問下列何者「不是」個人資料保護法所定義的個人資料？ (1)身分證號碼 (2)最高學歷 (3)綽號 (4)護照號碼。

2. (4) 下列何者「違反」個人資料保護法？ (1)公司基於人事管理之特定目的，張貼榮譽榜揭示績優員工姓名 (2)縣市政府提供村里長轄區內符合資格之老人名冊供發放敬老金 (3)網路購物公司為辦理退貨，將客戶之住家地址提供予宅配公司　(4)學校將應屆畢業生之住家地址提供補習班招生使用。

3. (1)　非公務機關利用個人資料進行行銷時，下列敘述何者「錯誤」？　(1)若已取得當事人書面同意，當事人即不得拒絕利用其個人資料行銷　(2)於首次行銷時，應提供當事人表示拒絕行銷之方式　(3)當事人表示拒絕接受行銷時，應停止利用其個人資料　(4)倘非公務機關違反「應即停止利用其個人資料行銷」之義務，未於限期內改正者，按次處新臺幣2萬元以上20萬元以下罰鍰。

4. (4)　個人資料保護法為保護當事人權益，多少位以上的當事人提出告訴，就可以進行團體訴訟：　(1)5人　(2)10人　(3)15人　(4)20人。

5. (2)　關於個人資料保護法之敘述，下列何者「錯誤」？　(1)公務機關執行法定職務必要範圍內，可以蒐集、處理或利用一般性個人資料　(2)間接蒐集之個人資料，於處理或利用前，不必告知當事人個人資料來源　(3)非公務機關亦應維護個人資料之正確，並主動或依當事人之請求更正或補充　(4)外國學生在臺灣短期進修或留學，也受到我國個人資料保護法的保障。

6. (2)　下列關於個人資料保護法的敘述，下列敘述何者錯誤？　(1)不管是否使用電腦處理的個人資料，都受個人資料保護法保護　(2)公務機關依法執行公權力，不受個人資料保護法規範　(3)身分證字號、婚姻、指紋都是個人資料　(4)我的病歷資料雖然是由醫生所撰寫，但也屬於是我的個人資料範圍。

7. (3)　對於依照個人資料保護法應告知之事項，下列何者不在法定應告知的事項內？　(1)個人資料利用之期間、地區、對象及方式　(2)蒐集之目的　(3)蒐集機關的負責人姓名　(4)如拒絕提供或提供不正確個人資料將造成之影響。

8. (2)　請問下列何者非為個人資料保護法第3條所規範之當事人權利？　(1)查詢或請求閱覽　(2)請求刪除他人之資料　(3)請求補充或更正　(4)請求停止蒐集、處理或利用。

9. (4)　下列何者非安全使用電腦內的個人資料檔案的做法？　(1)利用帳號與密碼登入機制來管理可以存取個資者的人　(2)規範不同人員可讀取的個人

資料檔案範圍　(3)個人資料檔案使用完畢後立即退出應用程式，不得留置於電腦中　(4)為確保重要的個人資料可即時取得，將登入密碼標示在螢幕下方。

10. (1)　下列何者行為非屬個人資料保護法所稱之國際傳輸？　(1)將個人資料傳送給經濟部　(2)將個人資料傳送給美國的分公司　(3)將個人資料傳送給法國的人事部門　(4)將個人資料傳送給日本的委託公司。

11. (1)　有關專利權的敘述，何者正確？　(1)專利有規定保護年限，當某商品、技術的專利保護年限屆滿，任何人皆可運用該項專利　(2)我發明了某項商品，卻被他人率先申請專利權，我仍可主張擁有這項商品的專利權　(3)專利權可涵蓋、保護抽象的概念性商品　(4)專利權為世界所共有，在本國申請專利之商品進軍國外，不需向他國申請專利權。

12. (4)　下列使用重製行為，何者已超出「合理使用」範圍？　(1)將著作權人之作品及資訊，下載供自己使用　(2)直接轉貼高普考考古題在FACEBOOK　(3)以分享網址的方式轉貼資訊分享於BBS　(4)將講師的授課內容錄音分贈友人。

13. (1)　下列有關智慧財產權行為之敘述，何者有誤？　(1)製造、販售仿冒註冊商標的商品不屬於公訴罪之範疇，但已侵害商標權之行為　(2)以101大樓、美麗華百貨公司做為拍攝電影的背景，屬於合理使用的範圍　(3)原作者自行創作某音樂作品後，即可宣稱擁有該作品之著作權　(4)著作權是為促進文化發展為目的，所保護的財產權之一。

14. (2)　專利權又可區分為發明、新型與設計三種專利權，其中發明專利權是否有保護期限？期限為何？　(1)有，5年　(2)有，20年　(3)有，50年　(4)無期限，只要申請後就永久歸申請人所有。

15. (1)　下列有關著作權之概念，何者正確？　(1)國外學者之著作，可受我國著作權法的保護　(2)公務機關所函頒之公文，受我國著作權法的保護　(3)著作權要待向智慧財產權申請通過後才可主張　(4)以傳達事實之新聞報導，依然受著作權之保障。

16. (2)　受雇人於職務上所完成之著作，如果沒有特別以契約約定，其著作人為下列何者？　(1)雇用人　(2)受雇人　(3)雇用公司或機關法人代表　(4)由雇用人指定之自然人或法人。

17. (1) 任職於某公司的程式設計工程師，因職務所編寫之電腦程式，如果沒有特別以契約約定，則該電腦程式重製之權利歸屬下列何者？ (1)公司 (2)編寫程式之工程師 (3)公司全體股東共有 (4)公司與編寫程式之工程師共有。

18. (3) 某公司員工因執行業務，擅自以重製之方法侵害他人之著作財產權，若被害人提起告訴，下列對於處罰對象的敘述，何者正確？ (1)僅處罰侵犯他人著作財產權之員工 (2)僅處罰雇用該名員工的公司 (3)該名員工及其雇主皆須受罰 (4)員工只要在從事侵犯他人著作財產權之行為前請示雇主並獲同意，便可以不受處罰。

19. (1) 某廠商之商標在我國已經獲准註冊，請問若希望將商品行銷販賣到國外，請問是否需在當地申請註冊才能受到保護？ (1)是，因為商標權註冊採取屬地保護原則 (2)否，因為我國申請註冊之商標權在國外也會受到承認 (3)不一定，需視我國是否與商品希望行銷販賣的國家訂有相互商標承認之協定 (4)不一定，需視商品希望行銷販賣的國家是否為WTO會員國。

20. (1) 受雇人於職務上所完成之發明、新型或設計，其專利申請權及專利權如未特別約定屬於下列何者？ (1)雇用人 (2)受雇人 (3)雇用人所指定之自然人或法人 (4)雇用人與受雇人共有。

21. (4) 任職大發公司的郝聰明，專門從事技術研發，有關研發技術的專利申請權及專利權歸屬，下列敘述何者錯誤？ (1)職務上所完成的發明，除契約另有約定外，專利申請權及專利權屬於大發公司 (2)職務上所完成的發明，雖然專利申請權及專利權屬於大發公司，但是郝聰明享有姓名表示權 (3)郝聰明完成非職務上的發明，應即以書面通知大發公司 (4)大發公司與郝聰明之雇傭契約約定，郝聰明非職務上的發明，全部屬於公司，約定有效。

22. (3) 有關著作權的下列敘述何者不正確？ (1)我們到表演場所觀看表演時，不可隨便錄音或錄影 (2)到攝影展上，拿相機拍攝展示的作品，分贈給朋友，是侵害著作權的行為 (3)網路上供人下載的免費軟體，都不受著作權法保護，所以我可以燒成大補帖光碟，再去賣給別人 (4)高普考試題，不受著作權法保護。

23. (3) 有關著作權的下列敘述何者錯誤？ (1)撰寫碩博士論文時，在合理範圍內引用他人的著作，只要註明出處，不會構成侵害著作權 (2)在網路散布盜版光碟，不管有沒有營利，會構成侵害著作權 (3)在網路的部落格看到一篇文章很棒，只要註明出處，就可以把文章複製在自己的部落格 (4)將補習班老師的上課內容錄音檔，放到網路上拍賣，會構成侵害著作權。

24. (4) 有關商標權的下列敘述何者錯誤？ (1)要取得商標權一定要申請商標註冊 (2)商標註冊後可取得10年商標權 (3)商標註冊後，3年不使用，會被廢止商標權 (4)在夜市買的仿冒品，品質不好，上網拍賣，不會構成侵權。

25. (1) 下列關於營業秘密的敘述，何者不正確？ (1)受雇人於非職務上研究或開發之營業秘密，仍歸雇用人所有 (2)營業秘密不得為質權及強制執行之標的 (3)營業秘密所有人得授權他人使用其營業秘密 (4)營業秘密得全部或部分讓與他人或與他人共有。

26. (1) 下列何者「非」屬於營業秘密？ (1)具廣告性質的不動產交易底價 (2)須授權取得之產品設計或開發流程圖示 (3)公司內部管制的各種計畫方案 (4)客戶名單。

27. (3) 營業秘密可分為「技術機密」與「商業機密」，下列何者屬於「商業機密」？ (1)程式 (2)設計圖 (3)客戶名單 (4)生產製程。

28. (1) 甲公司將其新開發受營業秘密法保護之技術，授權乙公司使用，下列何者不得為之？ (1)乙公司已獲授權，所以可以未經甲公司同意，再授權丙公司使用 (2)約定授權使用限於一定之地域、時間 (3)約定授權使用限於特定之內容、一定之使用方法 (4)要求被授權人乙公司在一定期間負有保密義務。

29. (3) 甲公司嚴格保密之最新配方產品大賣，下列何者侵害甲公司之營業秘密？ (1)鑑定人A因司法審理而知悉配方 (2)甲公司授權乙公司使用其配方 (3)甲公司之B員工擅自將配方盜賣給乙公司 (4)甲公司與乙公司協議共有配方。

30. (3) 故意侵害他人之營業秘密，法院因被害人之請求，最高得酌定損害額幾倍之賠償？ (1)1倍 (2)2倍 (3)3倍 (4)4倍。

31. (4) 受雇者因承辦業務而知悉營業秘密，在離職後對於該營業秘密的處理方式，下列敘述何者正確？ (1)聘雇關係解除後便不再負有保障營業秘密之責 (2)僅能自用而不得販售獲取利益 (3)自離職日起3年後便不再負有保障營業秘密之責 (4)離職後仍不得洩漏該營業秘密。

32. (3) 按照現行法律規定，侵害他人營業秘密，其法律責任為： (1)僅需負刑事責任 (2)僅需負民事損害賠償責任 (3)刑事責任與民事損害賠償責任皆須負擔 (4)刑事責任與民事損害賠償責任皆不須負擔。

33. (3) 企業內部之營業秘密，可以概分為「商業性營業秘密」及「技術性營業秘密」二大類型，請問下列何者屬於「技術性營業秘密」？ (1)人事管理 (2)經銷據點 (3)產品配方 (4)客戶名單。

34. (3) 某離職同事請求在職員工將離職前所製作之某份文件傳送給他，請問下列回應方式何者正確？ (1)由於該項文件係由該離職員工製作，因此可以傳送文件 (2)若其目的僅為保留檔案備份，便可以傳送文件 (3)可能構成對於營業秘密之侵害，應予拒絕並請他直接向公司提出請求 (4)視彼此交情決定是否傳送文件。

35. (1) 行為人以竊取等不正當方法取得營業秘密，下列敘述何者正確？ (1)已構成犯罪 (2)只要後續沒有洩漏便不構成犯罪 (3)只要後續沒有出現使用之行為便不構成犯罪 (4)只要後續沒有造成所有人之損害便不構成犯罪。

36. (3) 針對在我國境內竊取營業秘密後，意圖在外國、中國大陸或港澳地區使用者，營業秘密法是否可以適用？ (1)無法適用 (2)可以適用，但若屬未遂犯則不罰 (3)可以適用並加重其刑 (4)能否適用需視該國家或地區與我國是否簽訂相互保護營業秘密之條約或協定。

37. (4) 所謂營業秘密，係指方法、技術、製程、配方、程式、設計或其他可用於生產、銷售或經營之資訊，但其保障所需符合的要件不包括下列何者？ (1)因其秘密性而具有實際之經濟價值者 (2)所有人已採取合理之保密措施者 (3)因其秘密性而具有潛在之經濟價值者 (4)一般涉及該類資訊之人所知者。

38. (1) 因故意或過失而不法侵害他人之營業秘密者，負損害賠償責任該損害賠償之請求權，自請求權人知有行為及賠償義務人時起，幾年間不行使就會消滅？ (1)2年 (2)5年 (3)7年 (4)10年。

39. (1) 公務機關首長要求人事單位聘僱自己的弟弟擔任工友，違反何種法令？ (1)公職人員利益衝突迴避法 (2)刑法 (3)貪污治罪條例 (4)未違反法令。

40. (4) 依新修公布之公職人員利益衝突迴避法（以下簡稱本法）規定，公職人員甲與其關係人下列何種行為不違反本法？ (1)甲要求受其監督之機關聘用兒子乙 (2)配偶乙以請託關說之方式，請求甲之服務機關通過其名下農地變更使用申請案 (3)甲承辦案件時，明知有利益衝突之情事，但因自認為人公正，故不自行迴避 (4)關係人丁經政府採購法公告程序取得甲服務機關之年度採購標案。

41. (1) 公司負責人為了要節省開銷，將員工薪資以高報低來投保全民健保及勞保，是觸犯了刑法上之何種罪刑？ (1)詐欺罪 (2)侵占罪 (3)背信罪 (4)工商秘密罪。

42. (2) A受僱於公司擔任會計，因自己的財務陷入危機，多次將公司帳款轉入妻兒戶頭，是觸犯了刑法上之何種罪刑？ (1)洩漏工商秘密罪 (2)侵占罪 (3)詐欺罪 (4)偽造文書罪。

43. (3) 某甲於公司擔任業務經理時，未依規定經董事會同意，私自與自己親友之公司訂定生意合約，會觸犯下列何種罪刑？ (1)侵占罪 (2)貪污罪 (3)背信罪 (4)詐欺罪。

44. (1) 如果你擔任公司採購的職務，親朋好友們會向你推銷自家的產品，希望你要採購時，你應該 (1)適時地婉拒，說明利益需要迴避的考量，請他們見諒 (2)既然是親朋好友，就應該互相幫忙 (3)建議親朋好友將產品折扣，折扣部分歸於自己，就會採購 (4)可以暗中地幫忙親朋好友，進行採購，不要被發現有親友關係便可。

45. (3) 小美是公司的業務經理，有一天巧遇國中同班的死黨小林，發現他是公司的下游廠商老闆。最近小美處理一件公司的招標案件，小林的公司也在其中，私下約小美見面，請求她提供這次招標案的底標，並馬上要給予幾十萬元的前謝金，請問小美該怎麼辦？ (1)退回錢，並告訴小林都是老朋友，一定會全力幫忙 (2)收下錢，將錢拿出來給單位同事們分紅 (3)應該堅決拒絕，並避免每次見面都與小林談論相關業務問題 (4)朋友一場，給他一個比較接近底標的金額，反正又不是正確的，所以沒關係。

46. (3) 公司發給每人一台平板電腦提供業務上使用，但是發現根本很少在使用，為了讓它有效的利用，所以將它拿回家給親人使用，這樣的行為是 (1)可以的，這樣就不用花錢買 (2)可以的，因為，反正如果放在那裡不用它，是浪費資源的 (3)不可以的，因為這是公司的財產，不能私用 (4)不可以的，因為使用年限未到，如果年限到報廢了，便可以拿回家。

47. (3) 公司的車子，假日又沒人使用，你是鑰匙保管者，請問假日可以開出去嗎？ (1)可以，只要付費加油即可 (2)可以，反正假日不影響公務 (3)不可以，因為是公司的，並非私人擁有 (4)不可以，應該是讓公司想要使用的員工，輪流使用才可。

48. (4) 阿哲是財經線的新聞記者，某次採訪中得知A公司在一個月內將有一個大的併購案，這個併購案顯示公司的財力，且能讓A公司股價往上飆升。請問阿哲得知此消息後，可以立刻購買該公司的股票嗎？ (1)可以，有錢大家賺 (2)可以，這是我努力獲得的消息 (3)可以，不賺白不賺 (4)不可以，屬於內線消息，必須保持記者之操守，不得洩漏。

49. (4) 與公務機關接洽業務時，下列敘述何者「正確」？ (1)沒有要求公務員違背職務，花錢疏通而已，並不違法 (2)唆使公務機關承辦採購人員配合浮報價額，僅屬偽造文書行為 (3)口頭允諾行賄金額但還沒送錢，尚不構成犯罪 (4)與公務員同謀之共犯，即便不具公務員身分，仍會依據貪污治罪條例處刑。

50. (3) 公司總務部門員工因辦理政府採購案，而與公務機關人員有互動時，下列敘述何者「正確」？ (1)對於機關承辦人，經常給予不超過新台幣5佰元以下的好處，無論有無對價關係，對方收受皆符合廉政倫理規範 (2)招待驗收人員至餐廳用餐，是慣例屬社交禮貌行為 (3)因民俗節慶公開舉辦之活動，機關公務員在簽准後可受邀參與 (4)以借貸名義，餽贈財物予公務員，即可規避刑事追究。

51. (1) 與公務機關有業務往來構成職務利害關係者，下列敘述何者「正確」？ (1)將餽贈之財物請公務員父母代轉，該公務員亦已違反規定 (2)與公務機關承辦人飲宴應酬為增進基本關係的必要方法 (3)高級茶葉低價售予有利害關係之承辦公務員，有價購行為就不算違反法規 (4)機關公務員藉子女婚宴廣邀業務往來廠商之行為，並無不妥。

52. (4) 貪污治罪條例所稱之「賄賂或不正利益」與公務員廉政倫理規範所稱之「餽贈財物」，其最大差異在於下列何者之有無？ (1)利害關係 (2)補助關係 (3)隸屬關係 (4)對價關係。

53. (4) 廠商某甲承攬公共工程，工程進行期間，甲與其工程人員經常招待該公共工程委辦機關之監工及驗收之公務員喝花酒或招待出國旅遊，下列敘述何者正確？ (1)公務員若沒有收現金，就沒有罪 (2)只要工程沒有問題，某甲與監工及驗收等相關公務員就沒有犯罪 (3)因為不是送錢，所以都沒有犯罪 (4)某甲與相關公務員均已涉嫌觸犯貪污治罪條例。

54. (1) 行（受）賄罪成立要素之一為具有對價關係，而作為公務員職務之對價有「賄賂」或「不正利益」，下列何者「不」屬於「賄賂」或「不正利益」？ (1)開工邀請公務員觀禮 (2)送百貨公司大額禮券 (3)免除債務 (4)招待吃米其林等級之高檔大餐。

55. (1) 下列關於政府採購人員之敘述，何者為正確？ (1)不可主動向廠商求取，偶發地收取廠商致贈價值在新臺幣500元以下之廣告物、促銷品、紀念品 (2)要求廠商提供與採購無關之額外服務 (3)利用職務關係向廠商借貸 (4)利用職務關係媒介親友至廠商處所任職。

56. (4) 下列有關貪腐的敘述何者錯誤？ (1)貪腐會危害永續發展和法治 (2)貪腐會破壞民主體制及價值觀 (3)貪腐會破壞倫理道德與正義 (4)貪腐有助降低企業的經營成本。

57. (3) 下列有關促進參與預防和打擊貪腐的敘述何者錯誤？ (1)提高政府決策透明度 (2)廉政機構應受理匿名檢舉 (3)儘量不讓公民團體、非政府組織與社區組織有參與的機會 (4)向社會大眾及學生宣導貪腐「零容忍」觀念。

58. (4) 下列何者不是設置反貪腐專責機構須具備的必要條件？ (1)賦予該機構必要的獨立性 (2)使該機構的工作人員行使職權不會受到不當干預 (3)提供該機構必要的資源、專職工作人員及必要培訓 (4)賦予該機構的工作人員有權力可隨時逮捕貪污嫌疑人。

59. (2) 為建立良好之公司治理制度，公司內部宜納入何種檢舉人制度？ (1)告訴乃論制度 (2)吹哨者(whistleblower)管道及保護制度 (3)不告不理制度 (4)非告訴乃論制度。

60. (2) 檢舉人向有偵查權機關或政風機構檢舉貪污瀆職，必須於何時為之始可能給與獎金？ (1)犯罪未起訴前 (2)犯罪未發覺前 (3)犯罪未遂前 (4)預備犯罪前。

61. (4) 公司訂定誠信經營守則時，不包括下列何者？ (1)禁止不誠信行為 (2)禁止行賄及收賄 (3)禁止提供不法政治獻金 (4)禁止適當慈善捐助或贊助。

62. (3) 檢舉人應以何種方式檢舉貪污瀆職始能核給獎金？ (1)匿名 (2)委託他人檢舉 (3)以真實姓名檢舉 (4)以他人名義檢舉。

63. (4) 我國制定何種法律以保護刑事案件之證人，使其勇於出面作證，俾利犯罪之偵查、審判？ (1)貪污治罪條例 (2)刑事訴訟法 (3)行政程序法 (4)證人保護法。

64. (1) 下列何者「非」屬公司對於企業社會責任實踐之原則？ (1)加強個人資料揭露 (2)維護社會公益 (3)發展永續環境 (4)落實公司治理。

65. (1) 下列何者「不」屬於職業素養的範疇？ (1)獲利能力 (2)正確的職業價值觀 (3)職業知識技能 (4)良好的職業行為習慣。

66. (4) 下列行為何者「不」屬於敬業精神的表現？ (1)遵守時間約定 (2)遵守法律規定 (3)保守顧客隱私 (4)隱匿公司產品瑕疵訊息。

67. (4) 下列何者符合專業人員的職業道德？ (1)未經雇主同意，於上班時間從事私人事務 (2)利用雇主的機具設備私自接單生產 (3)未經顧客同意，任意散佈或利用顧客資料 (4)盡力維護雇主及客戶的權益。

68. (4) 身為公司員工必須維護公司利益，下列何者是正確的工作態度或行為？ (1)將公司逾期的產品更改標籤 (2)施工時以省時、省料為獲利首要考量，不顧品質 (3)服務時首先考慮公司的利益，然後再考量顧客權益 (4)工作時謹守本分，以積極態度解決問題。

69. (3) 身為專業技術工作人士，應以何種認知及態度服務客戶？ (1)若客戶不瞭解，就儘量減少成本支出，抬高報價 (2)遇到維修問題，儘量拖過保固期 (3)主動告知可能碰到問題及預防方法 (4)隨著個人心情來提供服務的內容及品質。

70. (2) 因為工作本身需要高度專業技術及知識，所以在對客戶服務時應 (1)不用理會顧客的意見 (2)保持親切、真誠、客戶至上的態度 (3)若價錢較低，就敷衍了事 (4)以專業機密為由，不用對客戶說明及解釋。

71. (2) 從事專業性工作，在與客戶約定時間應 (1)保持彈性，任意調整 (2)儘可能準時，依約定時間完成工作 (3)能拖就拖，能改就改 (4)自己方便就好，不必理會客戶的要求。

72. (1) 從事專業性工作，在服務顧客時應有的態度是 (1)選擇最安全、經濟及有效的方法完成工作 (2)選擇工時較長、獲利較多的方法服務客戶 (3)為了降低成本，可以降低安全標準 (4)不必顧及雇主和顧客的立場。

73. (1) 當發現公司的產品可能會對顧客身體產生危害時，正確的作法或行動應是 (1)立即向主管或有關單位報告 (2)若無其事，置之不理 (3)儘量隱瞞事實，協助掩飾問題 (4)透過管道告知媒體或競爭對手。

74. (4) 以下哪一項員工的作為符合敬業精神？ (1)利用正常工作時間從事私人事務 (2)運用雇主的資源，從事個人工作 (3)未經雇主同意擅離工作崗位 (4)謹守職場紀律及禮節，尊重客戶隱私。

75. (2) 如果發現有同事，利用公司的財產做私人的事，我們應該要 (1)未經查證或勸阻立即向主管報告 (2)應該立即勸阻，告知他這是不對的行為 (3)不關我的事，我只要管好自己便可以 (4)應該告訴其他同事，讓大家來共同糾正與斥責他。

76. (2) 小禎離開異鄉就業，來到小明的公司上班，小明是當地的人，他應該：(1)不關他的事，自己管好就好 (2)多關心小禎的生活適應情況，如有困難加以協助 (3)小禎非當地人，應該不容易相處，不要有太多接觸 (4)小禎是同單位的人，是個競爭對手，應該多加防範。

77. (3) 小張獲選為小孩學校的家長會長，這個月要召開會議，沒時間準備資料，所以，利用上班期間有空檔非休息時間來完成，請問是否可以？(1)可以，因為不耽誤他的工作 (2)可以，因為他能力好，能夠同時完成很多事 (3)不可以，因為這是私事，不可以利用上班時間完成 (4)可以，只要不要被發現。

78. (2) 小吳是公司的專用司機，為了能夠隨時用車，經過公司同意，每晚都將公司的車開回家，然而，他發現反正每天上班路線，都要經過女兒學

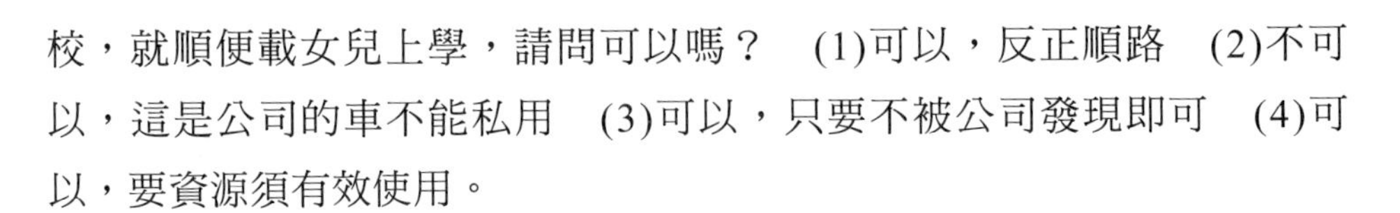

校，就順便載女兒上學，請問可以嗎？ (1)可以，反正順路 (2)不可以，這是公司的車不能私用 (3)可以，只要不被公司發現即可 (4)可以，要資源須有效使用。

79. (2) 如果公司受到不當與不正確的毀謗與指控，你應該是： (1)加入毀謗行列，將公司內部的事情，都說出來告訴大家 (2)相信公司，幫助公司對抗這些不實的指控 (3)向媒體爆料，更多不實的內容 (4)不關我的事，只要能夠領到薪水就好。

80. (3) 筱珮要離職了，公司主管交代，她要做業務上的交接，她該怎麼辦？ (1)不用理它，反正都要離開公司了 (2)把以前的業務資料都刪除或設密碼，讓別人都打不開 (3)應該將承辦業務整理歸檔清楚，並且留下聯絡的方式，未來有問題可以詢問她 (4)盡量交接，如果離職日一到，就不關他的事。

81. (4) 彥江是職場上的新鮮人，剛進公司不久，他應該具備怎樣的態度 (1)上班、下班，管好自己便可 (2)仔細觀察公司生態，加入某些小團體，以做為後盾 (3)只要做好人脈關係，這樣以後就好辦事 (4)努力做好自己職掌的業務，樂於工作，與同事之間有良好的互動，相互協助。

82. (4) 在公司內部行使商務禮儀的過程，主要以參與者在公司中的何種條件來訂定順序？ (1)年齡 (2)性別 (3)社會地位 (4)職位。

83. (1) 一位職場新鮮人剛進公司時，良好的工作態度是 (1)多觀察、多學習，了解企業文化和價值觀 (2)多打聽哪一個部門比較輕鬆，升遷機會較多 (3)多探聽哪一個公司在找人，隨時準備跳槽走人 (4)多遊走各部門認識同事，建立自己的小圈圈。

84. (1) 乘坐轎車時，如有司機駕駛，按照乘車禮儀，以司機的方位來看，首位應為 (1)後排右側 (2)前座右側 (3)後排左側 (4)後排中間。

85. (4) 根據性別工作平等法，下列何者非屬職場性騷擾？ (1)公司員工執行職務時，客戶對其講黃色笑話，該員工感覺被冒犯 (2)雇主對求職者要求交往，作為雇用與否之交換條件 (3)公司員工執行職務時，遭到同事以「女人就是沒大腦」性別歧視用語加以辱罵，該員工感覺其人格尊嚴受損 (4)公司員工下班後搭乘捷運，在捷運上遭到其他乘客偷拍。

86. (4) 根據性別工作平等法，下列何者非屬職場性別歧視？ (1)雇主考量男性賺錢養家之社會期待，提供男性高於女性之薪資 (2)雇主考量女性以家庭為重之社會期待，裁員時優先資遣女性 (3)雇主事先與員工約定倘其有懷孕之情事，必須離職 (4)有未滿2歲子女之男性員工，也可申請每日六十分鐘的哺乳時間。

87. (3) 根據性別工作平等法，有關雇主防治性騷擾之責任與罰則，下列何者錯誤？ (1)僱用受僱者30人以上者，應訂定性騷擾防治措施、申訴及懲戒辦法 (2)雇主知悉性騷擾發生時，應採取立即有效之糾正及補救措施 (3)雇主違反應訂定性騷擾防治措施之規定時，處以罰鍰即可，不用公布其姓名 (4)雇主違反應訂定性騷擾申訴管道者，應限期令其改善，屆期未改善者，應按次處罰。

88. (1) 根據性騷擾防治法，有關性騷擾之責任與罰則，下列何者錯誤？ (1)對他人為性騷擾者，如果沒有造成他人財產上之損失，就無需負擔金錢賠償之責任 (2)對於因教育、訓練、醫療、公務、業務、求職，受自己監督、照護之人，利用權勢或機會為性騷擾者，得加重科處罰鍰至二分之一 (3)意圖性騷擾，乘人不及抗拒而為親吻、擁抱或觸摸其臀部、胸部或其他身體隱私處之行為者，處2年以下有期徒刑、拘役或科或併科10萬元以下罰金 (4)對他人為性騷擾者，由直轄市、縣（市）主管機關處1萬元以上10萬元以下罰鍰。

89. (1) 根據消除對婦女一切形式歧視公約(CEDAW)，下列何者正確？ (1)對婦女的歧視指基於性別而作的任何區別、排斥或限制 (2)只關心女性在政治方面的人權和基本自由 (3)未要求政府需消除個人或企業對女性的歧視 (4)傳統習俗應予保護及傳承，即使含有歧視女性的部分，也不可以改變。

90. (2) 學校駐衛警察之遴選規定以服畢兵役男性作為遴選條件之一，根據消除對婦女一切形式歧視公約(CEDAW)，下列何者錯誤？ (1)服畢兵役者仍以男性為主，此條件已排除多數女性被遴選的機會，屬性別歧視 (2)此遴選條件雖明定限男性，但實務上不屬性別歧視 (3)駐衛警察之遴選應以從事該工作所需的能力或資格作為條件 (4)已違反CEDAW第1條對婦女的歧視。

91. (1) 某規範明定地政機關進用女性測量助理名額，不得超過該機關測量助理名額總數二分之一，根據消除對婦女一切形式歧視公約(CEDAW)，下列何者正確？ (1)限制女性測量助理人數比例，屬於直接歧視 (2)土地測量經常在戶外工作，基於保護女性所作的限制，不屬性別歧視 (3)此項二分之一規定是為促進男女比例平衡 (4)此限制是為確保機關業務順暢推動，並未歧視女性。

92. (4) 根據消除對婦女一切形式歧視公約(CEDAW)之間接歧視意涵，下列何者錯誤？ (1)一項法律、政策、方案或措施表面上對男性和女性無任何歧視，但實際上卻產生歧視女性的效果 (2)察覺間接歧視的一個方法，是善加利用性別統計與性別分析 (3)如果未正視歧視之結構和歷史模式，及忽略男女權力關係之不平等，可能使現有不平等狀況更為惡化 (4)不論在任何情況下，只要以相同方式對待男性和女性，就能避免間接歧視之產生。

93. (3) 關於菸品對人體的危害的敘述，下列何者「正確」？ (1)只要開電風扇、或是空調就可以去除二手菸 (2)抽雪茄比抽紙菸危害還要小 (3)吸菸者比不吸菸者容易得肺癌 (4)只要不將菸吸入肺部，就不會對身體造成傷害。

94. (4) 下列何者「不是」菸害防制法之立法目的？ (1)防制菸害 (2)保護未成年免於菸害 (3)保護孕婦免於菸害 (4)促進菸品的使用。

95. (3) 有關菸害防制法規範，「不可販賣菸品」給幾歲以下的人？ (1)20 (2)19 (3)18 (4)17。

96. (1) 按菸害防制法規定，對於在禁菸場所吸菸會被罰多少錢？ (1)新臺幣2千元至1萬元罰鍰 (2)新臺幣1千元至5千元罰鍰 (3)新臺幣1萬元至5萬元罰鍰 (4)新臺幣2萬元至10萬元罰鍰。

97. (1) 按菸害防制法規定，下列敘述何者錯誤？ (1)只有老闆、店員才可以出面勸阻在禁菸場所抽菸的人 (2)任何人都可以出面勸阻在禁菸場所抽菸的人 (3)餐廳、旅館設置室內吸菸室，需經專業技師簽證核可 (4)加油站屬易燃易爆場所，任何人都要勸阻在禁菸場所抽菸的人。

98. (3) 按菸害防制法規定，對於主管每天在辦公室內吸菸，應如何處理？ (1)未違反菸害防制法 (2)因為是主管，所以只好忍耐 (3)撥打菸害申訴專線檢舉(0800-531-531) (4)開空氣清淨機，睜一隻眼閉一睜眼。

99. (4) 對電子煙的敘述，何者錯誤？ (1)含有尼古丁會成癮 (2)會有爆炸危險 (3)含有毒致癌物質 (4)可以幫助戒菸。

100. (4) 下列何者是錯誤的「戒菸」方式？ (1)撥打戒菸專線 0800-63-63-63 (2)求助醫療院所、社區藥局專業戒菸 (3)參加醫院或衛生所所辦理的戒菸班 (4)自己購買電子煙來戒菸。

工作項目 09 環境保護

1. (1) 世界環境日是在每一年的： (1)6月5日 (2)4月10日 (3)3月8日 (4)11月12日。

2. (3) 2015 年巴黎協議之目的為何？ (1)避免臭氧層破壞 (2)減少持久性汙染物排放 (3)遏阻全球暖化趨勢 (4)生物多樣性保育。

3. (3) 下列何者為環境保護的正確作為？ (1)多吃肉少蔬食 (2)自己開車不共乘 (3)鐵馬步行 (4)不隨手關燈。

4. (2) 下列何種行為對生態環境會造成較大的衝擊？ (1)種植原生樹木 (2)引進外來物種 (3)設立國家公園 (4)設立自然保護區。

5. (2) 下列哪一種飲食習慣能減碳抗暖化？ (1)多吃速食 (2)多吃天然蔬果 (3)多吃牛肉 (4)多選擇吃到飽的餐館。

6. (3) 小明隨地亂丟垃圾，遇依廢棄物清理法執行稽查人員要求提示身分證明，如小明無故拒絕提供，將受何處分？ (1)勸導改善 (2)移送警察局 (3)處新臺幣6百元以上3千元以下罰鍰 (4)接受環境講習。

7. (1) 小狗在道路或其他公共場所便溺時，應由何人負責清除？ (1)主人 (2)清潔隊 (3)警察 (4)土地所有權人。

8. (3) 四公尺以內之公共巷、弄路面及水溝之廢棄物，應由何人負責清除？ (1)里辦公處 (2)清潔隊 (3)相對戶或相鄰戶分別各半清除 (4)環保志工。

9. (1) 外食自備餐具是落實綠色消費的哪一項表現？ (1)重複使用 (2)回收再生 (3)環保選購 (4)降低成本。

10. (2) 再生能源一般是指可永續利用之能源，主要包括哪些：A. 化石燃料；B.風力；C.太陽能；D.水力？ (1)ACD (2)BCD (3)ABD (4)ABCD。

11. (3) 何謂水足跡，下列何者是正確的？ (1)水利用的途徑 (2)每人用水量紀錄 (3)消費者所購買的商品，在生產過程中消耗的用水量 (4)水循環的過程。

12. (4) 依環境基本法第3條規定，基於國家長期利益，經濟、科技及社會發展均應兼顧環境保護。但如果經濟、科技及社會發展對環境有嚴重不良影響或有危害時，應以何者優先？ (1)經濟 (2)科技 (3)社會 (4)環境。

13. (4) 為了保護環境，政府提出了4個R的口號，下列何者不是4R中的其中一項？ (1)減少使用 (2)再利用 (3)再循環 (4)再創新。

14. (2) 逛夜市時常有攤位在販賣滅蟑藥，下列何者正確？ (1)滅蟑藥是藥，中央主管機關為衛生福利部 (2)滅蟑藥是環境衛生用藥，中央主管機關是環境保護署 (3)只要批貨，人人皆可販賣滅蟑藥，不須領得許可執照 (4)滅蟑藥之包裝上不用標示有效期限。

15. (1) 森林面積的減少甚至消失可能導致哪些影響：A.水資源減少；B.減緩全球暖化；C.加劇全球暖化；D.降低生物多樣性？ (1)ACD (2)BCD (3)ABD (4)ABCD。

16. (3) 塑膠為海洋生態的殺手，所以環保署推動「無塑海洋」政策，下列何項不是減少塑膠危害海洋生態的重要措施？ (1)擴大禁止免費供應塑膠袋 (2)禁止製造、進口及販售含塑膠柔珠的清潔用品 (3)定期進行海水水質監測 (4)淨灘、淨海。

17. (2) 違反環境保護法律或自治條例之行政法上義務，經處分機關處停工、停業處分或處新臺幣五千元以上罰鍰者，應接受下列何種講習？ (1)道路交通安全講習 (2)環境講習 (3)衛生講習 (4)消防講習。

18. (2) 綠色設計主要為節能、生態與下列何者？ (1)生產成本低廉的產品 (2)表示健康的、安全的商品 (3)售價低廉易購買的商品 (4)包裝紙一定要用綠色系統者。

19. (1) 下列何者為環保標章？

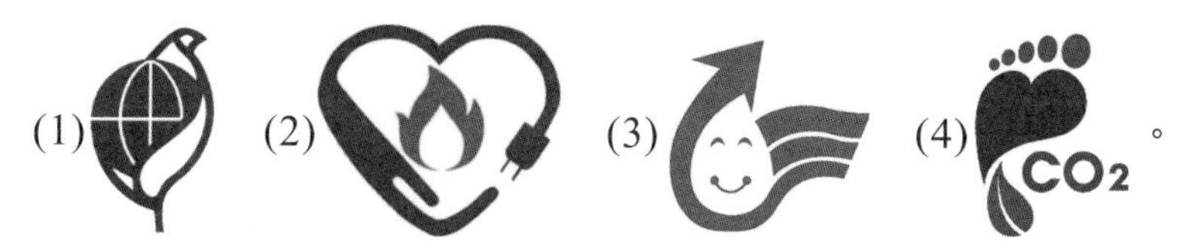

。

20. (2) 「聖嬰現象」是指哪一區域的溫度異常升高？ (1)西太平洋表層海水 (2)東太平洋表層海水 (3)西印度洋表層海水 (4)東印度洋表層海水。

21. (1) 「酸雨」定義為雨水酸鹼值達多少以下時稱之？ (1)5.0 (2)6.0 (3)7.0 (4)8.0。

22. (2) 一般而言，水中溶氧量隨水溫之上升而呈下列哪一種趨勢？ (1)增加 (2)減少 (3)不變 (4)不一定。

23. (4) 二手菸中包含多種危害人體的化學物質，甚至多種物質有致癌性，會危害到下列何者的健康？ (1)只對12歲以下孩童有影響 (2)只對孕婦比較有影響 (3)只有65歲以上之民眾有影響 (4)全民皆有影響。

24. (2) 二氧化碳和其他溫室氣體含量增加是造成全球暖化的主因之一，下列何種飲食方式也能降低碳排放量，對環境保護做出貢獻：A.少吃肉，多吃蔬菜；B.玉米產量減少時，購買玉米罐頭食用；C.選擇當地食材；D.使用免洗餐具，減少清洗用水與清潔劑？ (1)AB (2)AC (3)AD (4)ACD。

25. (1) 上下班的交通方式有很多種，其中包括：A.騎腳踏車；B.搭乘大眾交通工具；C.自行開車，請將前述幾種交通方式之單位排碳量由少至多之排列方式為何？ (1)ABC (2)ACB (3)BAC (4)CBA。

26. (3) 下列何者「不是」室內空氣汙染源？ (1)建材 (2)辦公室事務機 (3)廢紙回收箱 (4)油漆及塗料。

27. (4) 下列何者不是自來水消毒採用的方式？ (1)加入臭氧 (2)加入氯氣 (3)紫外線消毒 (4)加入二氧化碳。

28. (4) 下列何者不是造成全球暖化的元凶？ (1)汽機車排放的廢氣 (2)工廠所排放的廢氣 (3)火力發電廠所排放的廢氣 (4)種植樹木。

29. (2) 下列何者不是造成臺灣水資源減少的主要因素？ (1)超抽地下水 (2)雨水酸化 (3)水庫淤積 (4)濫用水資源。

30. (4) 下列何者不是溫室效應所產生的現象？ (1)氣溫升高而使海平面上升 (2)北極熊棲地減少 (3)造成全球氣候變遷，導致不正常暴雨、乾旱現象 (4)造成臭氧層產生破洞。

31. (4) 下列何者是室內空氣污染物之來源：A.使用殺蟲劑；B.使用雷射印表機；C.在室內抽煙；D.戶外的汙染物飄進室內？ (1)ABC (2)BCD (3)ACD (4)ABCD。

32. (1) 下列何者是海洋受汙染的現象？ (1)形成紅潮 (2)形成黑潮 (3)溫室效應 (4)臭氧層破洞。

33. (2) 下列何者是造成臺灣雨水酸鹼(pH)值下降的主要原因？ (1)國外火山噴發 (2)工業排放廢氣 (3)森林減少 (4)降雨量減少。

34. (2) 水中生化需氧量(BOD)愈高，其所代表的意義為下列何者？ (1)水為硬水 (2)有機汙染物多 (3)水質偏酸 (4)分解汙染物時不需消耗太多氧。

35. (1) 下列何者是酸雨對環境的影響？ (1)湖泊水質酸化 (2)增加森林生長速度 (3)土壤肥沃 (4)增加水生動物種類。

36. (2) 下列何者是懸浮微粒與落塵的差異？ (1)採樣地區 (2)粒徑大小 (3)分布濃度 (4)物體顏色。

37. (1) 下列何者屬地下水超抽情形？ (1)地下水抽水量「超越」天然補注量 (2)天然補注量「超越」地下水抽水量 (3)地下水抽水量「低於」降雨量 (4)地下水抽水量「低於」天然補注量。

38. (3) 下列何種行為無法減少「溫室氣體」排放？ (1)騎自行車取代開車 (2)多搭乘公共運輸系統 (3)多吃肉少蔬菜 (4)使用再生紙張。

39. (2) 下列哪一項水質濃度降低會導致河川魚類大量死亡？ (1)氨氮 (2)溶氧 (3)二氧化碳 (4)生化需氧量。

40. (1) 下列何種生活小習慣的改變可減少細懸浮微粒(PM2.5)排放，共同為改善空氣品質盡一份心力？ (1)少吃燒烤食物 (2)使用吸塵器 (3)養成運動習慣 (4)每天喝500cc的水。

41. (4) 下列哪種措施不能用來降低空氣汙染？ (1)汽機車強制定期排氣檢測 (2)汰換老舊柴油車 (3)禁止露天燃燒稻草 (4)汽機車加裝消音器。

42. (3) 大氣層中臭氧層有何作用？ (1)保持溫度 (2)對流最旺盛的區域 (3)吸收紫外線 (4)造成光害。

43. (1) 小李具有乙級廢水專責人員證照，某工廠希望以高價租用證照的方式合作，請問下列何者正確？ (1)這是違法行為 (2)互蒙其利 (3)價錢合理即可 (4)經環保局同意即可。

44. (2) 可藉由下列何者改善河川水質且兼具提供動植物良好棲地環境？ (1)運動公園 (2)人工溼地 (3)滯洪池 (4)水庫。

45. (1) 臺北市周先生早晨在河濱公園散步時，發現有大面積的河面被染成紅色，岸邊還有許多死魚，此時周先生應該打電話給哪個單位通報處理？ (1)環保局 (2)警察局 (3)衛生局 (4)交通局。

46. (3) 臺灣地區地形陡峭雨旱季分明，水資源開發不易常有缺水現象，目前推動生活污水經處理再生利用，可填補部分水資源，主要可供哪些用途：A.工業用水、B.景觀澆灌、C.飲用水、D.消防用水？ (1)ACD (2)BCD (3)ABD (4)ABCD。

47. (2) 臺灣自來水之水源主要取自 (1)海洋的水 (2)河川及水庫的水 (3)綠洲的水 (4)灌溉渠道的水。

48. (1) 民眾焚香燒紙錢常會產生哪些空氣汙染物增加罹癌的機率：A.苯、B.細懸浮微粒($PM_{2.5}$)、C.二氧化碳(CO_2)、D.甲烷(CH_4)？ (1)AB (2)AC (3)BC (4)CD。

49. (1) 生活中經常使用的物品，下列何者含有破壞臭氧層的化學物質？ (1)噴霧劑 (2)免洗筷 (3)保麗龍 (4)寶特瓶。

50. (2) 目前市面清潔劑均會強調「無磷」，是因為含磷的清潔劑使用後，若廢水排至河川或湖泊等水域會造成甚麼影響？ (1)綠牡蠣 (2)優養化 (3)秘雕魚 (4)烏腳病。

51. (1) 冰箱在廢棄回收時應特別注意哪一項物質，以避免逸散至大氣中造成臭氧層的破壞？ (1)冷媒 (2)甲醛 (3)汞 (4)苯。

52. (1) 在五金行買來的強力膠中，主要有下列哪一種會對人體產生危害的化學物質？ (1)甲苯 (2)乙苯 (3)甲醛 (4)乙醛。

53. (2) 在同一操作條件下，煤、天然氣、油、核能的二氧化碳排放比例之大小，由大而小為： (1)油＞煤＞天然氣＞核能 (2)煤＞油＞天然氣＞核能 (3)煤＞天然氣＞油＞核能 (4)油＞煤＞核能＞天然氣。

54. (1) 如何降低飲用水中消毒副產物三鹵甲烷？ (1)先將水煮沸，打開壺蓋再煮三分鐘以上 (2)先將水過濾，加氯消毒 (3)先將水煮沸，加氯消毒 (4)先將水過濾，打開壺蓋使其自然蒸發。

55. (4) 自行煮水、包裝飲用水及包裝飲料，依生命週期評估排碳量大小順序為下列何者？ (1)包裝飲用水＞自行煮水＞包裝飲料 (2)包裝飲料＞自行煮水＞包裝飲用水 (3)自行煮水＞包裝飲料＞包裝飲用水 (4)包裝飲料＞包裝飲用水＞自行煮水。

56. (1) 下列何者不是噪音的危害所造成的現象？ (1)精神很集中 (2)煩躁、失眠 (3)緊張、焦慮 (4)工作效率低落。

57. (2) 我國移動汙染源空氣污染防制費的徵收機制為何？ (1)依車輛里程數計費 (2)隨油品銷售徵收 (3)依牌照徵收 (4)依照排氣量徵收。

58. (2) 室內裝潢時，若不謹慎選擇建材，將會逸散出氣狀汙染物。其中會刺激皮膚、眼、鼻和呼吸道，也是致癌物質，可能為下列哪一種汙染物？ (1)臭氧 (2)甲醛 (3)氟氯碳化合物 (4)二氧化碳。

59. (1) 下列哪一種氣體較易造成臭氧層被嚴重的破壞？ (1)氟氯碳化物 (2)二氧化硫 (3)氮氧化合物 (4)二氧化碳。

60. (1) 高速公路旁常見有農田違法焚燒稻草，除易產生濃煙影響行車安全外，也會產生下列何種空氣汙染物對人體健康造成不良的作用？ (1)懸浮微粒 (2)二氧化碳(CO_2) (3)臭氧(O_3) (4)沼氣。

61. (2) 都市中常產生的「熱島效應」會造成何種影響？ (1)增加降雨 (2)空氣汙染物不易擴散 (3)空氣污染物易擴散 (4)溫度降低。

62. (3) 廢塑膠等廢棄於環境除不易腐化外，若隨一般垃圾進入焚化廠處理，可能產生下列哪一種空氣汙染物對人體有致癌疑慮？ (1)臭氧 (2)一氧化碳 (3)戴奧辛 (4)沼氣。

63. (2) 「垃圾強制分類」的主要目的為：A.減少垃圾清運量；B.回收有用資源；C.回收廚餘予以再利用；D.變賣賺錢？ (1)ABCD (2)ABC (3)ACD (4)BCD。

64. (4) 一般人生活產生之廢棄物，何者屬有害廢棄物？ (1)廚餘 (2)鐵鋁罐 (3)廢玻璃 (4)廢日光燈管。

65. (2) 一般辦公室影印機的碳粉匣，應如何回收？ (1)拿到便利商店回收 (2)交由販賣商回收 (3)交由清潔隊回收 (4)交給拾荒者回收。

66. (4) 下列何者不是蚊蟲會傳染的疾病？ (1)日本腦炎 (2)瘧疾 (3)登革熱 (4)痢疾。

67. (4) 下列何者非屬資源回收分類項目中「廢紙類」的回收物？ (1)報紙 (2)雜誌 (3)紙袋 (4)用過的衛生紙。

68. (1) 下列何者對飲用瓶裝水之形容是正確的：A.飲用後之寶特瓶容器為地球增加了一個廢棄物；B.運送瓶裝水時卡車會排放空氣汙染物；C.瓶裝水一定比經煮沸之自來水安全衛生？ (1)AB (2)BC (3)AC (4)ABC。

69. (2) 下列哪一項是我們在家中常見的環境衛生用藥？ (1)體香劑 (2)殺蟲劑 (3)洗滌劑 (4)乾燥劑。

70. (1) 下列哪一種是公告應回收廢棄物中的容器類：A.廢鋁箔包；B.廢紙容器；C.寶特瓶？ (1)ABC (2)AC (3)BC (4)C。

71. (1) 下列哪些廢紙類不可以進行資源回收？ (1)紙尿褲 (2)包裝紙 (3)雜誌 (4)報紙。

72. (4) 小明拿到「垃圾強制分類」的宣導海報，標語寫著「分3類，好OK」，標語中的分3類是指家戶日常生活中產生的垃圾可以區分哪三類？ (1)資源、廚餘、事業廢棄物 (2)資源、一般廢棄物、事業廢棄物 (3)一般廢棄物、事業廢棄物、放射性廢棄物 (4)資源、廚餘、一般垃圾。

73. (3) 日光燈管、水銀溫度計等，因含有哪一種重金屬，可能對清潔隊員造成傷害，應與一般垃圾分開處理？ (1)鉛 (2)鎘 (3)汞 (4)鐵。

74. (2) 家裡有過期的藥品，請問這些藥品要如何處理？ (1)倒入馬桶沖掉 (2)交由藥局回收 (3)繼續服用 (4)送給相同疾病的朋友。

75. (2) 臺灣西部海岸曾發生的綠牡蠣事件是與下列何種物質汙染水體有關？ (1)汞 (2)銅 (3)磷 (4)鎘。

76. (4) 在生物鏈越上端的物種其體內累積持久性有機汙染物(POPs)濃度將越高，危害性也將越大，這是說明POPs具有下列何種特性？ (1)持久性 (2)半揮發性 (3)高毒性 (4)生物累積性。

77. (3) 有關小黑蚊敘述下列何者為非？ (1)活動時間以中午十二點到下午三點為活動高峰期 (2)小黑蚊的幼蟲以腐植質、青苔和藻類為食 (3)無論雄性或雌性皆會吸食哺乳類動物血液 (4)多存在竹林、灌木叢、雜草叢、果園等邊緣地帶等處。

78. (1) 利用垃圾焚化廠處理垃圾的最主要優點為何？ (1)減少處理後的垃圾體積 (2)去除垃圾中所有毒物 (3)減少空氣汙染 (4)減少處理垃圾的程序。

79. (3) 利用豬隻的排泄物當燃料發電，是屬於下列哪一種能源？ (1)地熱能 (2)太陽能 (3)生質能 (4)核能。

80. (2) 每個人日常生活皆會產生垃圾，下列何種處理垃圾的觀念與方式是不正確的？ (1)垃圾分類，使資源回收再利用 (2)所有垃圾皆掩埋處理，垃圾將會自然分解 (3)廚餘回收堆肥後製成肥料 (4)可燃性垃圾經焚化燃燒可有效減少垃圾體積。

81. (2) 防治蟲害最好的方法是 (1)使用殺蟲劑 (2)清除孳生源 (3)網子捕捉 (4)拍打。

82. (2) 依廢棄物清理法之規定，隨地吐檳榔汁、檳榔渣者，應接受幾小時之戒檳班講習？ (1)2小時 (2)4小時 (3)6小時 (4)8小時。

83. (1) 室內裝修業者承攬裝修工程，工程中所產生的廢棄物應該如何處理？ (1)委託合法清除機構清運 (2)倒在偏遠山坡地 (3)河岸邊掩埋 (4)交給清潔隊垃圾車。

84. (1) 若使用後的廢電池未經回收，直接廢棄所含重金屬物質曝露於環境中可能產生哪些影響？A.地下水汙染、B.對人體產生中毒等不良作用、C.對生物產生重金屬累積及濃縮作用、D.造成優養化 (1)ABC (2)ABCD (3)ACD (4)BCD。

85. (3) 哪一種家庭廢棄物可用來作為製造肥皂的主要原料？ (1)食醋 (2)果皮 (3)回鍋油 (4)熟廚餘。

86. (2) 家戶大型垃圾應由誰負責處理？ (1)行政院環境保護署 (2)當地政府清潔隊 (3)行政院 (4)內政部。

87. (3) 根據環保署資料顯示，世紀之毒「戴奥辛」主要透過何者方式進入人體？ (1)透過觸摸 (2)透過呼吸 (3)透過飲食 (4)透過雨水。

88. (2) 陳先生到機車行換機油時，發現機車行老闆將廢機油直接倒入路旁的排水溝，請問這樣的行為是違反了 (1)道路交通管理處罰條例 (2)廢棄物清理法 (3)職業安全衛生法 (4)飲用水管理條例。

89. (1) 亂丟香菸蒂，此行為已違反什麼規定？ (1)廢棄物清理法 (2)民法 (3)刑法 (4)毒性化學物質管理法。

90. (4) 實施「垃圾費隨袋徵收」政策的好處為何：A.減少家戶垃圾費用支出；B.全民主動參與資源回收；C.有效垃圾減量？ (1)AB (2)AC (3)BC (4)ABC。

91. (1) 臺灣地狹人稠，垃圾處理一直是不易解決的問題，下列何種是較佳的因應對策？ (1)垃圾分類資源回收 (2)蓋焚化廠 (3)運至國外處理 (4)向海爭地掩埋。

92. (2) 臺灣嘉南沿海一帶發生的烏腳病可能為哪一種重金屬引起？ (1)汞 (2)砷 (3)鉛 (4)鎘。

93. (2) 遛狗不清理狗的排泄物係違反哪一法規？ (1)水汙染防治法 (2)廢棄物清理法 (3)毒性化學物質管理法 (4)空氣汙染防制法 。

94. (3) 酸雨對土壤可能造成的影響，下列何者正確？ (1)土壤更肥沃 (2)土壤液化 (3)土壤中的重金屬釋出 (4)土壤礦化。

95. (3) 購買下列哪一種商品對環境比較友善？ (1)用過即丟的商品 (2)一次性的產品 (3)材質可以回收的商品 (4)過度包裝的商品。

96. (4) 醫療院所用過的棉球、紗布、針筒、針頭等感染性事業廢棄物屬於 (1)一般事業廢棄物 (2)資源回收物 (3)一般廢棄物 (4)有害事業廢棄物。

97. (2) 下列何項法規的立法目的為預防及減輕開發行為對環境造成不良影響，藉以達成環境保護之目的？ (1)公害糾紛處理法 (2)環境影響評估法 (3)環境基本法 (4)環境教育法。

98. (4) 下列何種開發行為若對環境有不良影響之虞者，應實施環境影響評估：A.開發科學園區；B.新建捷運工程；C.採礦 (1)AB (2)BC (3)AC (4)ABC。

99. (1) 主管機關審查環境影響說明書或評估書，如認為已足以判斷未對環境有重大影響之虞，作成之審查結論可能為下列何者？ (1)通過環境影響評估審查 (2)應繼續進行第二階段環境影響評估 (3)認定不應開發 (4)補充修正資料再審。

100. (4) 依環境影響評估法規定，對環境有重大影響之虞的開發行為應繼續進行第二階段環境影響評估，下列何者不是上述對環境有重大影響之虞或應進行第二階段環境影響評估的決定方式？ (1)明訂開發行為及規模 (2)環評委員會審查認定 (3)自願進行 (4)有民眾或團體抗爭。

工作項目 10 節能減碳

1. (3) 依能源局「指定能源用戶應遵 之節約能源規定」，下列何場所未在其管制之範圍？ (1)旅館 (2)餐廳 (3)住家 (4)美容美髮店。

2. (1) 依能源局「指定能源用戶應遵 之節約能源規定」，在正常使用條件下，公眾出入之場所其室內冷氣溫度平均值不得低於攝氏幾度？ (1)26 (2)25 (3)24 (4)22。

3. (2) 下列何者為節能標章？

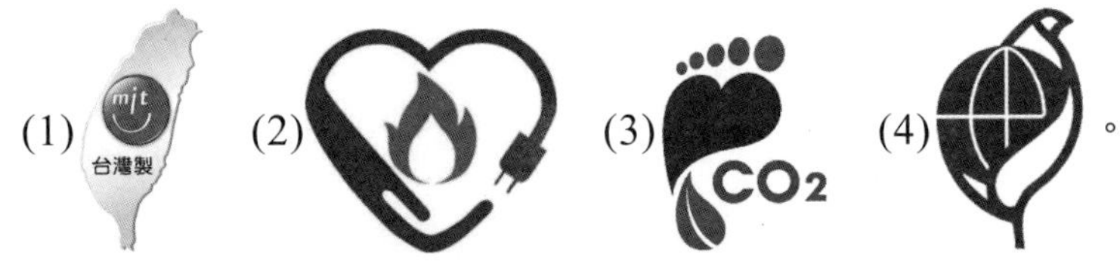

4. (4) 各產業中耗能占比最大的產業為 (1)服務業 (2)公用事業 (3)農林漁牧業 (4)能源密集產業。

5. (1) 下列何者非節省能源的做法？ (1)電冰箱溫度長時間調在強冷或急冷 (2)影印機當15分鐘無人使用時，自動進入省電模式 (3)電視機勿背著窗戶或面對窗戶，並避免太陽直射 (4)汽車不行駛短程，較短程旅運應儘量搭乘公車、騎單車或步行。

6. (3) 經濟部能源局的能源效率標示分為幾個等級？ (1)1 (2)3 (3)5 (4)7。

7. (2) 溫室氣體排放量：指自排放源排出之各種溫室氣體量乘以各該物質溫暖化潛勢所得之合計量，以 (1)氧化亞氮(N_2O) (2)二氧化碳(CO_2) (3)甲烷(CH_4) (4)六氟化硫(SF_6) 當量表示。

8. (4) 國家溫室氣體長期減量目標為中華民國139年溫室氣體排放量降為中華民國94年溫室氣體排放量百分之多少以下？ (1)20 (2)30 (3)40 (4)50。

9. (2) 溫室氣體減量及管理法所稱主管機關，在中央為下列何單位？ (1)經濟部能源局 (2)行政院環境保護署 (3)國家發展委員會 (4)衛生福利部。

10. (3) 溫室氣體減量及管理法中所稱：一單位之排放額度相當於允許排放 (1)1公斤 (2)1立方米 (3)1公噸 (4)1公擔 之二氧化碳當量。

11. (3) 下列何者不是全球暖化帶來的影響？ (1)洪水 (2)熱浪 (3)地震 (4)旱災。

12. (1) 下列何種方法無法減少二氧化碳？ (1)想吃多少儘量點，剩下可當廚餘回收 (2)選購當地、當季食材，減少運輸碳足跡 (3)多吃蔬菜，少吃肉 (4)自備杯筷，減少免洗用具垃圾量。

13. (3) 下列何者不會減少溫室氣體的排放？ (1)減少使用煤、石油等化石燃料 (2)大量植樹造林，禁止亂砍亂伐 (3)增高燃煤氣體排放的煙囪 (4)開發太陽能、水能等新能源。

14. (4) 關於綠色採購的敘述，下列何者錯誤？ (1)採購回收材料製造之物品 (2)採購的產品對環境及人類健康有最小的傷害性 (3)選購產品對環境傷害較少、污染程度較低者 (4)以精美包裝為主要首選。

15. (1) 一旦大氣中的二氧化碳含量增加，會引起哪一種後果？ (1)溫室效應惡化 (2)臭氧層破洞 (3)冰期來臨 (4)海平面下降。

16. (3) 關於建築中常用的金屬玻璃帷幕牆，下列敘述何者正確？ (1)玻璃帷幕牆的使用能節省室內空調使用 (2)玻璃帷幕牆適用於臺灣，讓夏天的室內產生溫暖的感覺 (3)在溫度高的國家，建築使用金屬玻璃帷幕會造成日照輻射熱，產生室內「溫室效應」 (4)臺灣的氣候濕熱，特別適合在大樓以金屬玻璃帷幕作為建材。

17. (4) 下列何者不是能源之類型？ (1)電力 (2)壓縮空氣 (3)蒸汽 (4)熱傳。

18. (1) 我國已制定能源管理系統標準為 (1)CNS 50001 (2)CNS 12681 (3)CNS 14001 (4)CNS 22000。

19. (1) 臺灣電力公司所謂的離峰用電時段為何？ (1)22：30~07：30 (2)22：00~07：00 (3)23：00~08：00 (4)23：30~08：30。

20. (1) 基於節能減碳的目標，下列何種光源發光效率最低，不鼓勵使用？ (1)白熾燈泡 (2)LED燈泡 (3)省電燈泡 (4)螢光燈管。

21. (1) 下列哪一項的能源效率標示級數較省電？ (1)1 (2)2 (3)3 (4)4。

22. (4) 下列何者不是目前臺灣主要的發電方式？ (1)燃煤 (2)燃氣 (3)核能 (4)地熱。

23. (2) 有關延長線及電線的使用，下列敘述何者錯誤？ (1)拔下延長線插頭時，應手握插頭取下 (2)使用中之延長線如有異味產生，屬正常現象不須理會 (3)應避開火源，以免外覆塑膠熔解，致使用時造成短路 (4)使用老舊之延長線，容易造成短路、漏電或觸電等危險情形，應立即更換。

24. (1) 有關觸電的處理方式，下列敘述何者錯誤？ (1)立即將觸電者拉離現場 (2)把電源開關關閉 (3)通知救護人員 (4)使用絕緣的裝備來移除電源。

25. (2) 目前電費單中，係以「度」為收費依據，請問下列何者為其單位？ (1)kW (2)kWh (3)kJ (4)kJh。

26. (4) 依據臺灣電力公司三段式時間電價（尖峰、半尖峰及離峰時段）的規定，請問哪個時段電價最便宜？ (1)尖峰時段 (2)夏月半尖峰時段 (3)非夏月半尖峰時段 (4)離峰時段。

27. (2) 當電力設備遭遇電源不足或輸配電設備受限制時，導致用戶暫停或減少用電的情形，常以下列何者名稱出現？ (1)停電 (2)限電 (3)斷電 (4)配電。

28. (2) 照明控制可以達到節能與省電費的好處，下列何種方法最適合一般住宅社區兼顧節能、經濟性與實際照明需求？ (1)加裝DALI全自動控制系統 (2)走廊與地下停車場選用紅外線感應控制電燈 (3)全面調低照明需求 (4)晚上關閉所有公共區域的照明。

29. (2) 上班性質的商辦大樓為了降低尖峰時段用電，下列何者是錯的？ (1)使用儲冰式空調系統減少白天空調電能需求 (2)白天有陽光照明，所以白天可以將照明設備全關掉 (3)汰換老舊電梯馬達並使用變頻控制 (4)電梯設定隔層停止控制，減少頻繁啟動。

30. (2) 為了節能與降低電費的需求，家電產品的正確選用應該如何？ (1)選用高功率的產品效率較高 (2)優先選用取得節能標章的產品 (3)設備沒有壞，還是堪用，繼續用，不會增加支出 (4)選用能效分級數字較高的產品，效率較高，5級的比1級的電器產品更省電。

31. (3) 有效而正確的節能從選購產品開始，就一般而言，下列的因素中，何者是選購電氣設備的最優先考量項目？ (1)用電量消耗電功率是多少瓦攸關電費支出，用電量小的優先 (2)採購價格比較，便宜優先 (3)安全第一，一定要通過安規檢驗合格 (4)名人或演藝明星推薦，應該口碑較好。

32. (3) 高效率燈具如果要降低眩光的不舒服，下列何者與降低刺眼眩光影響無關？ (1)光源下方加裝擴散板或擴散膜 (2)燈具的遮光板 (3)光源的色溫 (4)採用間接照明。

33. (1) 一般而言，螢光燈的發光效率與長度有關嗎？ (1)有關，越長的螢光燈管，發光效率越高 (2)無關，發光效率只與燈管直徑有關 (3)有關，越長的螢光燈管，發光效率越低 (4)無關，發光效率只與色溫有關。

34. (4) 用電熱爐煮火鍋，採用中溫50%加熱，比用高溫100%加熱，將同一鍋水煮開，下列何者是對的？ (1)中溫50%加熱比較省電 (2)高溫100%加熱比較省電 (3)中溫50%加熱，電流反而比較大 (4)兩種方式用電量是一樣的。

35. (2) 電力公司為降低尖峰負載時段超載停電風險，將尖峰時段電價費率（每度電單價）提高，離峰時段的費率降低，引導用戶轉移部分負載至離峰時段，這種電能管理策略稱為 (1)需量競價 (2)時間電價 (3)可停電力 (4)表燈用戶彈性電價。

36. (2) 集合式住宅的地下停車場需要維持通風良好的空氣品質，又要兼顧節能效益，下列的排風扇控制方式何者是不恰當的？ (1)淘汰老舊排風扇，改裝取得節能標章、適當容量高效率風扇 (2)兩天一次運轉通風扇就好

了 (3)結合一氧化碳偵測器，自動啟動／停止控制 (4)設定每天早晚二次定期啟動排風扇。

37. (2) 大樓電梯為了節能及生活便利需求，可設定部分控制功能，下列何者是錯誤或不正確的做法？ (1)加感應開關，無人時自動關燈與通風扇 (2)縮短每次開門／關門的時間 (3)電梯設定隔樓層停靠，減少頻繁啟動 (4)電梯馬達加裝變頻控制。

38. (4) 為了節能及兼顧冰箱的保溫效果，下列何者是錯誤或不正確的做法？ (1)冰箱內上下層間不要塞滿，以利冷藏對流 (2)食物存放位置紀錄清楚，一次拿齊食物，減少開門次數 (3)冰箱門的密封壓條如果鬆弛，無法緊密關門，應儘速更新修復 (4)冰箱內食物擺滿塞滿，效益最高。

39. (2) 就加熱及節能觀點來評比，電鍋剩飯持續保溫至隔天再食用，與先放冰箱冷藏，隔天用微波爐加熱，下列何者是對的？ (1)持續保溫較省電 (2)微波爐再加熱比較省電又方便 (3)兩者一樣 (4)優先選電鍋保溫方式，因為馬上就可以吃。

40. (2) 不斷電系統UPS與緊急發電機的裝置都是應付臨時性供電狀況；停電時，下列的陳述何者是對的？ (1)緊急發電機會先啟動，不斷電系統UPS是後備的 (2)不斷電系統UPS先啟動，緊急發電機是後備的 (3)兩者同時啟動 (4)不斷電系統UPS可以撐比較久。

41. (2) 下列何者為非再生能源？ (1)地熱能 (2)焦煤 (3)太陽能 (4)水力能。

42. (1) 欲降低由玻璃部分侵入之熱負載，下列的改善方法何者錯誤？ (1)加裝深色窗簾 (2)裝設百葉窗 (3)換裝雙層玻璃 (4)貼隔熱反射膠片。

43. (1) 一般桶裝瓦斯（液化石油氣）主要成分為 (1)丙烷 (2)甲烷 (3)辛烷 (4)乙炔 及丁烷。

44. (1) 在正常操作，且提供相同使用條件之情形下，下列何種暖氣設備之能源效率最高？ (1)冷暖氣機 (2)電熱風扇 (3)電熱輻射機 (4)電暖爐。

45. (4) 下列何種熱水器所需能源費用最少？ (1)電熱水器 (2)天然瓦斯熱水器 (3)柴油鍋爐熱水器 (4)熱泵熱水器。

46. (4) 某公司希望能進行節能減碳，為地球盡點心力，以下何種作為並不恰當？ (1)將採購規定列入以下文字：「汰換設備時首先考慮能源效率1級或具有節能標章之產品」 (2)盤查所有能源使用設備 (3)實行能源管理 (4)為考慮經營成本，汰換設備時採買最便宜的機種。

47. (2) 冷氣外洩會造成能源之消耗，下列何者最耗能？ (1)全開式有氣簾 (2)全開式無氣簾 (3)自動門有氣簾 (4)自動門無氣簾。

48. (4) 下列何者不是潔淨能源？ (1)風能 (2)地熱 (3)太陽能 (4)頁岩氣。

49. (2) 有關再生能源的使用限制，下列何者敘述有誤？ (1)風力、太陽能屬間歇性能源，供應不穩定 (2)不易受天氣影響 (3)需較大的土地面積 (4)設置成本較高。

50. (4) 全球暖化潛勢(Global Warming Potential, GWP)是衡量溫室氣體對全球暖化的影響，下列之GWP哪項表現較差？ (1)200 (2)300 (3)400 (4)500。

51. (3) 有關臺灣能源發展所面臨的挑戰，下列何者為非？ (1)進口能源依存度高，能源安全易受國際影響 (2)化石能源所占比例高，溫室氣體減量壓力大 (3)自產能源充足，不需仰賴進口 (4)能源密集度較先進國家仍有改善空間。

52. (3) 若發生瓦斯外洩之情形，下列處理方法何者錯誤？ (1)應先關閉瓦斯爐或熱水器等開關 (2)緩慢地打開門窗，讓瓦斯自然飄散 (3)開啟電風扇，加強空氣流動 (4)在漏氣止住前，應保持警戒，嚴禁煙火。

53. (1) 全球暖化潛勢(Global Warming Potential, GWP)是衡量溫室氣體對全球暖化的影響，其中是以何者為比較基準？ (1)CO_2 (2)CH_4 (3)SF_6 (4)N_2O。

54. (4) 有關建築之外殼節能設計，下列敘述何者有誤？ (1)開窗區域設置遮陽設備 (2)大開窗面避免設置於東西日曬方位 (3)做好屋頂隔熱設施 (4)宜採用全面玻璃造型設計，以利自然採光。

55. (1) 下列何者燈泡發光效率最高？ (1)LED燈泡 (2)省電燈泡 (3)白熾燈泡 (4)鹵素燈泡。

56. (4) 有關吹風機使用注意事項，下列敘述何者有誤？ (1)請勿在潮濕的地方使用，以免觸電危險 (2)應保持吹風機進、出風口之空氣流通，以免造成過熱 (3)應避免長時間使用，使用時應保持適當的距離 (4)可用來作為烘乾棉被及床單等用途。

57. (2) 下列何者是造成聖嬰現象發生的主要原因？ (1)臭氧層破洞 (2)溫室效應 (3)霧霾 (4)颱風。

58. (4) 為了避免漏電而危害生命安全，下列何者不是正確的做法？ (1)做好用電設備金屬外殼的接地 (2)有濕氣的用電場合，線路加裝漏電斷路器 (3)加強定期的漏電檢查及維護 (4)使用保險絲來防止漏電的危險性。

59. (1) 用電設備的線路保護用電力熔絲（保險絲）經常燒斷，造成停電的不便，下列何者不是正確的作法？ (1)換大一級或大兩級規格的保險絲或斷路器就不會燒斷了 (2)減少線路連接的電氣設備，降低用電量 (3)重新設計線路，改較粗的導線或用兩迴路並聯 (4)提高用電設備的功率因數。

60. (2) 政府為推廣節能設備而補助民眾汰換老舊設備，下列何者的節電效益最佳？ (1)將桌上檯燈光源由螢光燈換為LED燈 (2)優先淘汰10年以上的老舊冷氣機為能源效率標示分級中之一級冷氣機 (3)汰換電風扇，改裝設能源效率標示分級為一級的冷氣機 (4)因為經費有限，選擇便宜的產品比較重要。

61. (1) 依據我國現行國家標準規定，冷氣機的冷氣能力標示應以何種單位表示？ (1)kW (2)BTU/h (3)kcal/h (4)RT。

62. (1) 漏電影響節電成效，並且影響用電安全，簡易的查修方法為 (1)電氣材料行買支驗電起子，碰觸電氣設備的外殼，就可查出漏電與否 (2)用手碰觸就可以知道有無漏電 (3)用三用電表檢查 (4)看電費單有無紀錄。

63. (2) 使用了10幾年的通風換氣扇老舊又骯髒，噪音又大，維修時採取下列哪一種對策最為正確及節能？ (1)定期拆下來清洗油垢 (2)不必再猶豫，10年以上的電扇效率偏低，直接換為高效率通風扇 (3)直接噴沙拉脫清潔劑就可以了，省錢又方便 (4)高效率通風扇較貴，換同機型的廠內備用品就好了。

64. (3) 電氣設備維修時，在關掉電源後，最好停留1至5分鐘才開始檢修，其主要的理由為下列何者？ (1)先平靜心情，做好準備才動手 (2)讓機器設備降溫下來再查修 (3)讓裡面的電容器有時間放電完畢，才安全 (4)法規沒有規定，這完全沒有必要。

65. (1) 電氣設備裝設於有潮濕水氣的環境時，最應該優先檢查及確認的措施是？ (1)有無在線路上裝設漏電斷路器 (2)電氣設備上有無安全保險絲 (3)有無過載及過熱保護設備 (4)有無可能傾倒及生鏽。

66. (1) 為保持中央空調主機效率，每隔多久時間應請維護廠商或保養人員檢視中央空調主機？ (1)半年 (2)1年 (3)1.5年 (4)2年。

67. (1) 家庭用電最大宗來自於 (1)空調及照明 (2)電腦 (3)電視 (4)吹風機。

68. (2) 為減少日照降低空調負載，下列何種處理方式是錯誤的？ (1)窗戶裝設窗簾或貼隔熱紙 (2)將窗戶或門開啟，讓屋內外空氣自然對流 (3)屋頂加裝隔熱材、高反射率塗料或噴水 (4)於屋頂進行薄層綠化。

69. (2) 電冰箱放置處，四周應至少預留離牆多少公分之散熱空間，以達省電效果？ (1)5 (2)10 (3)15 (4)20。

70. (2) 下列何項不是照明節能改善需優先考量之因素？ (1)照明方式是否適當 (2)燈具之外型是否美觀 (3)照明之品質是否適當 (4)照度是否適當。

71. (2) 醫院、飯店或宿舍之熱水系統耗能大，要設置熱水系統時，應優先選用何種熱水系統較節能？ (1)電能熱水系統 (2)熱泵熱水系統 (3)瓦斯熱水系統 (4)重油熱水系統。

72. (4) 如右圖，你知道這是什麼標章嗎？ (1)省水標章 (2)環保標章 (3)奈米標章 (4)能源效率標示。

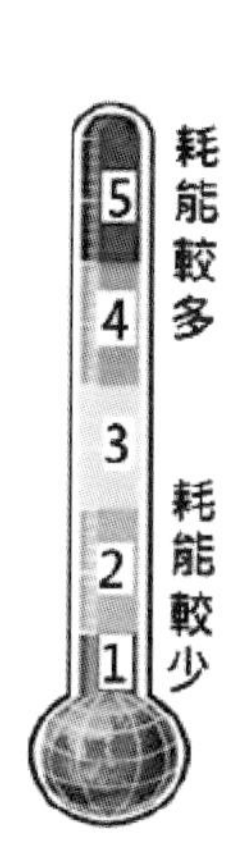

73. (3) 臺灣電力公司電價表所指的夏月用電月份（電價比其他月份高）是為 (1)4/1~7/31 (2)5/1~8/31 (3)6/1~9/30 (4)7/1~10/31。

74. (1) 屋頂隔熱可有效降低空調用電，下列何項措施較不適當？ (1)屋頂儲水隔熱 (2)屋頂綠化 (3)於適當位置設置太陽能板發電同時加以隔熱 (4)鋪設隔熱磚。

75. (1) 電腦機房使用時間長、耗電量大，下列何項措施對電腦機房之用電管理較不適當？ (1)機房設定較低之溫度 (2)設置冷熱通道 (3)使用較高效率之空調設備 (4)使用新型高效能電腦設備。

76. (3) 下列有關省水標章的敘述何者正確？ (1)省水標章是環保署為推動使用節水器材，特別研定以作為消費者辨識省水產品的一種標誌 (2)獲得省水標章的產品並無嚴格測試，所以對消費者並無一定的保障 (3)省水標章能激勵廠商重視省水產品的研發與製造，進而達到推廣節水良性循環之目的 (4)省水標章除有用水設備外，亦可使用於冷氣或冰箱上。

77. (2) 透過淋浴習慣的改變就可以節約用水，以下的何種方式正確？ (1)淋浴時抹肥皂，無需將蓮蓬頭暫時關上 (2)等待熱水前流出的冷水可以用水桶接起來再利用 (3)淋浴流下的水不可以刷洗浴室地板 (4)淋浴沖澡流下的水，可以儲蓄洗菜使用。

78. (1) 家人洗澡時，一個接一個連續洗，也是一種有效的省水方式嗎？ (1)是，因為可以節省等熱水流出所流失的冷水 (2)否，這跟省水沒什麼關係，不用這麼麻煩 (3)否，因為等熱水時流出的水量不多 (4)有可能省水也可能不省水，無法定論。

79. (2) 下列何種方式有助於節省洗衣機的用水量？ (1)洗衣機洗滌的衣物盡量裝滿，一次洗完 (2)購買洗衣機時選購有省水標章的洗衣機，可有效節約用水 (3)無需將衣物適當分類 (4)洗濯衣物時盡量選擇高水位才洗的乾淨。

80. (3) 如果水龍頭流量過大，下列何種處理方式是錯誤的？ (1)加裝節水墊片或起波器 (2)加裝可自動關閉水龍頭的自動感應器 (3)直接換裝沒有省水標章的水龍頭 (4)直接調整水龍頭到適當水量。

81. (4) 洗菜水、洗碗水、洗衣水、洗澡水等的清洗水，不可直接利用來做什麼用途？ (1)洗地板 (2)沖馬桶 (3)澆花 (4)飲用水。

82. (1) 如果馬桶有不正常的漏水問題，下列何者處理方式是錯誤的？ (1)因為馬桶還能正常使用，所以不用著急，等到不能用時再報修即可 (2)立刻檢查馬桶水箱零件有無鬆脫，並確認有無漏水 (3)滴幾滴食用色素到水箱裡，檢查有無有色水流進馬桶，代表可能有漏水 (4)通知水電行或檢修人員來檢修，徹底根絕漏水問題。

83. (3) 「度」是水費的計量單位，你知道一度水的容量大約有多少？ (1)2,000公升 (2)3000個600cc的寶特瓶 (3)1立方公尺的水量 (4)3立方公尺的水量。

84. (3) 臺灣在一年中什麼時期會比較缺水（即枯水期）？ (1)6月至9月 (2)9月至12月 (3)11月至次年4月 (4)臺灣全年不缺水。

85. (4) 下列何種現象不是直接造成臺灣缺水的原因？ (1)降雨季節分布不平均，有時候連續好幾個月不下雨，有時又會下起豪大雨 (2)地形山高坡陡，所以雨一下很快就會流入大海 (3)因為民生與工商業用水需求量都愈來愈大，所以缺水季節很容易無水可用 (4)臺灣地區夏天過熱，致蒸發量過大。

86. (3) 冷凍食品該如何讓它退冰，才是既「節能」又「省水」？ (1)直接用水沖食物強迫退冰 (2)使用微波爐解凍快速又方便 (3)烹煮前盡早拿出來放置退冰 (4)用熱水浸泡，每5分鐘更換一次。

87. (2) 洗碗、洗菜用何種方式可以達到清洗又省水的效果？ (1)對著水龍頭直接沖洗，且要盡量將水龍頭開大才能確保洗的乾淨 (2)將適量的水放在盆槽內洗濯，以減少用水 (3)把碗盤、菜等浸在水盆裡，再開水龍頭拼命沖水 (4)用熱水及冷水大量交叉沖洗達到最佳清洗效果。

88. (4) 解決臺灣水荒（缺水）問題的無效對策是 (1)興建水庫、蓄洪（豐）濟枯 (2)全面節約用水 (3)水資源重複利用，海水淡化…等 (4)積極推動全民體育運動。

89. (3) 如右圖，你知道這是什麼標章嗎？ (1)奈米標章 (2)環保標章 (3)省水標章 (4)節能標章。

90. (3) 澆花的時間何時較為適當，水分不易蒸發又對植物最好？ (1)正中午 (2)下午時段 (3)清晨或傍晚 (4)半夜十二點。

91. (3) 下列何種方式沒有辦法降低洗衣機之使用水量，所以不建議採用？ (1)使用低水位清洗 (2)選擇快洗行程 (3)兩、三件衣服也丟洗衣機洗 (4)選擇有自動調節水量的洗衣機，洗衣清洗前先脫水1次。

92. (3) 下列何種省水馬桶的使用觀念與方式是錯誤的？ (1)選用衛浴設備時最好能採用省水標章馬桶 (2)如果家裡的馬桶是傳統舊式，可以加裝二段式沖水配件 (3)省水馬桶因為水量較小，會有沖不乾淨的問題，所以應該多沖幾次 (4)因為馬桶是家裡用水的大宗，所以應該儘量採用省水馬桶來節約用水。

93. (3) 下列何種洗車方式無法節約用水？ (1)使用有開關的水管可以隨時控制出水 (2)用水桶及海綿抹布擦洗 (3)用水管強力沖洗 (4)利用機械自動洗車，洗車水處理循環使用。

94. (1) 下列何種現象無法看出家裡有漏水的問題？ (1)水龍頭打開使用時，水表的指針持續在轉動 (2)牆面、地面或天花板忽然出現潮濕的現象 (3)馬桶裡的水常在晃動，或是沒辦法止水 (4)水費有大幅度增加。

95. (2) 蓮蓬頭出水量過大時，下列何者無法達到省水？ (1)換裝有省水標章的低流量(5~10L/min)蓮蓬頭 (2)淋浴時水量開大，無需改變使用方法 (3)洗澡時間盡量縮短，塗抹肥皂時要把蓮蓬頭關起來 (4)調整熱水器水量到適中位置。

96. (4) 自來水淨水步驟，何者為非？ (1)混凝 (2)沉澱 (3)過濾 (4)煮沸。

97. (1) 為了取得良好的水資源，通常在河川的哪一段興建水庫？ (1)上游 (2)中游 (3)下游 (4)下游出口。

98. (1) 臺灣是屬缺水地區，每人每年實際分配到可利用水量是世界平均值的約多少？ (1)六分之一 (2)二分之一 (3)四分之一 (4)五分之一。

99. (3) 臺灣年降雨量是世界平均值的2.6倍，卻仍屬缺水地區，原因何者為非？ (1)臺灣由於山坡陡峻，以及颱風豪雨雨勢急促，大部分的降雨量皆迅速流入海洋 (2)降雨量在地域、季節分布極不平均 (3)水庫蓋得太少 (4)台灣自來水水價過於便宜。

100. (3) 電源插座堆積灰塵可能引起電氣意外火災，維護保養時的正確做法是？ (1)可以先用刷子刷去積塵 (2)直接用吹風機吹開灰塵就可以了 (3)應先關閉電源總開關箱內控制該插座的分路開關 (4)可以用金屬接點清潔劑噴在插中去除銹蝕。

New Wun Ching Developmental Publishing Co., Ltd.

New Age · New Choice · The Best Selected Educational Publications—NEW WCDP

新文京開發出版股份有限公司

新世紀．新視野．新文京 — 精選教科書．考試用書．專業參考書